LUMINAIRE

光启

OWLS

OF THE EASTERN ICE

JONATHAN C.
SLAGHT

〔美〕乔纳森·斯拉特 著

任晴 译

远东冰原上的
猫头鹰

上海人民出版社　光启书局

LUMINAIRE BOOKS

献给凯伦

我们周围的景象令人难以置信。狂风肆虐，将折断的树枝卷上半空……巨大的老松剧烈地摇摆，好似枝干细弱的树苗。什么也看不见，不见山峦，不见天空，不见地面。一切都被暴风雪裹挟……我们躲在帐篷里，陷入恐惧的沉默。

——弗拉基米尔·阿尔谢尼耶夫，
《在乌苏里的莽林中》，1921

　　阿尔谢尼耶夫（1872—1930），探险家、博物学家、作家。著作颇丰，记录了俄罗斯滨海边疆区的景观地貌、野生生物和人类居民。他是最早探索本书中所描述的森林的俄国人之一。

目录

序篇 *1*

引言 *5*

第一部　冰的洗礼

一座名为"地狱"的村庄 *15*

首次搜寻 *27*

阿格祖的冬季生活 *35*

静默的残忍之地 *45*

顺流而下 *53*

切佩列夫 *61*

河水来了 *69*

在仅存的河冰上向海岸开进 *79*

萨马尔加村 *89*

弗拉基米尔·格鲁申科号 *99*

第二部　锡霍特的渔鸮

古老之物的声音 107

渔鸮的巢 119

没有里程标的地方 131

无聊的路途 143

洪水 163

第三部　捕捉

准备捕捉 179

失之交臂 189

隐士 195

被困通沙河 203

渔鸮在手 211

沉默的无线电 221

渔鸮和原鸽 231

放手一搏 247

以鱼易物 265

卡特科夫登场 273

谢列布良卡河上的抓捕 281

像我们这样可怕的恶魔 291

流放卡特科夫 299

屡战屡败 307

跟着鱼走 317

东方的加利福尼亚 327

回望捷尔涅伊 339

保护毛腿渔鸮 345

尾声 355

致谢 359

注释 361

人名对照表 385

地名对照表 387

滨海边疆区生物译名对照表 389

序篇

　　我第一次见到毛腿渔鸮是在俄罗斯的滨海边疆区。这是一片狭长的地域，向南直通东北亚的腹地。这是世界偏僻的一角，不远处就是中国、俄罗斯和朝鲜的交界处，山峦叠嶂，铁网密布。2000年，我和一位同伴在这里的森林中徒步，意外地惊飞了一只巨大的鸟。它费力地振翅腾空，发出不悦的鸣叫，然后在我们头顶十几米的光秃树冠上停留了片刻。这簇凌乱的、木屑一样的棕色家伙，用荧黄色的眼睛警惕地盯着我们。起初我们并不确定这是什么鸟。但显然，它是只猫头鹰，且比我见过的所有猫头鹰都要大，约有海雕那么大，但更蓬松、浑圆，耳朵上有巨大的羽簇。在朦胧灰暗的冬日天空的映衬下，它显得过于庞大和滑稽，根本不像一只真鸟，仿佛有人匆忙中在一头一岁的熊崽身上粘了把羽毛，然后把这只呆兽支到了树上。断定我们会有威胁后，这活物转身便逃，两米的翼展击落交错的枝叶，仓皇穿过树林。在它飞出视线之后，松脱的树皮碎屑盘旋而下。

那时我往来滨海边疆区已经有五年了。我早年大多生活在城市里，对世界的认知也都是被人造景观塑造的。十九岁那年夏天，我陪同父亲出差，从莫斯科乘机起飞，看到太阳下金光点点、延续起伏的林海山脉，葱郁、茂密、连绵。山脊高耸入云，下坠成谷，一公里接着一公里的山峦翻涌，看得我目瞪口呆。没有村庄，没有道路，也没有人。这就是滨海边疆区。我爱上了这个地方。

最初短暂的访问之后，我作为本科生回到滨海边疆区进行了六个月的学习，然后参加美国和平队*，在那里工作了三年。起初我只是日常观观鸟，这是在大学时养成的爱好。然而，每次去俄罗斯远东旅行都让我对滨海边疆区的荒野愈发迷恋。我对这里的鸟类越来越感兴趣，也越来越关心。在和平队，我结识了当地的鸟类学家，提高了俄语水平，花了无数个小时的空闲时间和他们一起学习鸟鸣，协助各种研究项目。当我第一次看到渔鸮，就意识到我的业余爱好可能会成为职业。

那时，我知道渔鸮的时间和认识滨海边疆区的时间差

---

*　和平队是美国政府运营的一个志愿者独立机构，旨在展开国际社会与经济援助活动。——译注。本书如无特别说明，页下注均为译注。

不多长。对我来说，渔鸮就像一个难以描绘的美好愿景，唤起了一种奇妙的渴望，像是一直想去但又不大了解的某个远方。我琢磨着渔鸮，在它们栖身的树影下感到了凉意，闻到了附着在河畔石头上苔藓的味道。

　　吓跑那只渔鸮后，我立即翻看了自己满是折角的野外手册，但似乎没找到与之样貌相符的物种。书里画的渔鸮让人联想起死气沉沉的垃圾桶，而不是我们刚刚看到的不羁、松软的妖精，也不符合我心中渔鸮的形象。不过我也用不着花太多工夫揣摩刚才看见的是什么鸟种——我拍了照片。我把模糊不清的照片辗转发给了符拉迪沃斯托克的一位名叫谢尔盖·苏尔马赫的鸟类学家，他是当地唯一和渔鸮打交道的人。原来，近百年来都没有科学家在如此靠南的地方看到过毛腿渔鸮，而我的照片证明，这种罕见而隐秘的物种，仍然顽强地生存着。

引言

　　2005年，我在明尼苏达大学完成了科学硕士的学业，研究的是伐木对俄罗斯滨海边疆区鸣禽的影响，那时我也开始思索在这一地区能开展什么样的博士研究。我感兴趣的是能对生态保护产生广泛影响的课题，很快就把物种的选择范围缩小到了白头鹤和渔鸮。这是该地区最缺乏研究，也是最吸引人的两种鸟。我更喜欢渔鸮，但由于有关的信息相当匮乏，我担心它们的数量可能太过稀少，无法开展研究。在苦苦思索的那段时间，我刚好去落叶松沼泽地徒步旅行了几天，那里风景开阔，湿润，在地面一层厚厚的、芬芳的杜香之上，整齐矗立着瘦高的树木。起初我觉得那儿环境优美，但一会儿工夫我就受够了——日晒无处可躲，浓重的杜香气味让我头疼，咬人的蚊虫团团而至。然后我突然意识到，这就是白头鹤的栖息地。渔鸮可能很稀少，投入时间精力可能会是一场赌博，但至少不必在接下来的五年里都在落叶松沼泽中跋涉。于是我选了渔鸮。

渔鸮素来以能在艰险的荒野中顽强求生而闻名，它们的地位几乎与东北虎（也称为阿穆尔虎、西伯利亚虎）相当，都是滨海边疆区荒野的象征。虽然这两个物种都生活在同样的林区，并且都濒临灭绝，但人们对长着羽毛、爱吃鲑鱼的前一种生物更缺乏了解。直到1971年，俄罗斯才发现了渔鸮的巢，到20世纪80年代，人们认为全国的渔鸮数量不超过三四百对，它们的未来甚为堪忧。除了渔鸮似乎需要大树筑巢和鱼类丰富的河流来觅食之外，人类对它们所知甚少。

在东边几百公里外海对岸的日本，及至20世纪80年代初，渔鸮已从19世纪末的约五百对减少到不足一百只。这个种群陷入了困境，因为伐木，它们失去了筑巢的栖息地，下游修建的大坝阻止了鲑鱼逆流而上迁徙，所以它们也失去了食物。由于苏联怠惰而薄弱的基础设施和低人口密度，滨海边疆区的渔鸮避免了相似的命运。然而90年代以来形成的自由市场，滋长了财富、腐败，吸引了贪婪的目光热切觊觎着滨海边疆区北部尚未开发的自然资源，而这里也是渔鸮在世上的安全堡垒。

俄罗斯的渔鸮面临威胁。对于天生密度低、繁殖缓慢的物种而言，对其所需自然资源的任何大规模或持续的破坏，都可能意味着种群数量直线下降，例如日本和俄罗斯渔鸮种群的减少。渔鸮是俄罗斯最神秘的标志性鸟类之一，它们和其他濒危物种都受俄罗斯法律的保护，猎杀它们或破坏它们的栖息地均属非法。但如果不彻底了解它们的需求是什么，就不可能制定可行的保护计划。这样的保护手段对渔鸮来说尚不存在，而且到了20世纪90年代后期，滨海边疆区以前人迹罕至的森林中越来越多地出现了资源开采。切实的渔鸮保护策略愈发显得必要。

保护不同于保存。如果想保存渔鸮，根本不需要研究，可以去游说政府禁止滨海边疆区的所有伐木和渔业活动。这样一刀切的举措能消除对渔鸮的所有威胁从而保存它们。但这种举措除了不切实际之外，还会忽视居住在该区的二百万人口，其中一部分人以伐木和渔业为生。在滨海边疆区，渔鸮和人类的需求密不可分。两者几百年以来都依赖着相同的资源。在俄罗斯人来此撒网捕鱼、砍伐树木以获取建材和利润之前，满族人和原住民也都是这样做的。乌德盖人和赫哲人用鲑鱼皮制作精美的绣花衣裳，用挖空的大树制造船只。长久以来，渔鸮对资源的依赖程度一直都是有限的；是人类的需求加剧了。我的目标是让这种关系多少恢复平衡，来保护必要的自然资源，而科研是获得所需答案的唯一途径。

2005年底，我约了谢尔盖·苏尔马赫在他位于符拉迪沃斯托克的办公室会面。我一见到他就产生了好感，他眼神和蔼，身材小巧精壮，顶着一头不羁的乱发。他以善于合作而闻名，所以我也希望他能考虑我的合作提议。我详述了自己在明尼苏达大学攻读博士学位的意向，他也和我分享了渔鸮的知识。我们讨论着彼此的想法，两人都越来越兴奋，很快就达成共识要一起工作。我们希望尽可能地了解渔鸮隐秘的生活，并利用这些信息制定切实可行的计划来保护它们。我们的主要研究课题看似简单：渔鸮生存所需的环境有什么特征？对此我们已经有了粗略的概念——需要大树和很多鱼，但仍需要数年时间来调查详情。除了过去博物学家的传闻证据之外，基本上要从零开始。

苏尔马赫是位经验丰富的野外生物学家。他拥有在偏远的滨海边疆区开展长期考察所需的设备——一辆巨大的全地形GAZ-66卡车，后面有个定制的、用柴炉取暖的宿营舱，几辆雪地摩托，以及一个训练有素的找渔鸮的小团队。对于第一个合作项目，我们商量好由苏尔马赫和他的团队担起国内后勤和人员配备的重任；我负责制定先进的研究方法和拼凑研究基金来保障大部分资金。我们将研究分为三个阶段。第一阶段是训练，需要两到三周；然后是确定渔鸮的研究种群，大约需要两个月；最后一个阶段是捕捉渔鸮和收集数据，需要四年时间。

我热情高涨，这不是回溯性、危机性的保护，在生态已经遭到破坏之后才和栖息地范围的物种灭绝作斗争，研究人员压力过大、资金不足。滨海边疆区很大程度上仍是原始的。在这里，商业利益尚未主导一切。虽然我们专注于一种受威胁的物种——渔鸮，但提出更好的建议来管理栖息地也可能有助于保护整个生态系统。

冬季是寻找渔鸮的最佳时间——它们的鸣唱在2月最为频繁，也会在河岸雪地上留下爪印，但冬天也是苏尔马赫一年中最繁忙的时候。他的非政府组织拿到了一个多年期合同，负责监测库页岛上鸟类的数量，冬天的几个月里，他都需要协调这个项目的后勤。因此，虽然我定期向苏尔马赫进行咨询，但从未在野外与他合作过。他反而总是派他的老朋友，有着丰富林区经验的谢尔盖·阿夫德约克作为代表。自20世纪90年代中期以来，阿夫德约克就与苏尔马赫密切合作研究渔鸮。

第一阶段是考察滨海边疆区最北端的萨马尔加河流域。在那里，我要学习如何寻找渔鸮。萨马尔加河流域非常独特，这是该区最后一片完全不通道路的集水区，但伐木业已在步步逼近。2000年，阿格祖的原住民乌德盖人组成的委员会决定，乌德盖的领地将对木材采伐开放，阿格祖是整个7280平方公里的萨马尔加河流域仅有的两个村庄之一。这里即将修建道路，也会创造更多就业岗位，但增加的道路和人口也会增加偷猎和森林火灾，导致生境退化。可能会因此受害的物种众多，渔鸮和老虎只是其中的两个。到2005年，伐木公司意识到这项协议在当地社区和区域内科学家中间引起了轩然大波，从而做出了一系列前所未有的让步。首先，他们的砍伐作业会以科学为指导。主要道路将会铺设在河谷高处，而不是像滨海边疆区的大多数道路那样靠近生态敏感的河流，某些具有高保护价值的地区也将免于砍伐。苏尔马赫参与了这个科研联盟，负责在修路之前对集水区进行环境评估。他的野外团队由阿夫德约克领导，任务是确定萨马尔加河沿岸的渔鸮领域，这些区域将会被完全排除在采伐区之外。

通过加入这次考察，我能为保护萨马尔加的渔鸮出一份力，同时也收获寻找渔鸮的宝贵经验。这些技能都将应用于项目的第二阶段——确定研究的渔鸮种群。苏尔马赫和阿夫德约克列出了在滨海边疆区内听到过渔鸮叫声且比较容易考察的林区，他们甚至还知道一些巢树的位置。这意味着我们的初步考察有了一个基本范围，阿夫德约克和我要花几个月去探查这些地方和其他一些地点，它们沿着滨海边疆区大部分海岸线，分布在两万平方公里的区域内。找到一些渔鸮之后，我们将在第二年返回，开始项目的第三个也是最后一个、耗时最长的阶段——捕捉。通过给尽可能多的渔鸮个体佩戴隐蔽的背包式发射器，我们可以在四年的时间里监控它们的活动，记录它们的去向。这些数据会准确地告诉我们哪些生态因素对渔鸮的生存最为重要，据此可以制定计划来保护它们。

　　这有什么难的？

第一部

冰的洗礼

一座名为"地狱"的村庄

　　直升机延误了。此时是2006年3月，我身处沿海村庄捷尔涅伊，在我第一次看到渔鸮的地方以北三百公里。我咒骂着让直升机停飞的暴雪，心急如焚地等着去萨马尔加河流域的阿格祖。捷尔涅伊大约有三千人口，是边疆区内最靠北的颇具规模的人类居住地。更偏远的村庄像阿格祖，只有数百人，甚至几十人。

　　我在这个简陋的村庄已经待了一个多星期，这里房屋低矮，靠烧柴取暖。机场里，一架苏联时代的米-8直升机一动不动地停在只有一间屋子的航站楼外。肆虐的风雪中，银蓝色的机身因霜冻而失去了光泽。在捷尔涅伊，我已习惯了等待。我之前从未搭过这班直升机，但从村子去符拉迪沃斯托克的长途车要往南开十五个小时，每周只发两班，而且时常晚点，相对于路况来说，车况也甚为堪忧。那时，我已经往来（或者说是住在）俄罗斯滨海边疆区十多年了。等待是这里生活的一部分。

一周后，飞行员终于收到了飞行许可。在我动身前往机场时，驻扎在捷尔涅伊研究东北虎的戴尔·米奎尔递给我一个装有五百美元现金的信封。这是借款，他说，以防我遇到麻烦需要用钱。他去过阿格祖，我没去过。他非常了解我将要面临的是什么境况。我乘车到达城镇边缘的简易机场，这是在河岸原始森林中伐出的一片空地。此处，谢列布良卡河谷宽1.5公里，周围环绕着锡霍特山脉的低山。这里距河口和日本海仅有几公里。

在柜台取票后，我加入了一群焦虑的老妇人和小孩的行列，还有些本地和城里来的猎人。他们都在外面等着登机，裹着毛毡厚外套，紧攥着手提箱。如此持久的暴风雪实属罕见，许多人都被困在了中途。

这一群大约有二十人，如果没有货物，直升机最多能载二十四人。我们不安地看着直升机旁一个身着蓝色制服的人堆起一箱又一箱的物资，另一个穿着同样衣服的人不停地往飞机上装货。大家都开始怀疑售票数量已经超过了直升机的限载人数。机上装的板条箱和物资挤占了宝贵的空间，而每个人都在暗下决心要挤进那扇窄小的金属门。苏尔马赫的团队在阿格祖已经等了我八天。如果搭不上这班飞机，他们可能不等我就出发了。我站到了一位结实的老妇人身后。经验表明，跟着她们最有可能在长途车上占到座位，这和在车流中紧跟救护车的道理一样。我想这个策略对乘直升机也管用。

一个微弱到几乎听不见的声音宣布准许登机，紧接着，一堵人墙向前涌动。我奋力爬上直升机的舷梯，在装满土豆、伏特加和俄罗斯乡村必需品的板条箱中攀爬。我的"救护车"果然开动了，我跟着她走到机舱后面，那里可以看到小舷窗外的景色，也有一点伸腿的空间。登机乘客越来越多，负载大概已经开始危及飞行安全。我的舷窗视野还保得住，但伸腿的地方被一个硕大的袋子占据了。我感觉袋里装的是面粉，于是把脚跷了上去。有限的空间挤得满满当当，机组人员终于满意了，螺旋桨开始旋转。一开始速度很慢，然后越来越快，直到发出震耳欲聋的怒吼。米-8忽然直冲升空，在捷尔涅伊上方轰鸣，然后在日本海上向左倾斜飞行了数百米，在欧亚大陆北部的东缘投下阴影。

直升机下方，石滩海岸局促地夹在锡霍特山脉和日本海之间。锡霍特山脉几乎在此截断，瘦高的蒙古栎覆盖的山坡陡然变成垂直的峭壁，有些有三十层楼那么高。单调的灰色间，偶有一块棕色泥土和附着的植被，或是一片白色粪渍，标记出猛禽或乌鸦在悬崖裂缝中筑巢的位置。山上光秃秃的栎树，实际年龄比样貌更为苍老。它们生活在严酷的环境中，苦寒、强风和海岸边时常雾气氤氲的生长季节，让它们变得突兀嶙峋、发育迟滞、枝干瘦弱。下方，一整个冬天的激浪在海雾笼罩的岩石上留下厚厚一层寒冰的光泽。

离开捷尔涅伊约三个小时后，米-8降落了，机身在阳光下闪闪发亮。透过直升机吹起的雪涡，我看到一些散乱停放的雪地摩托围聚在阿格祖机场周围。这机场只不过是一个棚屋和一块空地。乘客下机后，机组人员开始忙着卸货，为返程航班腾空机舱。

一个十四岁上下的乌德盖族男孩一脸严肃地向我走来，满头黑发拢在兔毛帽下。我显得与众不同，与环境格格不入。我二十八岁，留着胡子，一看就不是本地人——和我同龄的俄罗斯人大多胡子刮得很干净，这是当时的流行风格。我那蓬松的红夹克在俄罗斯男人低调的黑灰色衣着中格外显眼。男孩好奇我来阿格祖干什么。

"你听说过渔鸮吗？"我用俄语回答。这次考察和开展渔鸮研究期间，我基本都只说俄语。

"渔鸮。是说，那种鸟？"男孩回答。

"我是来找渔鸮的。"

"你来找鸟。"他语气平淡，带着一丝迷惑，好像怀疑自己是否误解了我的话。

他问我在阿格祖有没有熟人。我说，没有。他扬起眉毛，问有没有人接我。我回答说，希望有。他眉头微蹙，然后在一张报纸的空白处潦草地写下自己的名字，盯着我的眼睛，递给了我。

"阿格祖可不是那种你想去就去的地方，"他说，"如果要借宿，或者需要帮忙，就去城里打听找我。"

像海岸的栎树一样，这男孩也被粗粝的环境塑造，看上去年纪轻轻，却已历经风霜。我对阿格祖了解不多，但知道那是个严酷的地方。去年冬天，驻扎在那里的一名俄罗斯气象学家（仍算是外地人）和我在捷尔涅伊一个熟人的儿子被殴打昏厥，在雪地里冻死了。凶手的身份一直未明，在阿格祖这样关系紧密的小镇上，是谁干的，大约每个人心里都有数，但没人对查案的警察透一句口风。无论是什么样的惩罚审判，都只会在内部处理。

很快，我看到野外团队的负责人谢尔盖·阿夫德约克从人群中走来。他开着雪地摩托来接我了。我俩凭着彼此惹眼的厚夹克一眼就认出了对方，但没人会把谢尔盖误认成外国人——他留着短发，一排镶金的上牙永远叼着香烟，一副在熟悉的环境中大摇大摆的做派。他和我差不多高，一米八三，晒黑的方脸满是胡茬，戴着太阳镜，以免双眼被炫目的雪地反光灼伤。考察萨马尔加河是我与苏尔马赫一起计划的项目的第一阶段，但阿夫德约克毋庸置疑是此地的项目负责人。他熟悉渔鸦和密林探险，这次考察中，我需要仰仗他的经验。几周前，阿夫德约克和另外两名队员顺风搭上了一艘伐木船，从南面距此三百五十公里的港口村普拉斯通前往萨马尔加河流域。他们带了两辆雪地摩托、载满装备的自制雪橇，还有几桶汽油，很快就从海岸抵达了一百多公里开外的河流上游，沿途抛弃食物和燃料，然后掉头，有条不紊地向着海岸返回。他们在阿格祖停下接我，本计划只待一两天，但和我一样，被暴风雪耽搁了。

阿格祖是滨海边疆区最靠北的人类居住地，也最偏远遗世。村庄紧临萨马尔加河的一条支流，约有一百五十名居民，大部分是乌德盖人，显出一片旧时景象。苏联时代，该村曾是野味集散地，当地人都是领公家工资的职业猎人。直升机飞来收毛皮和肉，以现金换购。1991年苏联解体后，有组织的野味产业很快也随之瓦解。直升机不来了，苏联解体后通货膨胀严重，于是猎人手里的苏联卢布变得一文不值。想走的人也走不了，连离开的本钱都没有。别无选择，他们又重操旧业，开始为着生计狩猎。某种程度上，阿格祖的贸易已退回到了以物易物的方式，新鲜的肉可以在村里的商店换到从捷尔涅伊空运来的货品。

萨马尔加河流域的乌德盖人直到近代前都住在河岸边零散分布的营地。但在20世纪30年代，苏联实施集体化，这些营地都被毁了，乌德盖人被集中到四个村庄，大多数人最终搬到了阿格祖。民族被迫集体化的无奈和苦痛，体现在了他们的村名上——阿格祖，这个名称大约是源于乌德盖语的"*Ogzo*"，意为"地狱"。

谢尔盖驾驶雪地摩托，顺着压实的雪道穿过镇子，停在了一间无人居住的小屋前。小屋的主人长期在森林里狩猎，准许我们住在这里。像阿格祖的其他住宅一样，小屋是传统的俄罗斯风格——单层木结构，人字形坡屋顶，双层玻璃窗，四周围着雕刻精美的宽阔窗框。小屋前正在卸货的两个人停下来迎接我们。他们穿着新潮的棉围兜和冬靴，明显能看出是我们团队的成员。谢尔盖又点了一支烟，然后给我做了介绍。第一位是托利亚·雷佐夫，矮胖黝黑，圆脸上最突出的是厚厚的胡子和温和的双眼。托利亚是摄影师兼摄像师。俄罗斯几乎没有渔鸮的视频，如果我们找到渔鸮，苏尔马赫想要看到证据。第二个人是舒里克·波波夫，矮小健壮，棕色头发像谢尔盖一样剪得很短，一张细长的脸，在野外的几个星期令他的皮肤晒出了小麦色。他脸上有些许柔软的胡须，是很难长出络腮胡的体质。舒里克是小组里的实干家。需要干活的时候，不管是攀爬腐木，调查可能有渔鸮的巢址，还是清洗处理十几条晚饭要吃的鱼，舒里克都会迅速完成，毫无怨言。

我们扫开积雪好让大门打开，进了院子，然后走进屋内。穿过黑暗的小前厅，打开通往第一个房间的门，里面是厨房。我呼吸着寒冷、闷浊的空气，其中弥漫着木柴和香烟的熏臭。自从主人进了森林，房屋一直门窗紧闭，室内没有暖气，冰冷的温度略微让屋内的味道显得不那么刺鼻。地板上散落着开裂墙面掉落的石膏碎片，夹杂着柴炉周围的碎烟头和泡过的旧茶包。

我穿过厨房和一间偏房，进了最后一间屋子。两间屋是用肮脏的花床单隔开的，单子歪歪扭扭地挂在门框上。后面屋里的地上，碎石膏多到在脚下不停嘎吱作响。窗下墙根倚着一小块什么东西，像是带着皮毛的冻肉。

谢尔盖从棚子里搬出一大堆柴火，点燃了柴炉。他得先用报纸扇扇风，因为屋内的寒冷和外面相对较高的温度造成的压力会把烟囱封住。如果起火太快，送风不够及时，屋内就会烟熏火燎。和俄罗斯远东的大多数小屋一样，这里的柴炉是用砖砌的，上面有一块厚厚的铁板，可以烤成串的食物和烧开水。炉子建在厨房一角，和墙壁砌为一体，温暖的烟雾顺着砖墙迂回上升，最后从烟囱逸去。这种样式叫"*Russkaya pechka*"（字面意思就是"俄罗斯炉子"），砖墙在熄火之后还可以长时间保存热量，给厨房和对面相邻的房间供暖。小屋神秘的主人那不爱操心的懒散个性也体现到了炉子上。尽管谢尔盖小心翼翼地操作,烟雾还是从无数裂缝中渗出,把屋内搞得灰烟弥漫。

把所有行李都搬到屋内和前厅之后,谢尔盖和我坐下来,摊开萨马尔加河的地图讨论起行动策略。他指给我看主河上游的五十公里处还有一些支流,他和团队已经在这些地点调查搜寻过渔鸮了。他们发现了大约十对有领域的渔鸮,他说对这个物种来说,这已经是很高的种群密度了。我们仍然需要调查最后的六十五公里,下至萨马尔加村和海岸,还有阿格祖周围的一些林区。任务很重,时间很紧。当时已是3月下旬,因为天气误了些日子,我们的时间很有限。正在融化的河冰是我们在阿格祖之外唯一能走的通路。这种情况对雪地摩托来说很危险。如果春天来得太快,我们有可能会被困在阿格祖和萨马尔加村之间的河岸。谢尔盖建议我们在阿格祖继续调查至少一周的时间,同时密切关注春季融冰的情况。他觉得我们可以每天往下游多走一段,大概十到十五公里,每晚开雪地摩托回阿格祖休息。在这种偏远的环境中,保证有温暖的夜宿地点是不容忽视的。要不是在阿格祖,我们就得住帐篷。约一周后,我们将收拾行李,搬到一个叫沃斯涅塞诺夫卡的狩猎营地去,那里在阿格祖下游约四十公里处,距离海岸二十五公里。

第一顿晚餐是牛肉罐头和意大利面,几个来串门的村民中途打断了我们，粗莽地把一瓶四升的95%乙醇、一桶生驼鹿肉和几只黄洋葱撂到了厨房的桌子上。这是他们贡献给当晚娱乐活动的物资，想要聊些趣闻作为回报。20世纪90年代的滨海边疆区还与世隔绝，身为外国人，我已经习惯被视为新奇事物了。人们喜欢听我讲真实版的电视剧《圣巴巴拉》，想知道我是否关注芝加哥公牛队，这是90年代俄罗斯流行的两个美国文化符号。他们也喜欢听我赞美他们所栖身的偏远世界角落。不过在阿格祖，任何访客都会被当作小明星。我来自美国，谢尔盖来自达利涅戈尔斯克，但他们根本不在乎。这两个地方都像是异国他乡，我们俩同样具有娱乐价值，都是可以一起喝酒的新鲜人物。

一个小时又一个小时，人们来来去去，驼鹿块被煮熟、吃掉，乙醇也以稳定速度减少。烟草和筛子一样的柴炉搞得整个房间烟雾缭绕。我吞下几杯乙醇，吃着肉和生洋葱，听着男人们互相夸耀他们的狩猎事迹，与熊、老虎和河流的正面交锋。有人问我怎么不在美国研究渔鸮——不远万里跑到萨马尔加也过于大费周章了。当听说北美没有渔鸮，他们都很惊讶。这些猎人都很珍视荒野，但他们也许并不明白自己的森林是多么奇妙独特。

最后我点头道了晚安，走到后屋，把床单拉过门框，想挡一挡持续到深夜的烟雾和喧闹的笑声。借着头灯，我翻阅

了在俄罗斯科学期刊上找到的渔鸮论文的影印本，这是明天
"考试"前最后的突击复习，再多看也只会是徒劳。20世纪40
年代，一位名叫叶甫盖尼·斯潘根伯格的鸟类学家是最早研
究渔鸮的欧洲人之一。他的文章为搜寻渔鸮提供了粗略的指
引：有交错汊道和充足鲑鱼的冷水河流。后来在70年代，另
一位名叫尤里·普金斯基的鸟类学家写了几篇论文，是关于
他在滨海边疆区西北部的比金河畔与渔鸮接触的经验。在那
里，他收集了关于筑巢和鸣声的生态学信息。谢尔盖·苏尔
马赫也写了几篇论文，他研究的重点是渔鸮在滨海边疆区的
分布模式。

　　末了，我脱到只剩秋衣裤，塞了耳塞，爬进了睡袋。我
的脑袋里像是在过电，期待着明天的到来。

首次搜寻

　　那一夜，在阿格祖附近，渔鸮捕猎了鲑鱼。声音对渔鸮来说并不重要，因为它们的主要猎物都在水下，不会留意陆地上声响的细微变化。大多数猫头鹰物种都能追踪啮齿动物目标在森林底层碎屑中窜动的声音，像仓鸮就能在漆黑的环境中做到，但渔鸮要捉的却是水里游的猎物。这种狩猎方法的差异也体现在身体结构上。很多猫头鹰都有明显的"面盘"——脸上特殊的呈圆形排列的羽毛，能将最微弱的声音传送到耳孔。但在渔鸮身上，这个"面盘"并不明显。从演化角度来说，它们根本不需要这种优势，所以这个特征随着时间的推移逐渐消失了。

　　渔鸮的主要猎物——鲑鱼所生活的河流，基本上有数月都是冻结的。为了在气温常低至零下30摄氏度的冬季生存，渔鸮储备了厚厚的脂肪。因此，乌德盖人曾把渔鸮当成珍贵的食物。吃掉渔鸮后，他们还把巨大的翅膀和尾巴铺开晒干，做成扇子，在猎鹿和野猪时用来驱散结成团团黑云的咬人的昆虫。

破晓时分，阿格祖微弱的晨光中，我仍置身于狼藉和鹿肉之中。我再也闻不出屋内空气的浑浊，应该是已经适应了，这气味大概都渗进了我的衣服和胡子。隔壁房间里，驼鹿骨头、几个杯子和一个沥干的番茄酱瓶子散放在桌上。我们几乎都没说话，睡眼惺忪地吃了香肠、面包和茶，当作早餐。然后谢尔盖塞给我一把充当午饭的硬糖，并叮嘱我带上外套、涉水裤和双筒望远镜。我们要去找渔鸮了。

我们开着两辆雪地摩托连成的大篷车隆隆地穿过阿格祖，村民和成群的狗踩着路旁厚厚的积雪，让出狭窄的道路，目送我们通过。滨海边疆区大部分地方的狗都被锁在门卫室里，阴沉又凶狠。而阿格祖却不太一样，在这儿，松散结群的东西伯利亚莱卡犬（一种顽强的狩猎犬）昂然于村中浪游。最近这些狗正大肆劫掠当地鹿和野猪的种群。整季的深雪封在冬末的冰釉下，鹿蹄会像踏破纸张一样穿透进去，但犬科动物柔软的足垫却可以安全地走在上面。在莱卡犬的追逐之下，可怜的有蹄类动物像是在流沙中挣扎，肚肠转眼就被迅猛的掠食者一扫而空。我们经过的狗身上都血迹斑斑，像带着屠杀后的勋章。

我们在河边分头行动。其他团队成员都是老手，没什么好说的；谢尔盖交代托利亚给我做示范。谢尔盖和舒里克开着雪地摩托向南朝萨马尔加的方向去了，托利亚和我往回走，经过直升机停机坪，在一条远离萨马尔加的东北方的支流旁停下了。

"这条河叫阿克扎河。"托利亚说。他在阳光下眯起眼睛，打量着狭窄的河谷，其中交错散布着光秃秃的落叶树，偶尔有被新雪压倒的青松。我听到河水潺潺，还有一只褐河乌的报警声，我们的到来把它吓坏了。"以前有个在这儿打猎的人，年轻时被渔鸮毁了一个睾丸，打那以后，他见一只渔鸮杀一只。下套、下毒、枪击，啥手段都用上了。行了，我们从这儿要往上游去，找渔鸮的痕迹，像是足迹或羽毛啥的。"

"等会儿……他的睾丸给渔鸮毁了？"

托利亚点点头。"他们说他晚上去树林里拉屎，肯定是春天，明显是蹲在了一只刚离巢还不会飞的小渔鸮身上。渔鸮一受攻击就会背地倒下，用爪子防御。这鸟不过是钳住碾碎了离得最近的一块肉而已，'挂在低处的果子'最好摘嘛，也可以这么说。"

正如托利亚所说，寻找渔鸮需要耐心和细心。渔鸮往往在很远的距离就会惊飞，所以最好默认即使渔鸮就在附近你也看不见，把注意力放在它们留下的痕迹上。基本方法就是沿河谷逆流而上，寻找三样关键事物。首先，河上得有一片开阔的、没上冻的水面。在一片渔鸮的领域里，冬季还有流水的河段屈指可数，如果有渔鸮，它可能会在这种地方停留。还得仔细留意河畔的积雪，寻找渔鸮在追踪河鱼时留下的足迹，或是着陆、起飞时初级飞羽*留下的痕迹。要寻找的第二件东西是羽毛——渔鸮不断有脱落的羽毛，春季换羽期最为常见。当长达二十厘米的蓬松、绒毛状的半绒羽腾空飞舞时，上面无数触手似的倒钩会牵绊到捕鱼冰洞或巢树附近的树枝上。这些小旗在微风中优雅地点点闪烁，安静地昭示着渔鸮的存在。第三样标志事物是一棵巨大的树，上面有大树洞。渔鸮体形巨大，需要真正的"森林巨人"才能安家——通常是老龄的辽杨或裂叶榆。在一个山谷中，这些巨人歌利亚般的大树数量不多，所以一旦看到这样的树，就应该立刻上前察看。只要找到一根半绒羽，十有八九能找到一棵巢树。

开始，我和托利亚一起在河底转悠了几个小时，观察他指出的适合察看的大树和有希望的水域。托利亚行动极为

---

* 鸟类翼区后缘的一列强大而坚韧的羽毛称为"飞羽"，其中着生在手部（腕骨、掌骨和指骨）上的飞羽称为"初级飞羽"，一般为9—11枚。

从容。谢尔盖往往快速定夺、果决行动，我知道他对托利亚明显的散漫很有意见。但正因为那种从容不迫的态度，令托利亚更是一位优秀的老师、相处融洽的伙伴。我还了解到，托利亚经常跟着苏尔马赫工作，记录滨海边疆区的鸟类自然史。

午后，我们停下休息、泡茶。托利亚生了火，煮开河水，我俩咔嚓咔嚓地嚼着硬糖，小口呷着茶，普通鸸在头顶的大树上好奇地唧唧啾啾。午饭后，托利亚提议由我来主导调查，就跟随我的直觉和上午学到的经验，他在一旁观察。我提出调查一片水域，托利亚否决了，因为水太深，渔鸮无法捕鱼；而另一片水域则柳树丛生，体形巨大的渔鸮没法飞近。在一片缓慢的滞水中，我踩透冰面陷了进去，虽然只没到了膝盖，由于穿着橡胶涉水裤，身上也没打湿，但我领会到了托利亚带的冰杖的重要性——这是根尖端带金属刺的棍子，他在踏上冰面之前，都会用来探测河冰是否坚实。我们沿溪下行，山谷逐渐变窄，呈锐利的V形，水流也隐没在冰雪岩石之下。

这一整天，我们连渔鸮的蛛丝马迹也没见到。直到黄昏时分，我们还在徘徊逗留，想听听是否有渔鸮的叫声，但林中一片沉寂，如同河畔整洁无痕的白雪。从托利亚那儿，我学到了应当怎样看待这徒劳无功的一天。他和我说，即使有渔鸮栖息在我们去的那片森林中，也可能需要一周的搜索、聆听，才能真正找到它们。这太令人失望了。在符拉迪沃斯托克苏尔马赫的办公室里舒舒服服地坐着讨论怎么寻找渔鸮是一码事，而现实过程中的寒冷、黑暗和寂静，完全是另外一码事。

天已黑透，大概九点钟时我们才回到阿格祖。看到小屋外雪地上斑驳的灯影，知道阿夫德约克和舒里克已经回来了。他们用邻居送来的土豆和驼鹿肉做了汤，屋里还有位身着宽大的派克大衣、身材瘦削的俄罗斯猎人，自我介绍说叫莱沙。他看起来大概四十岁，厚厚的眼镜片让他的眼睛变得模糊不清，但难以掩盖醉意。

"我已经连着喝了要么十天要么十二天了。"莱沙若无其事地说，坐在厨房的桌旁没起身。

我跟谢尔盖聊起当天的情况，舒里克盛了汤，托利亚拿着一瓶伏特加从门厅走进来，和几个杯子一起郑重其事地摆在了厨房的桌子中央。谢尔盖骤然怒目而视。按俄罗斯风俗，只要一瓶伏特加上桌待客，不喝到底朝天就别想拿走。有些伏特加酿酒厂甚至不给瓶子安盖子，而是用一层薄薄的、容易刺破的铝箔——要盖子又有何用？瓶子要么是满的，要么是空的，两者之间用不了多长时间。谢尔盖和舒里克本希望今晚能歇歇不喝酒，结果托利亚一下替他们许了一瓶伏特加。我们有五个人，但托利亚只在桌子上放了四个杯子。我不解地看着他。

"我不喝酒。"托利亚回答了我无声的疑问。他倒是免了整晚酗酒的痛苦。我发现这是他的一个习惯——自作主张，不经商量就替我们给客人上伏特加，而且通常都不合时宜。

我们喝着汤和杯里的酒，聊着河流的话题。谢尔盖说萨马尔加河并不是很深，但必须得小心湍流。不幸掉下冰面的人可能都没有时间挣扎就被吸入激流，很快在寒冷和眩晕中丧命。莱沙还说，这年冬天已经出过一次事，人们发现了一名失踪村民的脚印，通向一条黑暗的冰缝，透过它能看到下面奔涌的萨马尔加河。在河口下游偶尔会发现人骨：多年来葬送在萨马尔加河的人，歪歪扭扭地缠绊在木头、岩石和沙子之间。

我看到莱沙盯着我。

"你住在哪儿？"他含糊地问道。

"捷尔涅伊。"我答道。

"你是那儿的人吗？"

"不是，我从纽约来。"我回答。遇到大约不了解北美地理的人，这么说比解释明尼苏达州和中西部在哪里要容易些。

"纽约……"莱沙重复着，点了一支烟，看了谢尔盖一眼。透过那无休止饮酒的混沌，某个重要结论像是呼之欲出。"你为啥住在纽约？"

"因为我是美国人。"

"美国人？"莱沙的眼睛瞪了出来，再次看向谢尔盖，"他是美国人？"

谢尔盖点点头。

莱沙难以置信地盯着我，重复了好几次这个词。他显然从未见过外国人，当然也没想到一个外国人能说一口流利的俄语。能在他的家乡阿格祖和冷战对手坐在同一张桌上，确实挺令人费解。外面骚动的声音转移了我们的注意，一小群人走了进来；我认出好几个都是前一晚来过的。我想第二天早晨还能保持清醒，便借机躲进了后面的房间，托利亚就窝在一旁和安普利夫下棋。安普利夫是本地退休的俄罗斯人，住在街对面的房子里。我在头灯下整理了一天的笔记，钻进睡袋里，看到屋角那堆被人遗忘的肉和毛皮，红光闪闪，不禁又哆嗦了一下。它们正在慢慢变软，和我们迫切需要的河冰一样。

阿格祖的冬季生活

第二天早上，一片灰光中，谢尔盖已经醒了。他手夹香烟，蹲在闷燃的柴炉旁，吐出的烟团相互缠绕，顺着风流消失在炉子里。谢尔盖对着桌旁巨大的乙醇空瓶骂道，必须赶紧离开阿格祖，不然酒精会要了他的命。在这件事上，我们没有选择的自由：只要人在阿格祖，就得按村民的心意来。

为出野外做准备时，谢尔盖提醒我，鉴于渔鸮对人类的警惕程度，它们可能在我靠近到能看到之前就溜走了，所以得随时保持警觉。他说，对我们有利的一点是渔鸮在飞行时动静很大，这个特征能把渔鸮和其他类似的猫头鹰区分开。大多数鸟类飞行的声音都很大，有些物种甚至靠振翅时发出的声音就能辨认。然而一般的猫头鹰几乎是完全无声的。这是因为它们的飞羽上布满了微型的梳状凸起，好似一件隐身衣，能转移即将接触翅膀的空气，达到消音效果。这个特点有利于猫头鹰追击陆地上的猎物。因此不难想象，渔鸮的飞羽是光滑的，缺乏这种适应特征，因为它们的主要猎物在水下。尤其在安静的夜晚，经常能听到渔鸮扇着沉重的翅膀费力地飞过，空气因阻力而产生振动。

我们今天的计划和之前差不多。调查渔鸮的野外工作很多都是重复劳动：搜索再搜索。我们需要穿着合适的、多层的衣服，因为要在野外待一整天，日落后还会逗留。午后阳光下跋涉时可以敞开拉链的抓绒衣，在天黑后就不够保暖了，我得坐着一动不动地探听渔鸮的动静，同时气温也在不停下降。除了一条涉水裤，这个活儿不需要任何特殊器材或装备。托利亚有些摄影器材，但他都放在基地，只有发现了值得拍的东西时才会随身携带。

我又一次和托利亚搭档，他之前答应了国际象棋棋友安普利夫，要载他去河边钓鱼。我们在托利亚绿色的雪地摩托后面挂了个空雪橇，拖到几个房子之隔的安普利夫的小屋前停下。他很快就穿着厚厚的毛皮大衣出来了，手拿一根冰杖和一个木头钓鱼箱，箱子还可以当凳子坐在冰上。他在雪橇上伸开腿，像斜倚在沙发床上一样，他的老莱卡犬蜷缩在他身上，直盯着我看。他俩年纪都太大，打不了猎了，但钓鱼还是可以的。

"渔……小（鸮）！"安普利夫笑着用英语对我说，然后我们就出发了。

托利亚按照老人的指令拖驶雪橇，在阿格祖以南的河段附近熄了引擎，这儿的冰面上满是冻住的用螺旋钻打出的冰洞。显然是个很受欢迎的钓鱼点。

趁着安普利夫和狗从雪橇上往下挪的工夫，托利亚用我们的螺旋钻把一些封冻的冰洞钻开了。每个钻穿的瞬间都来得很突然，让人产生满足感，雪渣和河水飞溅到冰面上。这是个4月初的日子，春天的迹象在周围环绕的冰雪世界中点点闪烁：随处可见消融的斑块，预示着急剧的变化即将到来。这是我第一次来到萨马尔加地界，有些忐忑，还带着些敬畏感。我听说的关于这条河的故事给它添上了传奇色彩。萨马尔加河为阿格祖带来了生命，但也是一股无情而善妒的力量，它打击、伤害甚至会杀死身边那些因傲慢而不加留神的人。

托利亚解开了雪橇的挂钩，跟我说他要回上游找渔鸮，然后似乎突然意识到，他没给我安排任务。

"要不你，呃，看看所有这些化开的水面有没有渔鸮的踪迹吧，"他说，挥舞着冰杖模糊地画了个大圈，"我一个小时之后回来。"

他把冰杖递给我，让我随便用。

"敲敲冰面，要是听着空空的或是冰杖能刺穿，就别往那儿走。"

在一阵尾气和引擎轰鸣声中，他走了。

安普利夫从他的钓鱼箱里取出一根短钓竿和一个脏兮兮、沾满泥土和油脂的罐子，罐里满是冷冻的鲑鱼卵，然后合上箱子，坐了上去。老人把手伸到一个冰洞里，搓了搓一些结冻的暗橙色圆球，在水里泡软。他把一粒鱼卵穿到钩子上，把渔线沉入萨马尔加河，直到消失不见。我指着托利亚授意我查看的化开的水面，问安普利夫周围的冰是否安全。他耸耸肩。

"每年到了这个时候，没有啥冰是真安全的。"

他把注意力转回冰洞，手腕轻轻一弹，钩子和鱼饵在下方微弱的光线中轻舞。他的莱卡犬拖着得了关节炎的腿四处晃荡。

我一寸一寸地在冰上挪动，一边走一边用力敲，生怕触发隐藏的陷阱。我始终和融开的水面保持很宽的距离，用双筒望远镜扫视水边的雪线，寻找渔鸮的踪迹。一无所获。我慢慢往下游走了大概一公里，从一片水面走到另一片水面，大概过了一个半小时，听到了雪地摩托返回的声音。回到钓鱼地点，我看到托利亚接回了舒里克，两个人都和安普利夫一起在冰上钓鱼，抖动的钓竿从暗处的水中扯出马苏大麻哈鱼和北极茴鱼。

他们钓鱼的时候，舒里克告诉我他和苏尔马赫出身于同一个务农小镇——一个叫作盖沃伦的地方，距离滨海边疆区西部的兴凯湖只有几公里。像盖沃伦这样的村庄，经济萧条，就业困难，极为贫困，导致酗酒、病弱和早亡的人口比例都很高。苏尔马赫把舒里克带到身边，让这个农村孩子从这种命运里挣脱了出来。他教舒里克使用雾网环志＊及释放鸟类（或者处理皮羽，做成博物馆的藏品），还有如何正确地从鸟类身上采集组织和血液样本。舒里克没有受过正规教育，但他制作的鸟皮精良无比，野外笔记写得认真仔细，而且也是寻找渔鸮的专家。他能爬上高耸腐朽的老树查看渔鸮的巢洞（他觉得穿着袜子往上爬最舒服），对团队来说，这可是项宝贵的本领。

　　我们在钓鱼的冰洞逗留到夜幕降临，希望能听到渔鸮的声音。我一直盯着林木线，眼巴巴地辨别着枝梢间的动静。任何遥远的响动仿佛都能穿透我的耳膜。但我甚至都不知道渔鸮的声音是什么样的。当然，我研究过普金斯基20世纪70年代论文中的声波图，也听过苏尔马赫和阿夫德约克模仿渔鸮的领域鸣叫，但我却无从得知这些声音在现实中是否真实。

＊　一种对鸟类进行数据收集和研究的方法。捕捉鸟类并套上人工制作的带有唯一编码的脚环、颈环、翅环、翅旗等标志物，再放归野外。

一对渔鸮会以二重唱齐鸣。这个特点相当罕见，已知全球只有不到4%的鸟类有这种行为，其中大部分都生活在热带地区。一般雄性渔鸮会带头开始二重唱，将喉咙里的气囊充满，胀得像只怪异的、长羽毛的牛蛙。它保持姿势不变，喉咙上的白色斑块成了一个醒目的球体，与身体的棕色和黄昏的灰色形成鲜明对比，示意它的伴侣鸣唱即将开始。不一会儿，它呼出一声短促的喘息般的叫声，听起来就像有谁把它吸的气从身体里给拍了出来。然后雌性渔鸮会立即用自己的呼声来回答，但声调更为深沉。这在猫头鹰物种之中很不寻常，因为雌性的声音一般会更高昂。然后雄鸮会发出更长、声调稍高的叫声，雌鸮继续响应。这种四音节的鸣叫和回应会在三秒钟内结束，然后它们会重复进行间歇规律的二重唱，持续时间从一分钟到两小时不等。这种重唱高度同步，以至于许多人听到一对渔鸮鸣唱时会以为只有一只鸟。

但那天晚上我们没听到这样的叫声。天黑后回到阿格祖，又冷又失落的我们把钓的鱼清理干净，炸好，和来客一起在桌旁坐下。同伴们立马就丢掉了一整天的挫败感，把注意力转移到了吃喝上，我意识到，对于谢尔盖、舒里克和托利亚来说，这不过是一份工作而已。有些人从事建筑行业，有些人开发软件。这些人是专业的野外助理，苏尔马赫能拿到经费研究的任何物种都可以是他们的目标。渔鸮对他们来

40

说，不过只是另一种鸟而已。我并不是要因此来评判他们，只是对我来说，渔鸮的意义远不止于此。我的学术生涯以及这种濒危物种的保护工作都要依赖于我们的发现成果，还有如何应用得到的信息。厘清并解读收集来的数据是我和苏尔马赫的事儿。在我看来，这个开端并不顺利。忧心着我们的一无所获和不断融化的河冰，我上床睡觉了。

第二天，我要和谢尔盖搭档进入林区。我们要去比我前一天去过的地方稍向南的位置寻找渔鸮。谢尔盖的计划是午后从村里出发，这样我们有几个小时的时间来寻找渔鸮的痕迹，然后黄昏时再专注于聆听叫声。出发之前，谢尔盖要再考虑一下之后往下游去的行动，还要确保在阿格祖剩下的日子里有足够砍好的木柴。

上午晚些时候，我独自在厨房里喝着红茶看地图，谢尔盖在外面劈柴。突然，一个熊一样的家伙冲进小屋的门，大步走到桌子旁。他身材魁梧，毛茸茸的，穿着一件厚厚的、带毛毡保暖夹层的鞣制兽皮，十有八九是自制的，左边的袖子空荡荡地悬着。我猜到这人是沃洛迪亚·洛博达，镇上唯一的独臂猎人。尽管狩猎事故让他落了残疾，但当地人仍赞他是阿格祖最好的射击手之一。

大个子坐了下来，从上衣口袋里掏出两罐半升装啤酒，毫不客气地往桌上一扔。罐子看起来都被焐热了。

"那啥，"沃洛迪亚盯着我的眼睛，开口说道，"你打猎。"

与其说这是个问题，不如说是陈述事实。沃洛迪亚看着我，像是在期待猎人间的对答——喜欢打什么动物，在哪里打，用什么型号的步枪。或者只有我是这么想的，因为我不是猎人，并且这么回答他了。他在凳子上挪了挪身子，把残肢支在桌上，仍盯着我不放。我可以看清他的手臂从肘部以下都没有了。

"那，你捕鱼。"

也是陈述句，但语气没那么肯定了。我略带歉意地回答：也不是。他不再看我，猛地站了起来。

"那你到阿格祖干吗来了？"他吼道。终于是个问句了，但明显是反问句。

他把两罐没开的啤酒揣回外衣口袋里，二话不说地走了。

洛博达的轻蔑刺痛了我。在一定程度上他没说错：萨马尔加流域是片极为严峻的地方，这里的荒野和他失去的手臂就是佐证。但另一方面，我在阿格祖的目的是尽我所能去了解渔鸮，尽可能地让这里保持原始，这样洛博达和像他一样的猎人才有鹿可打，有鱼可捕。吃完午饭，谢尔盖和我装了硬糖和香肠当零食，午后就出发去河边。谢尔盖放慢雪地摩托，停在阿格祖外缘一处我不认识的小屋前。里面有个人站在门口，隔着小玻璃窗疯狂地向我们摆手。他看起来很惊慌，双眼圆睁，示意我们上前。

"你待在这儿。"谢尔盖说。

他下了雪地摩托，过一道门进了院子，顺着木栈道走近门廊。

里面的人往下指着什么东西大喊大叫，然后我注意到了门外的挂锁，没上锁，但是挂住了锁扣，从里面打不开门。谢尔盖站在那儿盯着看，被困的人比画着不停恳求。他喊话的内容像是让谢尔盖很困扰，因为谢尔盖犹豫了片刻才取下门锁，转身往回向雪地摩托走来。那男人犹如一头久困的猛兽一般轰然而出。他从谢尔盖身边冲过，穿过院子，跑到街上，从那急促、癫狂的动作就能看出他的头脑过度激动，导致身体完全无法协调。

我回头看了看仍然半开着的门，一个小男孩站在幽暗的门内。我猜他大概六岁。我给谢尔盖指了指那男孩，他一下子变得气急败坏，破口大骂。

"他家老太太把他锁在屋里，不让出去喝酒，"谢尔盖说，"可他没说屋里还有小孩儿……"

朝着父亲逃走的方向，男孩盯着那冰冷的空气，父亲现在已全然不见人影，然后他伸出手，轻轻地带上了门。

静默的残忍之地

我们慢慢从村里出来，顺着平缓的堤岸，上了一条封冻的支流，沿河有成排的瘦柳。支流逐渐汇入主流，像从一条拥挤的小街上了主干道。几周后，一切都会变得不同，河冰即将破封。由于萨马尔加河是阿格祖和萨马尔加村之间的唯一通路，冰面解体带来的险情会把村民们困在阿格祖。这一年一度、身不由己的"流放"，要一直持续到春季洪峰将最后一块冰冲进鞑靼海峡。破冰期间，猎人和渔民有充足的时间收拾雪地摩托，收起冰钻，检查船只是否运转正常。

谢尔盖沿着冰冻的河流中间那条压实的雪地摩托道往前开，他知道既然有别人已在我们之前通过，冰层应该不会塌陷。我们经过了前一天老人钓鱼的地方，然后绕着山脊线拐了一个急弯，我记起了搭直升机飞进来时看到的那道细长、岩质、手指状的凸起，绕过它之后，山谷明显变宽了。在这里，索哈特卡（意为"小驼鹿"）河注入了萨马尔加河，针阔叶混交林在两河交汇处中断，林中有些相当大的树木。当时我还缺乏经验，没能意识到这里是完美的渔鸮栖息地。

渔鸮必须谨慎地选择领域。夏季适合捕鱼的河流在冬季可能会冻实，因此它们需要寻找有上涌泉水或天然温泉的水道，这样才有足够高的水温，让重要的水面保持全年无冰。一对渔鸮会守卫这样的资源，防止其他渔鸮抢夺。

谢尔盖和舒里克前一天来过这里，没有找到渔鸮的痕迹，但谢尔盖认为这个地方很有希望，应该再仔细找找。他想再沿着索哈特卡河搜索一阵子，然后黄昏时再听听渔鸮的叫声。我们停下雪地摩托，系上了滑雪板。这种俄罗斯猎人的滑雪板长约一米半，宽约二十厘米，功能类似于雪鞋，目的是蹭着地面往前溜，而不是追求速度。固定方法也很简单，只有一圈布料让人把脚套进去，所以活动并不自如。猎人的传统做法是把条状的马鹿皮固定在滑雪板底部来增加摩擦力，但我们的滑雪板上用的是我从明尼苏达州带来的轻质人造止滑带。

在一米深的雪中，我对驾驭猎人滑雪板还相当不得要领，寻找渔鸮我也是新手，所以我一直紧跟谢尔盖，他在林中灵巧地游走。我们在森林里绕了一个大而蜿蜒的圈，开始先背向萨马尔加河，最后又回到河边。这个下午天气好极了，但因为没找到渔鸮的踪迹，我的精神萎靡不振。谢尔盖却似乎很确信我们能在这里找到些什么。再次回到索哈特卡河与萨马尔加河的交汇处之后，我们沿着两条几乎无冰的河道之间的低坝移动。我偶然发现了一个破旧的、上一季留下的小型鸣禽的巢。它被灌木丛深处密密的树枝保护着，但现在树叶已经掉光了，我凑上去想要看个仔细。草和泥巴做的"小杯子"里面仔细地铺了柔软的羽毛，这是小鸟在别的地方找来给鸟巢保温的。我抽了一根出来，这是一根胸羽，由于长期暴露在外，已经被磨蚀了。羽毛很大，肯定是猛禽的，可能是猫头鹰。我把羽毛拿给谢尔盖看，他露出了灿烂的笑容。

"这是渔鸮的羽毛！"他说道，把战利品高高举起，让午后的阳光穿透它。"我就知道它们来过这儿！"羽毛只有他的手一半的长度，又旧又脏，粘着碎屑，羽轴也损坏了。但这是很重要的证据。

我们更加仔细地查看了这个鸟巢。里面有很多渔鸮的羽毛，可能都是鸟儿在附近找到的，因为鸣禽通常会在巢附近收集筑巢材料。由于有了新的动力，我们决定分头听听渔鸮的声音。离黄昏还有一小时左右，谢尔盖想去下游，从河谷的另一边听声音，尽可能扩大我们的调查范围。他打算沿河向南再走两三公里，转回时接上我。雪地摩托倒车的声音在冬天清冽的空气中传出很远，车子驶出视线许久之后，我还能听到引擎的高声呼啸。

微风穿过树梢，拂动了白杨、桦树、榆树和山杨光秃秃的枝冠，偶尔风力稍疾，骤然掠过冰冻的河流之上。透过风声，我仔细地搜寻着渔鸮那独特的叫声。渔鸮叫声的频率比两百赫兹高不了多少，跟乌林鸮类似，比美洲雕鸮的声音低两倍。实际上，这么低的频率是很难用麦克风捕捉到的。在我日后录下的音频里，渔鸮的声音也总是显得深远、低沉、若隐若现，即使它们就在附近也是如此。低频的叫声是有实际作用的，它能确保声音不受干扰地穿透密林，从很远的地方，甚至几公里开外都能听到。在冬天和早春尤其如此，这时节几乎没有树叶，清澈的空气有助于声波的传送。

渔鸮的二重唱既是宣告领域的叫声，也能稳固配偶之间的关系。二重唱的频率有年度的周期，2月繁殖期时，它们的鸣唱最为频繁。在这段时间里，二重唱会持续很长的时间，甚至是几个小时，整晚都可以听到。然而，一旦雌鸮在3月开始孵卵，通常只有在黄昏时才能听到叫声，大概是因为渔鸮不想暴露鸟巢所在的方位。随着幼鸟孵化、长出羽毛，二重唱会再次增多，但到了夏天，频率又会减少，直到下一个繁殖季节。

风越来越大，这样一动不动地待在开阔地带，令我有些担心身上的保暖衣物会被吹透。百米开外，我看见一根半掩在雪中的巨大原木，是一株被暴风雨连根拔起，又被洪水冲来此处的大树。我用脚在树根附近的雪地上刨出一个浅洼，踩实，蹲进去避风，树根和阴影将我笼罩起来。

大约半小时后，我正享受地嚼着最后几块硬糖，竟没有听到狍子靠近的声音。它突然出现在五十米以内，先是在坚硬的河冰上稳住步伐，然后朝上游跃进，后面紧跟着一只猎犬。喘着粗气的狍子跑向河中化开的一段宽约三米、长十五米的深水区，毫不犹豫地扎进了水里。它大概本打算跳过去，却意识到自己没这么大力气，但为时已晚。那只莱卡犬停了下来，龇着牙狂吠。我僵住了。从树根处的洼地我只能看到狍子的头，它的鼻子高高顶起，鼻孔张开，在平直的河面上下沉浮。狍子试图逆流挣扎，然而很快就放弃了，像一艘没了舵的船一样顺水漂走，在下游的冰缘处消失不见。我站起来想看个究竟，却只见破口中静默、湍急的河水。我想象着冰面之下黑暗中的狍子，水大概已经灌满了它的肺，又一条葬送在萨马尔加河的生命漂向了大海，冬季也好，村里的狗也好，再也无关紧要了。莱卡犬注意到了我的动静，转向我，双耳竖起，口鼻疑惑地颤抖着。它没把我这个陌生的人类当回事，将注意力又转回河面的开口，嗅了嗅，小跑着回下游去了。

我回到了树洼里，为这个地方不动声色的残忍而震惊。

原始的二分对立仍是萨马尔加河上的生命法则：饥渴或餍足，冻结或流动，生存或死亡。一个微小的误差就可能让天平从一端向另一端倾斜。村民会因为选错了钓鱼的地方而溺亡。狍子躲过了掠食者的追捕，却因踏错一步而丧命。在这里，生与死之间，只隔着河冰的厚度。

空气中一阵轻微的颤动将我从思绪中拉了回来。我坐直身子，摘下帽子，露出耳朵。一阵长时间的沉默之后，我又听到了那个声音：遥远、低沉的颤动。但这是渔鸮吗？它一定是在索哈特卡河谷上游很远的地方，我能实际听到的只有一个或许两个音节，而不是期待中的四音节。我通过谢尔盖和苏尔马赫粗略的模仿大概了解了渔鸮的叫声，但因为没法和真实的叫声对比，也很难说他们模仿得有多像。我现在听到的声音完全对不上号。也许只有一只渔鸮，而不是一对？要不或许是只雕鸮？但是雕鸮的叫声比我听到的声音要高，而且它们也不会二重唱。那声音每隔几分钟就会重复一次，不知不觉间，白昼渐渐变成了黑夜。黑暗中，声音不再响起。

下游传来一阵起伏而高昂的轰鸣，我知道谢尔盖要回来了，很快我就看到了雪地摩托的单头灯在雪地上投下的微弱光束。

"哎？"当我出来迎他时，他得意地说道，"你听到它们的声音了吗？"

我说我觉得自己听到了，但可能只有一只渔鸮。他摇了摇头。"有两只——二重唱！雌鸮比雄鸮的叫声更低，更难听见，你可能没听清。"

谢尔盖有着高度敏锐的听觉。我只能听出雄鸟那喘息的高音，他却可以肯定地辨别出远处传来的二重唱。日后，就算确信只有一只渔鸮，但悄悄靠近之后，我才能分辨出还有雌鸮的声音。渔鸮是不迁徙的，它们在同一个地方经受着炎热的夏日和冰封的冬季，所以如果听到了二重唱，就意味着有一对渔鸮定居在这片森林里。渔鸮的寿命很长，记录显示有超过二十五岁的野生渔鸮，所以二重唱的渔鸮很可能年复一年地出现在同一个地方。然而如果只听到一只鸟的叫声，则可能是一只单身渔鸮在寻找领域或配偶。今天若只听到一只渔鸮的叫声，并不代表它明天还会出现，更不用提以后的几年了。我们的研究需要定居的成对渔鸮，即可以追踪的个体。

我给谢尔盖讲了狍子和莱卡犬的事情。

他啐了口唾沫，难以置信地摇了摇头。"我碰到那条狗了！我遇见它的主人在下游钓鱼。他说他的狗群光今天就杀了五只狍子和三只马鹿！他还抱怨城里的有钱人一整个儿冬天都飞来阿格祖打鹿，搞得树林里啥都没有。结果，他那没人管的狗淹死一只狍子！"

我们默默地开车，回到了阿格祖。

那天晚上有几个客人来找我们，但没前几晚那么多。来客里也有莱沙，那个戴眼镜的猎人，得知我是美国人时，他又一次明显地震惊了，跟两天前一样。他忘了我们之前说过话，然后吐露自己已经连着醉了十到十二天了。

"他两天前就是这么说的。"我对一位村领导小声说，一个穿着制服、胡子拉碴的俄罗斯人。

他笑了。"莱沙的'十到十二天'已经说了一个星期了！说不清他到底醉了多久。"

我走到外面呼吸新鲜空气。胡子领导和我一起出来，点了根烟。他和我几乎肩并肩，站在通往茅厕的狭窄小道上，因为肚里的伏特加和脚下坑洼不平的雪地，他在黑暗中不易察觉地轻微摇晃着。他谈起自己在阿格祖的岁月：怎样在年轻时就来到这处荒郊野岭，再也没离开过，也无法想象要是在别处生活会怎么样。繁星点缀在清朗的夜空中，近处的柴油发电机在不停轰鸣，村里的狗此起彼伏地嗥叫。那人正说着话时，我听见了一个柔和而奇怪的声音，有些不敢相信地，我看到他已经解开了裤子，在离我一两步的地方开始小便，一只手搭在胯上，另一只手夹着香烟，挠着自己的脖子，滔滔不绝地述说着对萨马尔加的热爱。

顺流而下

从等我搭的直升机进来，到我抵达之后，整个团队前后已经在阿格祖工作了将近两周。我们本可以在这儿再多做些考察，但谢尔盖说这样的结果已经很不错了，河眼看就要化冻，他的肝脏也不堪重负，于是他提议拔营。

在我来之前，团队在上游的林区结识了一位名叫切佩列夫的猎人，还和他掰过手腕，他邀请我们去他的小屋扎营工作，是在阿格祖以南约四十公里的一个叫沃斯涅塞诺夫卡的地方。我们要搬到那儿去，谢尔盖觉得那里气氛会更安静一些。这是我在阿格祖的第五天，我们已经知道这里有渔鸮，要是能有更多时间在索哈特卡河边再找一找渔鸮做巢的树就好了。但渔鸮定居在某一片领域并不代表它们会做巢。和大多数鸟类不同，俄罗斯的渔鸮通常每两年才会繁殖一次，并且一般只喂养一只幼鸟，很少有两只的情况。在隔海相望的日本，渔鸮每年都会繁殖，而且大多都有两只幼鸟。

造成这种繁殖数量差异的原因尚不明确，但我现在认为这和渔鸮捕猎的河里鱼的数量有关系。在日本，通过政府组织的干预措施和大量的资金投入，勉强使渔鸮免于灭绝，这个种群近四分之一的个体都是靠人工鱼塘喂养。这大概意味着日本的渔鸮吃得更好，身体条件也更好，适于繁殖。在俄罗斯，一对渔鸮会专注抚养一只幼鸟，孵化以后，幼鸟通常会和父母在一起生活十四到十八个月，之后才会离开，去寻找自己的领域——这个时间跨度对于鸟类来说长得惊人。相比之下，一只年轻的美洲雕鸮，体重只有成年渔鸮三分之一的小个子，在四到八个月大时就会开始寻找自己的领域。

仅仅是确认这个地区有一对渔鸮，对这次考察来说也足够了，毕竟此行的目的只是为了找出萨马尔加河沿岸渔鸮所在的关键区域，防止人们在这些地方进行砍伐。我能理解谢尔盖的急切，我在阿格祖只待了几天，但其他人已经和热情好客的当地人打了两个星期的交道。雪橇一旦备好，我们就会开拔南下。

我们花了几个小时做准备。托利亚小心地把所有的食物都装到一个巨大的防水桶里。舒里克给雪地摩托的油箱加满了油，我们的汽油储备已经在逐渐减少。谢尔盖向当地人询问了要走的路线。主要的重物都堆在谢尔盖的黄色木雪橇上，是他在达利涅戈尔斯克的自家车库里做的，雪橇拖挂在黑色雅马哈摩托后面，这是我们两部机车中较大的一部。较小的绿色雅马哈摩托是休闲款，设计上注重速度，这台拉的是的一架铝制雪橇，载着一些较轻的装备。我们把物资装箱，包好，用几层重叠的蓝色防水布盖上，然后用绳子将所有东西紧紧地捆在雪橇上，以防物品飞脱，也为了防水。

托利亚独自驾驶轻巧的绿色雪地摩托，我在谢尔盖身后跨坐在黑色雅马哈的后座上。舒里克用驾驶狗拉雪橇的姿势，倚立在我们拖的黄色雪橇的后栏上。这样的位置安排是有原因的，如果我们开始在深雪中挣扎，舒里克和我可以跳下来推摩托车，让它保持前进的动力。我们的车先行开路，托利亚紧随其后。

我们低调地离开了阿格祖。一些当地人出来给我们送行，其中有那位胡子拉碴的俄罗斯人和独臂猎人洛博达。不过，安普利夫和前几晚坐在桌旁的大部分人都没出现。

大篷车队向南行驶，我认出了前几天考察过的林区；我们经过了安普利夫钓鱼的地方，然后是我挖洞避风的地方，还有狍子淹死的地方。又往南走了一点，谢尔盖放慢了雪地摩托的速度，身子往后倾了倾，他和我一样，眼睛被滑雪镜护住，头上紧紧地戴着兜帽。这里的冰面坑洼不平，破裂又重新冻上的冰形成了一个小小的圆形。

"这就是那个人掉下去的地方，"他大声喊道，好让后

55

面的舒里克也能听见，"他们在阿格祖跟你们说过的那个人。就是这儿。"

我们继续前进。

时不时，有人会用戴着手套的手指向某处，大家一起望去，看见的是一头又一头的鹿，有一些马鹿，但大部分是狍子，要么在已经消融的南岸休息，要么咀嚼着新露出来的植物。鹿太多了，后来我们都不指了，只管往前开。这些动物憔悴极了，皮紧紧包着拱形的肋骨，毛都结成了块。严酷的冬天让它们筋疲力尽，没有一头鹿逃跑，有些甚至都没站起来，只是漫不经心地留意了一下我们隆隆而过的奇景。对这些动物来说，漫长的衰退季节将至尾声，白天的气温会越来越高，夜晚也会越来越短，它们坚韧的意志将会等来冰雪消融，万物回春。上天保佑，让那些莱卡犬可千万别往南跑这么远，我这样想着。不然又是一场屠戮。

谢尔盖突然放慢了摩托车的速度，站起身来，目不转睛地看着前方。托利亚从后面赶了上来。大约五十米开外，我们能看到融化的水面——一条淡蓝色、蛇形的冰碛带，与周围白色的坚固冰面形成鲜明对比。冰碛带蜿蜒曲折，逐渐蔓延开，占满了整条河道的宽度，延伸了大约五百米，驶过它之后才可以再次看到坚固的冰面。

"Naled。"谢尔盖打量着说道，舒里克和托利亚点头表示同意。我不知道"*naled*"是什么意思，但我感觉再次加速直冲过去绝不明智，结果我们恰恰就这样冲了上去。

Naled，字面意思是"在冰上"，是一种这里的河流在冬末春初的常见现象。三四月份是很棘手的换季时节，温暖的白天和零度以下的夜晚会让地表水形成一种叫作"冰花"的泥冰碴。这种冰的密度较大，会堵塞下游河道。堵塞处积聚压力，把泥状的冰水混合物从表面冰盖的缝隙中挤出来，毫无阻碍地上涌。*Naled*最大的问题是，如果不仔细看，根本无法得知这样的"混汤糊糊"有多深。实际上，*naled*下面隐藏的可能不是固体冰而是流水。如果是后一种情况，那我们这次考察就会瞬间覆灭：*naled*下面若是化开的深水，我们的雪地摩托就再也开不出去了。

当时我对此还一无所知，只知道我们好像正朝着浑浊的水面疾驰，还拖着沉重的雪橇。我猜谢尔盖和其他人可能以为这个*naled*只有几厘米深，可以基本不受影响，继续前进，但是当我们猛然掉入水中，瞬间丧失了所有动力时，才发现泥冰碴实际上有一米深。雪地摩托沉入水中，喷出黑色的尾气，而雪橇则陷进了冰沼，淹了一半，悬浮在泥淖中一动不动。我们迅速采取行动，解开了雪橇；我和舒里克同步，他掉进*naled*的冰汤里时，我也掉了进去，脚底触到了下方坚实的冰面。泥冰碴没过了涉水裤的上缘，我能感到水浸透了裤子，并迅速浸透了袜子。我们在谢尔盖身后用体重撑住他，谢尔盖猛轰引擎，把雪地摩托调转了一个急弯，推回到几米外的坚固冰面上。然后我们把悬浮的雪橇推转调头，重新拖挂到雪地摩托上。有了底部坚固的冰面，雅马哈也有了牵引力，把雪橇拉了出来。

由于一连串突如其来的慌忙行动，直到这时我才感受到寒意。我腰部以下全湿透了。托利亚在这次抢险中一点也没打湿，他在岸边生了火，舒里克和我换了干净衣服，晾起浸湿的裤子和靴子。我琢磨着当下的情况。就在几天前，这里的冰面可能都还很坚实。但随着4月初天气转暖，冰也融化了，顺着这条河已经没法再往前走了，至少是这一段。我们几乎都还没搞清楚这片*naled*的情况，目所能及之处就有五百米长。

舒里克沿岸向下游探查，回来时说再往下渐渐就没有*naled*了。唯一可行的方法只有在林中开辟一条小路，整段绕开。这里的森林相当开阔，主要是柳树，所以我们很乐观。靴子晾干后，舒里克从行李里取出链锯，和我一起清道开路，谢尔盖和托利亚开着雪地摩托跟在后面。我们缓慢地前进，在必要处砍掉树木，逐渐回到了下游坚实的河冰上。

返回冰面之后又开了大约十五公里，萨马尔加河从山谷的一侧转到了另一侧，我们沿河短暂地东行，经过了分汊的支流，开到一挂悬崖的底部，悬崖迫使河流再次向南弯折。绕过河曲，在锡霍特山脉高耸的山坡对面的空地上，我看到萨马尔加河西岸的高处有两座木头建筑。这里一定就是沃斯涅塞诺夫卡了。

切佩列夫

接近沃斯涅塞诺夫卡时，我被眼前的景象惊呆了。最近处的房子大概是一间 *banya* —— 俄式桑拿房，不过吸引我眼球的是距岸边约五十米的第二栋房子。房子还在施工，上下两层，在这种荒野之地可以说极为罕见。这在小木屋之中称得上豪宅，人字顶下的墙壁是精心刨平的原木，以方形木板对接而成。南北两侧是漆成绿色的棚顶，向下倾斜，好让雨雪从房屋外侧落下；北面的储藏室与小屋一墙之隔；南边入口还有一个门廊。我在俄罗斯看到的狩猎小屋都是随意搭建的单层一室，用的都是有限条件下搜罗来的材料。但在这栋房子上，有人投入了大量的时间、金钱和心思。

小屋正前方的河岸被湍急的水流冲刷成了峭壁，又高又陡，雪地摩托爬不上去。我们把车队留在河冰上，和主人切佩列夫打了招呼之后，又回来拿行李。切佩列夫就是几周前在阿格祖北边的小屋和谢尔盖、舒里克掰过手腕的那个人。

河边的冰已经融化，河水欢畅地流淌着，但河中间的冰仍然很厚，车子停在那里也不用担心。

我们顺着一道伸下来的压实的雪埂往上爬，它从河流连到岸边，像在化冻的萨马尔加护城河上搭的一座吊桥。这座冰桥大概是在最先下的几场雪后形成的，切佩列夫沿着雪堆下到河边，整个冬天都顺着这条小道走来走去。这样一来，狭长的小道被压得很实，现在眼看春天就要来了，周围松软的雪都已经融化，只剩下这座摇摇欲坠的冰桥。这座桥令人生畏，又陡又窄，一番犹豫之后，我们一个个地爬了上去。冰桥下的河流只有齐腰深，可以看到河底的鹅卵石，但水流却湍急汹涌。一侧是高高的河岸，一侧是厚厚的冰缘，如果冰桥坍塌或有谁失去平衡，就很难从河里爬出来了。

到了岸上，走了五十几米就到了屋前，经过堆放整齐的物资之后就是门廊。小屋内部还在装修。刚过门厅的右手边是一个小厕所，门还没有装上，马桶的包装也还没拆掉。这个地方日后还有很多令我惊奇的事物，然而个中之最还要数这间厕所。即使是在捷尔涅伊（县府），房子里也没有厕所，大家用的都是户外的茅厕。其实，这可能是方圆数百公里内唯一的厕所，想不到竟是在萨马尔加河边的隐居小屋里。走过厕所，厅廊变宽了，通向一间简朴的厨房。刨光的木墙上钉着钉子，挂着锅子、杯子和一台绞肉机，袜子和靴子挤在柴炉旁的空隙中烘烤。东墙上有一扇大窗户，看得到河流、我们的雪地摩托和远处的山峦。一道宽阔的拱门连接了厨房和客厅，客厅里没有任何家具，但墙上挂着几幅俄罗斯东正教圣徒的圣像，角落里有个壁炉——这里大部分人都喜欢取暖更为高效的柴炉，因此壁炉也是一件稀罕物。一段陡峭的楼梯通向二楼。

维克多·切佩列夫在厨房，背对着我，弓身蹲坐在炉子旁的矮凳上，正用猎刀给土豆削皮，再切成四块。他身上只穿了秋裤和拖鞋，身材结实但很瘦削，粗糙的皮肤下有着精壮的肌肉，蓬乱的头发长度齐肩。很难讲他有多大年纪，五十多、快六十岁？当他转过身，我注意到他与音乐家尼尔·杨惊人地相像。

"所以你是美国人。"他说着，从一堆土豆中抬起头来。我点点头。

他的声音听起来像是很不情愿地接受了这个事实。切佩列夫不信任我，几天之后，我才明白原因何在。

我们把易腐烂的食品和个人行李拖上冰桥，留下了暂时不需要的东西：滑雪板、链锯、冰钻和汽油。切佩列夫切完土豆，丢进一锅煮开的水里。然后他穿着秋裤站在外面，看着我们蹒跚地爬上冰桥，搬运着背包和纸箱，经过旅途之后，纸壳都已经变得疲软，随时可能破裂。

我们一进门就一通忙活，把食品拆开，匆忙离开阿格祖时放错地方的东西也都找到了。我问切佩列夫能不能去楼上参观，他点头表示同意。对于即将呈现的奇异景象，我丝毫没有心理准备。二楼只有一个房间，和楼下一样没什么陈设，但中间歪歪地立着一个巨大的用四扇胶合板搭的金字塔。金字塔的一侧有扇合页门，我走上前向内窥视。里面是寝具。切佩列夫睡在他小屋二楼的金字塔里。他的枕头旁边有个金属杯子，里面盛着液体，我试探性地拿起来闻了闻，认定是水。不知道为什么，我开始还担心这是尿。我走回楼下。

大家都在厨房里忙着准备快要做好的晚餐；切佩列夫一边搅着土豆炖野猪肉，一边听炉子旁抽着烟的谢尔盖谈论阿格祖的见闻。托利亚正从我们带来的箱子里翻出盘子和勺子，舒里克在切我们从阿格祖买的新鲜面包。我问切佩列夫，为什么睡在金字塔里。

"呃，能量？"他回答说，惊愕地看着其他人，好像我是个疯子。金字塔能量是一种在俄罗斯西部颇为流行的伪科学，据说可以增强一切事物，从食物风味到身体康健，这种理论显然已经传播到了俄罗斯远东的森林里。

正当切佩列夫把炖菜舀到我们迫不及待的碗里时，托利亚从门厅出来了，把两瓶伏特加放到了桌上。谢尔盖咬紧了牙关，舒里克舔了舔嘴唇。吃完晚饭，切佩列夫、谢尔盖和舒里克一边喝伏特加，一边掰手腕，托利亚和我在客厅里把睡垫排成一排。

一顿小米粥和速溶咖啡组成的早餐后，我匆匆穿戴好靴子和帽子，在清晨的阳光下顺着从桑拿房旁边岔开的一条小道往茅厕走。我看到河对岸的山上有动静，便停下观察，看到一头野猪暗色的身影，在树木的线条间慢慢穿过山坡，在雪白的背景上很是显眼。野猪腿短，身子笨重，无法像鹿一样踏雪行走 —— 这只野兽穿过雪地的样子好像破冰船在冰洋中开辟航道。

回小屋的路上，我注意到屋后有个小棚子，这个地方每扇门背后都有惊奇发现，我忍不住停下来查探。这回也不失所望。里面挂着一排排的……东西，但不确定是什么东西。几十件棕褐色的物件，每个长约二十厘米，细瘦得像干掉的手指头，精心地挂在一根短绳上风干。我完全摸不着头脑，也不知道为什么需要这么多。

上午晚些时候，我们像往常一样出门了。我们走下冰桥，解开雪橇，开着甩掉了载重的雪地摩托上了路。由于我们有些过早地离开了阿格祖，谢尔盖和我向北折返，去查看离沃斯涅塞诺夫卡约五公里处的纵横交错的支流，在扎米河注入萨马尔加河的地方。托利亚和舒里克留在基地附近。在森林里穿行的时候，我问谢尔盖知不知道切佩列夫的背景，以及他哪儿来的钱盖的小屋。他答了一句话，一下子就说明了问题：

"拉季米尔。"

这是该地区最大的肉类经销商之一。谢尔盖说，切佩列夫把在萨马尔加河边的土地租给了亚历山大·特鲁什 —— 香肠大亨，也是拉季米尔的创始人之一，而切佩列夫是这个租赁狩猎场的管理人。这位香肠大亨还有一架直升机（两年后特鲁什驾此机坠毁身亡），这就解释了切佩列夫是怎么把马桶和煤气炉这样的奢侈品运到如此偏远地区的。我不仅知道了拉季米尔的事，棚子里那些神秘木棍也解密了，谢尔盖也看见那些东西了。

"那是马鹿的阴茎，"他说，"这些只能代表雄鹿，我都不敢去想他们实际打了多少。"

"但他拿这些干吗用？"

"我问过他，"谢尔盖说，"切佩列夫用来泡酒，他喝这种药酒壮阳。"

下午晚些时候，我们沮丧地返回了沃斯涅塞诺夫卡。连渔鸮的蛛丝马迹都没找到。这次考察我还能发现什么有用的东西吗？或者只是一边跟着团队灌乙醇，一边浪费着研究经费？这样的方法能帮我找到研究需要的渔鸮种群吗？我的博士研究计划是要捕捉很多只渔鸮，现在看来完全不切实际，毕竟这次考察连一只渔鸮都还没见到。我要制定渔鸮保护计划的动议似乎也显得很轻率。然而，当托利亚和舒里克回来时，我又振奋了起来，他们说在沃斯涅塞诺夫卡以北的一条支流上发现了一些早先的渔鸮爪印。第二天，我就要和托利亚一起去那边探查，这样可以更好地了解渔鸮都在哪些地方捕食。

切佩列夫通知我们说桑拿房已经烧起来了。托利亚不去，我们其他人都不愿错过蒸桑拿和洗澡的机会。要赢得俄罗斯男人的尊敬有两种有效方法：一是牛饮伏特加，通过酒后吐真言来建立友情；再就是面对面蒸桑拿。我从很久以前就放弃跟俄罗斯男人拼酒量了，但在当时，我能和最耐蒸的高手一起蒸桑拿。

我们脱光衣服，钻进又低又窄的桑拿房，挤坐在短凳上。里面唯一的光源是炉门旁透出的不均匀的火光，反射在同伴们龇牙咧嘴露出的金牙上。短暂的适应之后，切佩列夫躬身舀了一勺被浸泡的橡树叶染了色的水，倒在炉子里的石头上。发出的嘶嘶声警告着即将来袭的猛烈热浪。热浪穿过房间，沉重安静地落在我们身上，散发出一阵浓郁的自然橡木的香气。这开场的阵仗就让舒里克受不住了，他骂了一声，关上门走人了。然后又是一勺水，接着一勺，又一勺。我们静静地坐着：呼吸，期待，放松，忍耐。

　　整个过程中，切佩列夫一直仔细地盯着我；他似乎盼着我在高温面前打退堂鼓，或者在过程中犯错出丑。当我赤身裸体地冒着蒸汽出来，走到桑拿房冰冷的门廊上时，能感觉到他仍在盯着我，大概很惊讶我能坚持这么久，没叫苦也没投降。如果是一个人，这时候的我可能会静静地站着，享受夜的寂静和短暂地不惧严寒的感觉，但此时我却抓起一把雪，用力地搓自己的脸、脖子和胸口。等我搓完，切佩列夫点了点头表示赞赏。"你真是个奇怪的美国人，"他说，"懂蒸桑拿的美国人。"

　　浓浓的蒸汽和短暂的休息往复循环了一个小时，最后我们终于冲洗干净，回到小屋吃饭睡觉。第二天，我将要第一次看到渔鸮的脚印。

河水来了

次日清晨，日出的金光倾泻在锡霍特山脉之上。托利亚急于找到更多渔鸮的痕迹，我也渴望能看到真正的渔鸮爪印——我只知道它们看起来像字母K。我和托利亚一起行动，谢尔盖和舒里克开着黑色的雅马哈向南，去废弃的村庄乌恩提。冰桥似乎比头一天又窄了一圈，但还是撑住了我们往下爬的重量。路上的时间并不长——托利亚带我去的支流在往上游只有一公里半的地方。我们把雪地摩托停在主河道的冰面上，穿着滑雪板迅速爬上流淌的支流旁积雪覆盖的河岸。水道大部分已化开：这是条浅溪，清澈的水冒着气泡涌过光滑的鹅卵石河床，其间点缀着一些大石头。像河岸一样，这些岩石上也覆盖着厚厚的雪帽，使它们看起来比实际尺寸大得多。

突然，托利亚停了下来。我们才刚出发走了不到两百米。

"新鲜的爪印！"他喘了口气，兴奋地朝上游伸出冰杖。

爪印很大，抵得上我的手掌，表明留下足迹的鸟一定体形庞大。右脚的印记像字母K，左脚印是它的镜像。普遍的看法是这种脚趾结构能帮渔鸮更牢固地抓住扭动的水生猎物，像鹗的脚趾一样。夜间的霜冻在厚厚的积雪上形成了一层硬壳，能撑得住渔鸮的体重，陷落的深度恰到好处，在闪闪发光的表面留下清晰的凹痕。这只渔鸮走得很镇定，大摇大摆，每个趾垫都清楚地显现出来，在雪地上耙出线条的两个后趾，就像尘土飞扬的竞技场中牛仔靴子上的马刺。在一整片的钻石晶光中，爪印在太阳的照耀下熠熠生辉。爪印很美，我几乎感到自己就像个偷窥者：渔鸮在黑夜中隐秘地来到此处，但雪地留下了它的踪迹，供我欣赏赞叹。

托利亚欣喜若狂，面带笑容，趁着发现的完美证据还没消失，拿着相机拍个不停。他从未见过如此完美的爪印。很快，也许不到一个小时，爪印就会在阳光下变软，细节就会消退。

渔鸮通常是独自捕猎的。一对渔鸮会在彼此附近捕猎，但和人类一样，它们也有不同的偏好。一只渔鸮可能更喜欢河中的某个弯道，而另一只可能更喜欢某个浅滩。当雌鸮在巢中孵卵或给雏鸟保暖的时候，雄鸮会为自己和伴侣捕猎，尽可能多地给伴侣带回新鲜的鱼或青蛙。

我们沿着爪印往上游走，看到渔鸮在水旁停留检视的痕迹，它当时可能是在等鱼，然后肯定涉水进了浅滩。一旦进入水中，所有证据就消失了。我们继续向上游走了大约一公里，但没再看到爪印，又沿着一条较小的支流回到萨马尔加，比我们停雪地摩托的位置更靠近上游。

刚到支流才走了几米，就看到了巨大的足印，步伐徐徐不急地通向上游。足印穿过一条滑雪板小道，爬上岸边，继续进了森林。这是老虎的足印。

"我昨天晚上来过这儿，"托利亚悄声说，滑雪板的痕迹是他留下的，"昨晚还没有这些老虎足印。"

我暗自琢磨，这可真是个迷人的地方，人类、东北虎（西伯利亚虎）和毛腿渔鸮在几个小时内擦肩而过。我并不害怕老虎，我在它们的栖息地已经工作多年，并且相信只要人类尊重老虎，它们并不会伤害人类。或者说，作为大型食肉动物，它们的威胁性相当小。"西伯利亚虎"这个称呼其实很不恰当——西伯利亚没有老虎。相比之下，由于这些动物生活在西伯利亚以东的阿穆尔河*流域，因此"阿穆尔虎"这个名字更为准确。**

下午晚些时候，我们回到了沃斯涅塞诺夫卡，切佩列

---

*　即黑龙江，俄罗斯人称为"阿穆尔河"。

**　中文世界一般称西伯利亚虎为东北虎。

·

夫正在外面劈柴，穿着那条眼熟的秋裤、靴子和一件薄羊毛衫。他停下手里的活儿，问我们收获如何。托利亚自豪地描述了渔鸮的爪印，详细讲了鸟在河道上留下的步态，伸出手掌，张开拇指，解说自己拍的照片是如何构图的。切佩列夫礼貌地听着，但显然没什么兴致。然后托利亚提到了老虎的足迹。

"也绝对是新留下的，"托利亚拉长声调说道，"要是昨天的，我肯定会看见。"

切佩列夫放下了手中的斧头。

"该死的老虎。"他嘟囔着走进屋，把木柴、托利亚和渔鸮都抛到了脑后。

片刻之后他又出现了，仍然穿着秋裤和靴子，但加了外套和皮帽，拎着一支步枪。他跳上一台锈迹斑斑的旧拖拉机，发动引擎，充满厌恶地盯着森林的边缘。俄罗斯远东地区有些人认为老虎是四处游荡的饕餮之徒，胃口贪得无厌，会将鹿和野猪吃得一干二净。对于一些完全依赖森林生存的猎人来说，老虎是巨大的威胁，见必杀之。最近的科学数据表明，东北虎通常每周只猎杀一只动物，而且由于它们的栖息密度非常低（每只虎要占据四百到一千四百平方公里的巨大家域），几乎可以肯定它们不会对鹿或野猪的种群造成什么影响。现实情况是，人类的过度捕猎和对栖息地的破坏是导致有蹄类动物数量下降真正的罪魁祸首。但老虎很容易就成了替罪羊，无论一个论点在统计上如何站得住脚，都很难改变艰难过活的人们的顽固思想。

切佩列夫开着拖拉机，沿着压实的轮胎印朝着北边的森林前进，他眯起眼睛，从帽子的皮毛下向外眺望，扫视着地平线。他一只手抓着猛烈晃动的拖拉机的方向盘，另一只手抓着步枪。这景象真像英属印度时代的老虎狩猎：皇室成员骑在大象背上，追寻着隐秘的、长着条纹的猎物。只不过在这儿，是个古怪的俄罗斯人穿着秋裤，跨坐在轰鸣的拖拉机上。切佩列夫的钢铁大象并不是他自认为的移动堡垒，在20世纪俄罗斯仅有的几次老虎袭击人类的记录中，有一只轻而易举就把一个农民从拖拉机上拽下来咬死了。

大约一小时后，切佩列夫回到了沃斯涅塞诺夫卡，仍然很生气。他看到了足印，判定那天早上老虎已经向北去了，超出了拖拉机能开到的范围。我并不担心他真的会找到老虎，这里的老虎都知道避开人，一般只有在受到惊吓时才会被抓到。切佩列夫开着旧拖拉机上下颠簸，老虎很容易就能听到声音逃跑。幸运的话，这只老虎完全能够避开人类，但河边虚弱的猎物却有着无法抗拒的吸引力，会让它越来越接近阿格祖那些冷酷的敌手。如果被安静步行的猎人看到，可能就是致命的相遇。因此，萨马尔加河域的老虎一般都活不长。

天色渐暗，托利亚和我仍然为渔鸮的爪印兴奋不已。我们重新套上滑雪板，慢慢向上游滑行，希望能听到渔鸮的叫声，来确定这片领域上有一只还是一对。黄昏时分，我们离支流只有几百米，突然一个巨大的身影从树上飞了下来。尽管光线微弱，但在支流河口对面悬崖附近的河冰上，那身形清晰可见。我以前见过其他猫头鹰的影子，所以立刻就知道这是猫头鹰，只是它比我见过的其他任何种类的猫头鹰都大得多。是只渔鸮。我发觉自己屏住了呼吸，好像被这个事实淹没了。那只渔鸮没有任何多余的动作；它伸展翅膀，以下降的角度在水面飞行，然后消失在前一晚捕猎的支流上游。托利亚和我对视一眼，笑得合不拢嘴。我们只看到个侧影，感觉却像打了场胜仗。从渔鸮惊飞的位置判断，它可能一直在盯着我们。我们不想继续打扰它，便不再往前走，稍微等了一会儿，想听听有没有叫声，却一无所获。我们往下游滑回沃斯涅塞诺夫卡，很快谢尔盖和舒里克也到了，同样凯旋。他们在乌恩提附近听到了渔鸮的二重唱。托利亚和我看到的那只鸟和发出叫声的一对渔鸮所在的乌恩提区域大约相距四公里 —— 对于猫头鹰来说飞行距离不算太远。但考虑到两队的调查几乎是同时进行的，因此我们推测遇到的是两个不同领域的渔鸮，沃斯涅塞诺夫卡就是它们的边界线。

切佩列夫仍然很烦躁，一直到吃晚饭的时候还这样。他或许已经厌倦了我们；对于习惯孤独的人来说，和四个陌生人一起待三天挺不容易的。第二瓶伏特加见底时，他开始抱怨莫斯科的"同性恋犹太阴谋"，通过文化和社会颠覆，慢慢地、几乎在不知不觉间用西方价值观侵蚀了俄罗斯价值观。我终于开始明白他为什么对我冷若冰霜。他的偏执让我想起了安东尼·伯吉斯的小说《发条橙》，书中的后现代西方既腐败又暴力，意识形态和语言都受了苏联的影响（伯吉斯虚构的语言"Nadsat"就是在英语中混入俄语单词）。但事实却恰恰相反，苏联在全球的影响力减弱了，英语单词却在俄语语汇中生了根，西方理想也渗透到俄罗斯文化中。一些人，比如切佩列夫，对此感到震惊和痛苦。

　　舒里克换了个话题，问切佩列夫想不想和别人共享这个美好的地方。也许，一个女人？

　　"有个女的和我一起在这儿住了几个月，"切佩列夫想起这么回事，摇了摇头，"但我把她赶走了。她洗桑拿用的水太多了。"

　　我感到好笑，用马鹿阴茎壮阳的人居然不愿意有人陪着。我还看到谢尔盖的眼光投向窗外，仿佛在目测从桑拿房到萨马尔加河边那短短几米的距离，萨马尔加河是滨海边疆区北部最大的淡水来源。不过他什么也没说。切佩列夫又接着抱怨。

"洗个桑拿要那么多水干吗？反正也只有三个重要部位需要偶尔冲冲。"他比画着如何迅速地清洗下体和两个腋窝。"再多洗都是虚荣，就这么简单。所以有船来的时候，我就把她打发走，去了海岸。"

切佩列夫抱怨完俄罗斯男人的衰弱，数落完女人的虚荣之后，又开始发泄对当地事务的不满。他气的是我们到现在才来萨马尔加搞濒危物种调查。他知道我们的目标是找渔鸮，保护它们免遭人类砍伐作业的干扰，还说见过其他目标类似的生物学家团队，有些来数鲑鱼，有些来找老虎。

"五年前你们干啥去了？"他喘着粗气，用巴掌使劲拍着桌子，剩下不多的伏特加在玻璃瓶里直晃荡。"去年你们干啥去了？萨马尔加最需要你们的时候呢？砍树的已经来了。现在说啥都晚了。"

另一个房间里传来渔鸮的叫声。托利亚把他的摄像机连到了电视上，正在看调查早期在一个渔鸮巢中拍的视频，是在我来阿格祖加入团队之前拍的。切佩列夫也过去找他。我们都跟了过去，都穿着秋裤，光着膀子，一声不响地坐在地板上，盯着小屏幕上那个颗粒粗糙、呼呼直叫的影子。这个晚上已经接近我们在萨马尔加河畔最后的时光了。

第二天，谢尔盖和舒里克想看看我们昨天发现的渔鸮爪印，所以朝上游走，托利亚和我则向南去搜查网状的河汊，寻找谢尔盖和舒里克前一晚在乌恩提听到的那对渔鸮的踪迹。所有人都一无所获。返程接近沃斯涅塞诺夫卡时，我们看到了停在两架雪橇旁的黑色雅马哈摩托。托利亚停下雪地摩托，我俩下了车，但很快又停下脚步，盯着几个小时前冰桥所在的位置，现在已经空空如也。有那么一瞬间，我怀疑谢尔盖和舒里克是不是也跟冰桥一起被冲走了，但这时舒里克从木屋里走了出来，比画着，示意我们沿着他们的脚印向左走大约一百米，绕过护城河再上岸。我们从桑拿房附近爬了上来，沿着旁边的小道回到木屋。

一进门，就看到谢尔盖和舒里克也正因为冰桥的消失惊讶。舒里克虽然一笑置之，眼中却闪现出担忧之色。他跟我们说，他和谢尔盖在林子里看见很多有蹄类动物，甚至还跟一只马鹿和一只狍子合了影——这些动物都筋疲力尽，根本没力气在深雪中逃跑。在往下游返回沃斯涅塞诺夫卡的路上，冰层就在他们的雪地摩托后面破裂，滑进了萨马尔加河。

"我真挺吃惊你们居然还待在这儿。"切佩列夫说。他坐在柴炉旁，捧着一杯温暖的红茶。"是我的话，两天前就走了。到了这会儿，可能都走不了了。"

消失的冰桥更突显了这样一个事实，对于切佩列夫来说，我们已经待得太久了，对于冬天来说也是如此。我们几乎是立即开始收拾东西，打算天一擦亮就开拔返回海岸，已经不确定下游冰层的厚度还能不能支撑沉重的雪地摩托和雪橇。我们问了切佩列夫缺少哪些用品，尽可能地用自己的储备给他补充了物资。除了睡袋和垫子之外，我们把所有东西都拿下去装到雪橇上。由于需要顺着护城河绕行，这回用了四倍的时间才完成任务。最后，托利亚和舒里克就站在雪橇旁，谢尔盖和我把能抛的东西都从护城河上抛过去，让他们打包。我们唯一的重要目标就是回到萨马尔加村，绝不能冒险在换季时节被困在河上。只有安全抵达海岸之后，才能考虑恢复渔鸮的调查。

在仅存的河冰上向海岸开进

　　朝阳从东边的山脊上升起，照着冰上的我们和停着的雪地摩托。这一天是4月7日，经过一夜严寒，早晨的冰面稍稍没那么容易破裂。切佩列夫给我们做了一顿饱腹的早餐，米饭上盖着洋葱炒鹿肉块，我们就着加了*Sgushonka*的速溶咖啡吃了下去。*Sgushonka*是装在深蓝色矮罐头里的甜炼乳，俄罗斯人毫不掩饰对它狂热的喜爱。大概是知道我们再也不会回来这个偏远的地方了，切佩列夫说，他的大门永远向我们敞开。道完了别，用力握了握手，他祝我们好运。托利亚再次驾驶绿色的雪地摩托。舒里克在谢尔盖身后，跨坐在雅马哈的座凳上。我站在挂在车后的黄色雪橇的宽阔滑板上，转身看着沃斯涅塞诺夫卡消失在我们身后。

　　前方路面看起来很平坦，但想到崩塌的冰桥和季节性的泥冰碴，也不知道能顺利地走多远。几乎是刚离开沃斯涅塞诺夫卡，我们就遇到了一片泥冰碴。不到十二个小时之前，托利亚和我还能毫无阻碍地横穿这条河，而现在已经有了一条三十米长、深及小腿的泥冰碴带，挡住了去路。谢尔盖走上去查探后，认为只要下定决心就可以用蛮力冲到另一边。我们全速前进，双肩弓起，牙关紧咬。

"下水了！"谢尔盖在雪地摩托的呼啸声中高喊。

开进泥冰碴时，我紧紧地抓住雪橇。雪地摩托的后履带挖进了冰碴里，推出一堵厚厚的雪泥墙，像一个巴掌打在我的脸和胸上。我琢磨着舒里克积极地把雪橇的位置让给我，会不会就是这个原因。上次我们遇到泥冰碴的时候他肯定全湿透了，但我当时太慌忙，根本没注意到。

"推！"谢尔盖吼道，头也不回地猛拧油门。

舒里克和我一跃而下，陷进了冰碴中。我抓住雪橇的后部向前猛推，又没注意到冰水没过了涉水裤的上缘，慢慢地浸透了裤子，然后是袜子。谢尔盖像舵手一样咆哮着发号施令，从座凳上滑下来帮着推，同时控制着油门。冲力将我们推到了泥冰碴带的另一边，下方又有了坚固的冰，旋转的橡胶履带抓住了冰面，把我们拉了出来。我回头，看到托利亚和他较轻的载重在泥冰碴带中搅动前进，并没有什么大问题。水把羊毛袜紧紧粘在我的脚上，但我们并没有停下换衣服或是擦干。我们担心前面会有更多的泥冰碴带，没有闲工夫停下休息。这种担忧很快就变成现实。萨马尔加河从这里向西南流向海岸。在距离沃斯涅塞诺夫卡约六公里的一片河漫滩底部，西边的另一条雪地摩托小道与我们的来路汇合——这一定是通往废弃的村庄乌恩提的路。刚过岔路，河流就劈开，变成了多条水道。切佩列夫提醒过我们，每到河流分汊时都要注意，确保路线正确，但他也说了，我们肯定会见到整个冬天捕手和猎人用雪地摩托和雪橇碾出的小道。在夏季找路会更困难些，必须得对当地情况十分了解；看似明朗的船只航道，很可能忽然遇到大量原木造成的阻塞，形成致命的危险。

平安无事地开了一两公里后，身后突然响起尖锐的开裂声。我回头看了一眼。在我们和托利亚的雪地摩托之间，一片宽阔的冰层已经与周围的河冰断开，水逐渐漫上来，冰面开始变暗。托利亚放慢了摩托车的速度，站起来查看情况。

"你得赶紧走！"谢尔盖大喊道，催托利亚抓紧行动。他轰着引擎，飞驰过水浸的冰面，断裂的冰层在不断缓缓移动。漂浮的冰层不断下沉，但还是撑住了他快速移动的重量。托利亚赶上我们，骂骂咧咧地喘着粗气。从那时起，河流每次转弯都让人害怕，天晓得绕过弯又会是什么情况。我们继续前行，克服了几个泥冰碴带，忍着冰碴水浪，绕开曾是小道的冰面断口，眼看河流在身后不断吞噬着冰块。

终于，我们在一处烧毁的小屋废墟前停下休息，这个地方叫马里诺夫卡，我们在柴炉仅存的骨架上烧起木柴，烤干湿透的袜子。在阿格祖的时候，我们曾经考虑过在此地过夜，但那时还没看到小屋的情况，冰层也没有破裂。谢尔盖和托利亚以前来过萨马尔加河，但只是在夏天，所以没人知道冰层能维持多久。我们在马里诺夫卡稍作休息，刚一再次出发，前面主河道的水忽然开始流动，漫过左岸，然后填满了整个河床，继续沿着右岸绕过弯去，流出了视线。雪地摩托小道没入了水中，在厚厚的冰架的另一头又重新出现。这回连能勉强蹚过去的泥冰碴都没有了。我们被困住了。

"在这地方吃午饭还算凑合。"谢尔盖说着，点了支烟，若有所思地凝视着下游。这一天到现在为止已经很累人了，可我们离萨马尔加还有将近十五公里。托利亚在厚厚的冰上生火烧茶，舒里克沿着右岸往下走，查看前方的情况。他艰难地移动着。不像河冰会受泥冰碴融化和阳光直射的影响，森林里的地面仍有近一米的积雪。二十分钟后，舒里克回来了，说我们大概可以在积雪的森林中开辟一条小路，绕到河湾另一边坚固的冰层上，就像几天前在沃斯涅塞诺夫卡那样。他估计有三百米左右的距离。

河漫滩上长满了植被，乔木和灌木从积雪下挺立出来，这里有好几条小溪汇入萨马尔加河，导致雪面起伏不平。这回开路就不会像上次那么容易了。但很明显，这是唯一可行的前进方法，要不就得把雪地摩托留在岸边，背上所有能背动的行李，穿滑雪板前往萨马尔加。谢尔盖和我拿着链锯艰难地往前开进，从障碍物的一侧往另一侧切割，尽可能地保持直线。

有一些地方，全体四人不得不都下来开路，一边骂脏话一边挣扎着把雪地摩托和雪橇推下又推上一道接一道狭窄的沟壑，或是从植被中清出的滑道。一个小时后回到冰面上时，我们筋疲力尽，汗流浃背。但由于时间紧迫，也别无选择，只能鼓足劲儿继续赶路。

几公里后，我们穿过了山间一处窄地，小路出人意料地偏离了河流，谢尔盖减速停了下来。这是一片白雪皑皑的广阔田野的边缘，偶尔散落着风吹和融雪后露出的陈年细瘦的草茎。一道新月形的矮丘上长着橡树和桦树，山丘从西边隆起，向北弯曲将我们环抱，又从东边沉下。前方南部的平坦地带，预示着萨马尔加村、鞑靼海峡，还有逃出生天的希望，就在眼前。

"朋友们，"谢尔盖得意地说，伸腿从座位上下来，满足地叹了口气，靠在车把手上，"我们胜利了。"

他和舒里克点烟庆祝，托利亚摘下滑雪镜，伸开双臂低吼。五匹马从远处疑惑地看着我们。我走上前想近看，但它们躲开了，始终保持着安全距离。这些都是野马，是20世纪50年代苏联集体化时期被带到这里的马群留下来的。没了用途之后，马都被野放了，全靠自己的力量与洪水和老虎做斗争，不再需要马的农民倒是甩掉了负担。马群少量繁殖下来，某种程度上甚至可以说过得还不错，但这个冬天对它们来说也是相当艰难——它们站在深深的积雪里，胯骨凸显，成块的冰像圣诞树挂饰一样粘在长尾巴上。

脚下坚实的地面让我们有了底气，向着萨马尔加疾驰。托利亚的摩托撞上了一处看不见的凸起，腾空飞起冲出小路，几乎翻车。他尴尬地回到了队列后面。

我们开到了萨马尔加的第一座房子，这里几乎看不到生命的迹象。风从鞑靼海峡滚滚而来，像海啸一般从低处不可阻挡地穿过村庄，除非有急事，所有人都被迫躲在屋内。与阿格祖成片紧挨在一起的房屋不同，这里的建筑三五成群地分散开来。我揣摩着，在群组之间的木桥下，冰雪一定掩藏着河道和湿地，房屋都只能建在仅有的旱地上，让萨马尔加笼上了一层与世隔绝的清冷。

1900年，三个毛皮商是已知最早来到萨马尔加河口的俄罗斯人。他们的存活率只有66%；一名商人因冻伤失去了双脚，之后死在了这里。八年后，旧礼仪派教徒建立了这个村庄。这一教派属于俄罗斯东正教的一个分支，在抵制17世纪的教会改革时曾遭到暴力迫害，他们逃离了俄国人口密集的地区，有些人甚至远至阿拉斯加和南美洲，还有数百人迁往滨海边疆区的偏远森林，自由地信奉自己的宗教。

探险家弗拉基米尔·阿尔谢尼耶夫在此记录了萨马尔加的诞生。1909年，他记载了萨马尔加河口的两座房子，里面住了八口人，还有两头牛、两只猪、七条狗、三艘船和十支枪。从那时起，这座村庄经历过好几次失败的振兴改革，其中有一个集体农场项目名叫"萨马尔加渔场"，于1932年建立，整三十年后关闭，可能是因为20世纪50年代的一场大地震改变了洋流，带走了海岸的鲱鱼资源。另一个振兴计划是野味产业——这个项目也曾给阿格祖带去过收入——在1995年也失败了。伐木公司最近在北边不远处的海岸建了港口，萨马尔加的一百五十多名居民又有了未来能稳定就业、过上舒适生活的指望。

我们经过一些被风吹日晒、油漆剥落的灰色木房子，穿过萨马尔加，停在了直接面对鞑靼海峡的一排房子前，这些房子就像海岸的第一道防线。海风令人压抑，时刻提醒着我们，就算在河流上幸存下来，雨雪风霜也还是此地的主人。谢尔盖将我们引到一处房屋，这是当地政府招待客人用的三居室。来客通常是警察，两两结伴，从捷尔涅伊（距离最近的警察局所在地）飞过来，表面上是来维护边远村庄的治安，其实往往是假借公差的名义来喝大酒。谢尔盖已经和萨马尔加的村长商量好，让我们住在这儿等回南方的船。我看了看手表。尽管好像在河上走了很久，但实际上，我们是六个小时之前才从沃斯涅塞诺夫卡出发的。

我们的临时住所周围有一圈简陋的栅栏，板条的宽度和高度都参差不齐，一些比较大的缝隙用绿色的尼龙渔网给挡了起来。一头长着斑点的奶牛阴郁地站在附近的雪地里；它眼见我们靠近、停下，却一动也不动，只是盯着看。院子很小，挤满了杂物和雪堆，穿过去就到了能避风的房屋。要去后面的茅厕，还得翻越各种障碍物，茅厕也没有门，向下歪斜着，好像因为自身缺点过多而备感羞愧。我们把前门的一堆雪清扫干净之后，才得以进入；首先是前厅，里面堆满箱子和生锈的东西，不知道是谁要么不愿意扔，要么不舍得扔的东西。里面的门漆成了晦暗的橙色，打开门是一个小厨房和两间侧房：一间在正前方的柴炉后面，另一间在左边，中间隔着固定在墙上的供水器，下面有水槽和污水桶。我注意到橙色门的背后有很多涂鸦，最显眼的字是"把门关上——最好是从另一边"，然后还有一堆有关生活和命运的闲话，其中大部分都看不清楚。没人把维护这栋房子当成什么重要事务，不过屋内还算整洁。草草搜寻一番，后面的房间里既没有瓦砾，也没有肉堆，只有几张单人床架，铺着光光的床垫，一张办公桌上放着电话，发出微弱、充满静电声的拨号音，书柜里塞满20世纪80年代的旧书、旧杂志。

　　舒里克开始准备生火，其他人打开雪橇的包裹，把所有东西搬到屋里来。我们来时在附近经过了一口井，所以我从屋角抄了两个空桶，顺着来路往前走。我对村里的水井心存疑虑；捷尔涅伊的一个朋友曾在村里的一口井内发现一只淹死的猫。但我们也别无选择，因为周围其他水体全是咸淡水。回来之后，我把一个水桶放在炉子上，这样就有温水洗漱，然后把另一桶水一半倒进茶壶，一半倒进供水器。我们打算短暂休息一会儿，吃点香肠补充体力。因为时间尚早，谢尔盖之后要带我们去看他去年夏天发现的一棵渔鸮筑巢的树，在萨马尔加河口汊道之间的一个岛上。

萨马尔加村

　　日落前还有大概两个小时的空闲，谢尔盖和我爬上雪地摩托，托利亚和舒里克坐在雪橇上，腿从后面垂下去，好背对着风向。我们沿着雪地摩托小道向河边行驶，然后将车停在一座步行桥附近，过桥到了一座小岛。停车穿上滑雪板后，谢尔盖走在前面寻找巢树，一反常态地显得有些犹豫。过了一会儿，他承认，找不到记忆中的标志物了。同一片森林，就算在夏天摸得烂熟于心，到了冬天也可能截然不同。除了树叶的变化外，洪水也可以一夜之间让河流改道，完全改变可供参考的标志。

　　托利亚自告奋勇地说，上个月他们刚到萨马尔加时他也自己找到过那棵巢树，记忆还比较新，他可以带路。谢尔盖不情愿地让出领导权，托利亚把我们引向了另一个方向。我们在低矮的植被里穿行，敲打着挡住滑雪板和钩住帽子的树枝，时不时还要脱下滑雪板，蹚过浅水，水道隔在河口长满柳树的小岛之间。这是我第一次真正跋涉穿过渔鸮的栖息地。到目前为止，大部分时间我都是沿着没有植被、宽阔平坦的冰封的萨马尔加河滑行，只在遇到值得细看的大树时才进入河漫滩的森林。后来的事实证明，这一天的艰难困苦会成为常态，绝非特例。选择研究渔鸮的人，免不了要被荆棘刺、树枝戳，一不小心就会摔倒。

我们已经跋涉了快一个小时，穿过河口又向东返回，此时谢尔盖不断升级的抱怨爆发了，对找不着北的领导发起了脾气。

"我绝对不可能跑偏这么远！"他吼道。就在这时，托利亚举起冰杖，指向一棵老钻天柳，这种柳树能长到和古希腊的柱子一样粗，高达三十米。树上有个空洞的裂缝，曾经长着朝向天空的一根大枝干。

"就在那儿。"托利亚轻声说。

谢尔盖眯起眼睛，盯着树仔细打量了一阵子。"这不是我找到的那棵巢树。舒里克，爬上去看看那个洞。"

舒里克大概目测了一下该怎么顺着树干上巨大扭曲的瘤结往上爬，然后滑行到树底，脱下靴子，毫不犹豫地开始爬。他迅速爬到了裂缝处，低头看着我们，摇了摇头。

"对渔鸮的巢来说太浅太窄了。"

好容易找到了托利亚说的那棵树，却不是我们想要的。

托利亚开始道歉，但谢尔盖挥挥手打断了他。

"没事。我去继续找。你们仨回雪橇，如果我黄昏之前还没回来，就去分头听听看，能不能听见渔鸮的叫声。"

从 GPS 定位仪上看，我们离雪地摩托大约有一公里。我们跟着定位仪屏幕上的灰箭头直接向着雪橇前进，没有顺着蜿蜒的雪道往回走。正走着，我在前方约五十米处看到了一只长尾林鸮雪茄形的轮廓，背对着我，蹲坐在树枝上。这种猫头鹰似乎和渔鸮是共存的 —— 在渔鸮栖息地经常能看见长尾林鸮。我举起双筒望远镜仔细观察，然后模仿被困的啮齿动物的声音来吸引它的注意。这只猫头鹰向我转过脑袋，映入眼帘的黄色眼睛让我猝不及防。这不是长着棕色眼睛、常见的长尾林鸮；这是一只乌林鸮，生活在孤独的北方泰加林*里，从阿拉斯加、加拿大，到斯堪的纳维亚和俄罗斯，都有分布。乌林鸮在滨海边疆区只有少数已知的记录，在这么靠南的地区是非常罕有的，直到今天，这只乌林鸮仍是我在俄罗斯远东见过的唯一一只。作为观鸟人，每次看到意外罕见的物种都令人兴奋；作为猫头鹰爱好者，看到乌林鸮更是一大乐事。但还没等我从背包里拿出相机，它就消失不见了。

---

* 泰加林（Taiga）：又叫寒温带针叶林或北方针叶林，广泛分布在北半球寒温带大陆。泰加林环绕北极地区，泰加林的北界就是地球森林的北方界线。

我们回到雪橇处不久，谢尔盖也回来了。他终于凭运气找到了那棵巢树，明天早晨就可以带我们去看。开着雪地摩托返回萨马尔加时，车头灯照亮了一个男人，正在屋外等着我们。此人名叫奥列格·罗曼诺夫——一个非常俄语化的名字，却属于一名乌德盖猎人。他很瘦，四十多岁，戴着棕框的大眼镜，烟抽得和谢尔盖一样凶。奥列格是公认的关于萨马尔加河的权威人物，他帮谢尔盖给渔鸮调查的后勤安排提过建议，像是沿河应该住在哪里，在哪里储存燃料。他很想听听这次考察的见闻。

"你们上周还没回来，我就开始担心了，"他握着谢尔盖的手说，"我都不相信，到了这么晚的时节，你们还待在河上。"

他说，阿格祖和萨马尔加的村民都对我们的考察进展津津乐道，揣测着我们能否在冰层破裂前回到海岸。那年冬天，我们是最后一批在河上通行的人。后来得知，大概在我们离开一两天后，一个阿格祖的猎人试图去萨马尔加，但被湍急的水流逼了回去。由于这种情况，两个村之间的通讯会中断几个星期，直到所有的河冰都化完。我们是在整个季节最后仅存的河冰上开到了海岸。

奥列格、谢尔盖和舒里克坐在柴炉旁抽烟聊天。虽然我们还得在萨马尔加附近再找找渔鸮，但奥列格跟我们说，萨马尔加的村长明天早上应该就会来和我们商量怎么回捷尔涅伊。果然，第二天早上还不到八点，外面就响起拖拉机轰隆隆的引擎声。村长相当年轻，三十多岁，在晨光中，他明亮的蓝眼睛里似乎闪着一丝醉意。他爬下来和大家握手时，飘散的烈酒香气让我愈发这样怀疑。不管是否已喝醉，他思路倒很清晰，也乐于帮忙。托利亚和我想订下一班直升机的机票，但村长建议我们改乘一艘叫作"弗拉基米尔·格鲁申科号"的船，预计两天后出发。格鲁申科号是伐木公司用来运送员工往返沿海偏僻港口和公司总部所在地普拉斯通的运输船，普拉斯通是紧邻捷尔涅伊南边的一个港口。考察开始的时候，谢尔盖和其他团队成员就是这样来到萨马尔加的。村长可以帮忙安排我们上船，应该能免费搭乘。

"乘船到普拉斯通一般要十七个小时，"他实话实说，"但如果非要等直升机，很难说要在萨马尔加困多久。坐这班船更保险。"

村长和谢尔盖坐在一处，商量下一班货船需要腾出多少空间来运我们的装备，这班船预计本周晚些时候发船。我们得和伐木公司协调好，把雪地摩托和其他设备运回南方，谢尔盖和舒里克要留在萨马尔加看着装船。

村长说他的下一个会已经迟了，便结束了谈话。这位村长主要靠拖拉机代步，代表的选民也只有一百五十位，但想不到显得很忙。临走时，村长请我们晚上去他的桑拿房洗澡。他说要是愿意去，村里随便找个人都可以指给我们他家住哪儿。

我们简单吃了早饭，谢尔盖、舒里克和我紧紧地挤在在黑色雅马哈的座凳上，而托利亚要去查看村子北边一些可能有渔鸮的栖息地。我们沿着前一天的路线穿过萨马尔加，回到了河口。我的五年研究计划的目标之一是了解渔鸮如何选择做巢的树，以及选择特定树木的原因。是只需要一个合适的树洞，还是周围的植被也会影响选择过程？我要用标准化方法来描述巢址的结构和植被，以便进行科学分析和比较，这就需要做很多测量。我想找一棵巢树来实操一次测量方法，看看有没有什么问题，于是带了卷尺和其他一些设备。我们很快就找到了巢树；谢尔盖前一天其实已经到附近了。他说之前迷了方向是因为当初用来定向的河道因为暴风雨改变了轨迹，顺着河道走就出错了。

当辽杨、裂叶榆、钻天柳等树种长到成熟时（高二十到三十米，直径一米多，树龄两三百年），会因为尺寸和年龄变得脆弱。台风会将树冠吹断，而树干还像烟囱一样直立着。有时只有一根树杈裂开，露出里面的软木。久而久之，造成的腐烂会开出一个足够大的空洞，让渔鸮能钻进去，当成舒适的巢。

渔鸮似乎更喜欢"侧洞"巢，即树干一侧的空洞，因为这种洞更有保护性。烟囱洞——树顶形成的凹陷，不容易保护孵卵的渔鸮。雌鸮必须一直卧着保护卵或幼鸟不受风霜雨雪的伤害。苏尔马赫曾经看过一只雌鸮在暴风雪中卧在"烟囱巢"里孵卵，在疾风漫雪中纹丝不动，直到最后变成一个雪团，只有尾巴从下面伸出来。

　　当然这些规律也存在例外。在一些地方，渔鸮早已忘记了奢侈的树洞，或是从没找到过树洞，就会用其他方式凑合。在鄂霍次克海北部海岸的马加丹，最近有人看到一只渔鸮幼鸟从虎头海雕的旧巢里探出脑袋，巢是做在一棵年轻白杨树的树弯处。而在日本，老树如今已经很少见了，还有人在崖壁凸处看到过一对已经长齐羽毛的幼鸟。

　　舒里克把卷尺和小型数码相机装进口袋，爬上目标锁定的树，这是一棵很大的钻天柳，有很多树枝和瘤结，通向主树干约七米高处的断面空腔。接下来，他测量树洞、拍照片，而我则忙着做其他的测量，例如巢树的直径、树况，记录附近其他树木的数量和尺寸。这样工作最明显的问题在于，现在仍是冬天，我们踩在好几英尺的积雪上，树和灌木也是光秃秃的，穿着滑雪板操作很是别扭，而且测量的一些数据（例如林冠郁闭度*和林下能见度）显然都不准。不管怎样，能实操练习总是好的。全套操作大约花了四个小时才做完。日后，当我逐渐掌握了要领，整个过程大概只需要一个小时。

我们回到萨马尔加，打算找到村长家去洗桑拿。我们去住的地方接托利亚，但他还没回来，所以我们不等他先走了。路上遇到一个冰钓的人，给我们指了去村长家的路，我们到的时候高兴地发现桑拿房已经烧热了。这座桑拿房又小又矮，地板朽烂，一次只能进两个人。我先蒸洗，然后轮到谢尔盖和舒里克。等他们的时候，村长请我到他家喝茶、吃甜点，但很快自己就有事出门了。我坐在一张桌子旁，对面是一个年长的男人和一个少女，没人介绍，但我猜这是村长的父亲或岳父，以及村长的女儿。这两个瘦弱的灰色身影从桌子对面阴郁地盯着我，桌上摆满了面包、罐装果酱、蜂蜜和糖。徒劳地尝试搭了几次话之后，我默默地喝着茶，忍受着他们的注视，偶尔擦擦额头上的汗，身体里桑拿的热量还没降下来。

早上传来消息，托利亚和我已经确定可以搭乘弗拉基米尔·格鲁申科号了，计划第二天中午启航。我们要从阿迪

---

* 指林冠覆盖面积与地表面积的比例。

米出发，是个沿海岸往北约十二公里的伐木港口。村长说去那边的路能走通，趁正午的太阳还没把地面晒泥泞之前就出发，应该没什么问题。这个消息开启了倒计时模式 —— 我们在萨马尔加还有二十四小时，所有人都想抓紧时间再找找渔鸮。毕竟由于冰层融化，我们基本被迫放弃了最后一段沿河调查。顺着萨马尔加河往上游走不了多远就会遇到化开的水面，所以托利亚和我开一辆雪地摩托去他前一天搜查过的区域，谢尔盖和舒里克则早早出发前往叶金卡河的河口，在沿海岸往南不远的地方，谢尔盖去年夏天在那里听到过渔鸮的叫声。托利亚和我沿着穿过山谷的小道前进，他突然将戴着手套的手从油门上抬起，指着一百米外树林中一个蓬松的棕色圆点，和雕差不多大小。是只渔鸮，且是住在萨马尔加河口的那对渔鸮中的一只。这是从2000年初遇渔鸮之后，我第一次真切地看到渔鸮。

托利亚放慢了雪地摩托的速度，好看得更清楚，但就在我们犹豫怎么往前走的当口，渔鸮惊飞了，先是飞往远处，最后消失在了光秃秃的树枝间。这短短一瞥让我振奋，但也感到担忧：捕捉渔鸮对我的研究项目来说必不可少，但渔鸮似乎总在极力回避人类。如果老是离得八丈远，没法靠近，又怎么指望抓到渔鸮？

我们沿着又浅又窄的水道继续前进，时不时有冰层在身后破裂，落入水中。如果这是第一次开雪地摩托遇到融冰，我肯定会被吓住，但现在最多只是感觉有些烦人，和我们在上游遇到的致命危机无法相提并论。周围的森林看上去非常适合渔鸮，但我们只能调查一部分区域。回到村子时，收获仍只有那短短的一瞥。很快谢尔盖和舒里克也回来了，他们没有发现渔鸮的踪迹。谢尔盖说起他在萨马尔加以南的岩石海滩上遇到了一匹快要饿死的马。

"它侧躺着，全身瘦的只剩骨头，一边抽搐，一边慢慢死去，"他说着，想起那情景打了个寒战，"如果有枪，我肯定会把它打死。"

弗拉基米尔·格鲁申科号

4月10日清晨，营地里充满了活力。托利亚和我没用多久就收拾好行李，绑到了黄色雪橇上。谢尔盖开雪地摩托沿海岸往北送我们去阿迪米，沿路上一会儿是泥巴，一会儿是冰碴，都是一样地黏糊。

接近镇子的边缘时，我们看到一辆巨大的运输车停在那儿；我们已经到了伐木营地的外围，私人车辆不能再往里走了。我爬进了停着的卡车后厢，托利亚和谢尔盖把行李一件一件递给我。我知道一周后会在捷尔涅伊再见到谢尔盖，所以只是简单握了握手，点了点头，就告别了。托利亚顺着梯子爬进卡车，拍了拍金属车顶，告诉司机都弄好了，然后我们就开进了阿迪米。谢尔盖站在糊满泥巴的雪地摩托和空雪橇旁，目送我们离开。

阿迪米很像19世纪美国西部拓荒边境的小镇，一条泥泞没到小腿的主路两旁，有些聚在一处的木建筑，都是用新砍的木材修建的。伐木公司的工人在草草搭建的木栈道上忙碌地穿行。卡车把我们带到码头，结束了几个月轮班的伐木工人扛着一袋袋行李，排队走过跳板，登上弗拉基米尔·格鲁申科号。

这艘船在我看来像是拖船和渡轮的混合体，它于1977年建造，1990年以后归伐木公司所有。船上有个小的前甲板，后面紧挨着神气的驾驶舱，还有大一些的后甲板，以及一个下层船舱，座位能容纳一百多名乘客，不过船上只坐了大概二十个伐木工人。座舱布置很像飞机的机舱，两个过道隔开一排排舒适的座椅。往后甲板的方向有个小食堂，有恒温开水箱，可以用来泡茶或速溶咖啡，还有几个带桌子和长凳的卡座。主舱的前角有台电视，放着一部讲述俄罗斯军营生活的低成本情景喜剧。我努力不去看电视剧，但还是大概知道了情节，是关于一群善良但笨拙的应征兵，老是把他们的上司——一个戴着高帽子的胖军官，搞得手忙脚乱。军官的口头禅是"*Yo-mayo!*"，意思就是"哦，我的天！"，时不时就来这么一句，同时用手狠狠拍一下自己的额头。

大部分伐木工人都聚集在船舱前面靠近电视机的地方，所以我选了一个靠近后角的更安静的位置，用行李占了旁边的几个座位，以便之后可以躺下。在这条船上，十七个小时将会很漫长。然后我走回后甲板，托利亚正在那儿忙着拍摄追在船后飞行的灰背鸥、被船惊飞的海鸬鹚，还有一群群的长尾鸭，在我们经过时荡起的海浪上浮动。

就像在阿格祖一样，周围的人对托利亚和我极为感兴趣。阿迪米是个偏僻的聚落，所有人都互相认识。突然他们中间出现了两个陌生人，好像从天而降一样：一个是矮个子，橄榄色肤色，见什么拍什么；另一个是高个子，留着胡子，显然是个外国人。要打发十七个小时的空闲时间，伐木工人们既好奇又无聊，整个航程中，总有人来问我们是什么人，去萨马尔加干什么。

开船后大概五个小时，托利亚和我去食堂打热水冲茶包，吃我们从萨马尔加带来的零食，半条没切开的面包，还有散装在黑色塑料袋里的香肠。旁边桌子有两个男人在也在吃零食，一位是削瘦的伐木工人，另一位身形巨大。我们刚一坐下，他们就移到我们的卡座一起坐。

大块头自我介绍说他叫米哈伊尔："那啥，你俩是干吗的？"

我们和这两个人开心地聊了起来，和他们讲了我们为什么去萨马尔加河，也了解到他们在伐木公司的职务。米哈伊尔是操作伐木机的，他的蓝灰色法兰绒衬衫领口敞得很低，稍稍露出胸前野人般浓密的毛发。他说自己看见斯韦特拉亚村附近的森林被皆伐砍光，不由感到恐惧。俄罗斯人更习惯于择伐，只砍一部分树木，但20世纪90年代初与韩国现代公司合资的企业在斯韦特拉亚附近进行了野蛮的砍伐，只留下光秃秃的山丘。现代公司还曾盯上过比金河流域，那里和萨马尔加河一样，也是乌德盖人的大本营，但由于当地居民的抗议，他们没能采走木材。很快，现代公司和俄罗斯合伙人开始互相指责对方腐败，在斯韦特拉亚的合作项目破裂了。

"我们肯定能找点伏特加来。"米哈伊尔大笑着说，但随后一名船员走过来，说船长想和我们聊聊。我欣然逃脱了被卷进伏特加漩涡的命运。前甲板上，船长热情洋溢地讲起他在滨海边疆区的海岸度过的时光，介绍轮船缓缓经过的山川河谷的名字，它们就在我们西边一公里的距离，中间隔着平静的日本海。他谈到曾经散布海岸的渔村，但五十年前鲱鱼消减后，这些渔村凋萎殆尽。他指着一个村子说，那地方名叫康恩茨。

"那儿还剩一台拖拉机，"他伤感地继续说，"就剩这点儿东西了，一块生锈的废铁，丢在桦树和白杨林子里，那儿以前都是农田。"

我们靠近了斯韦特拉亚，就是米哈伊尔之前提到的沿海伐木小镇。船放慢了速度，靠近岸边。村庄坐落在斯韦特拉亚河的北岸，南边对面是一道突出的黑色悬崖，像一把乌黑的利刃刺入日本海。陡峭的岩石上高耸着一座灯塔，在夕阳的映衬中俯瞰着下方码头的残骸。码头肯定是被场可怕的风暴损毁了，海浪在它勉强支撑的废墟中荡漾，无力地冲刷着悬崖下的岩石。我很庆幸眼下的海况很平静。在这里，海难大概时有发生。由于码头没法正常运转，弗拉基米尔·格鲁申科号等着一艘小船从村子方向驶来，送来十多个斯韦特拉亚的伐木工人，也是去普拉斯通。我和船长待在一处看着他们登船。船继续向南开之后，我回到了下舱。天快黑了，我想睡一会儿。

现在船上大概有三十个伐木工人，约七十个空位。我回来时发现位子被一个喝醉的伐木工人给占了，他人事不省，瘫在我留下占座位的外套上。我大概试了试，没能叫醒他，只好放弃了角落的座位。我被迫移到离电视近些的位置，但泡沫耳塞完全挡不住电视的声音，配着屏幕上夸张滑稽的画面，恼怒的排长居然还在重复口头禅："哦，我的天！"开船差不多九个小时了，我无法入睡，四处游荡，尽可能远远地绕开食堂。我不知道食堂里的人在干吗，但高声的喧哗提醒我还是不知道为好。我在后甲板遇到了托利亚。时至午夜，只有我们两人，四下漆黑，海风冰冷。我说这船上肯定是有军营情景喜剧的全集，直到现在还在播放。

"你没看出来？"他低声说，"从头到尾都是那一集。自从我们上船，一直在循环播放一小时长的同一集电视剧。要么你说我干吗出来待在这儿？"

哦，我的天，真是这么回事儿。

我设法睡了几个小时，黎明时分醒来，看到了普拉斯通北面熟悉的海角。船驶入海湾，我们下船了。捷尔涅伊的熟人热尼亚·吉日科已经知道我们要来，正在等我们，他斜靠在一辆白色路虎的驾驶座里，一边抽烟一边听电音舞曲。

萨马尔加的考察结束了。我惊讶地意识到自己离开捷尔涅伊其实还不到两周。十三天的时间像坐过山车一样，净在应对河冰和各种怪人，大部分时间都在忙后勤而不是找渔鸮。但这个头开得不错，在俄罗斯远东搞野外研究，本来就是研究人员与当地居民和雨雪风霜的不断磨合。接下来的一周左右，团队会短暂休整。托利亚和我一起到捷尔涅伊，等着谢尔盖从萨马尔加南归。然后谢尔盖和我即将开始五年计划中探索阶段的第二步 —— 在捷尔涅伊县的谢列布良卡河、克马、阿姆古以及马克西莫夫卡河流域寻找能捕捉的渔鸮。下一段考察为期六周，将为我们之后的渔鸮遥测研究奠定基础。

第二部

锡霍特的渔鸮

古老之物的声音

　　在捷尔涅伊待了几天之后，托利亚和我才开始从冰冷混乱的旋风中缓过神来，这旋风充斥着我们在萨马尔加河上的日子。谢尔盖偶尔会打电话来，他还待在那边。透过静电声，他大声喊着告诉我们最近的情况。由于海况不佳，原本要载他和舒里克返回南方的补给船延误了，所以他们在狂风呼啸的边境村庄又多待了五天。更糟的是，一群官员也住进了他们的房子，毕竟这是镇上唯一的宾馆，这些人还带了伏特加来。谢尔盖被困在那里，痛苦不堪。他说去河口冰钓的时候，他在雪地摩托的雪橇上宿醉昏沉，盖着大衣躲避刺眼的阳光，而那些刀枪不入的酒友们在一旁一边抽烟一边挥动着渔线。

　　接着几天过去了，一直没有电话来。我们终于从在符拉迪沃斯托克的苏尔马赫那里听说，谢尔盖和舒里克已经乘上一艘伐木船出发了，但被迫在斯韦特拉亚停了两晚。近海波涛汹涌,每个人都在呕吐,货物散落下来摔碎,船在海浪里随波漂荡。谢尔盖和舒里克最后终于到了普拉斯通,然后各自开车向南回自己家休息去了。

突然有了多余的时间,托利亚和我忙着在捷尔涅伊附近的谢列布良卡河谷搜索渔鸮。从萨马尔加河之旅我学到了寻找渔鸮的要点——森林类型,被缠住的羽毛发出的银色微光,河边雪地上的爪印,还有黄昏时分颤动的叫声。我得开始积攒一些以后能用来开展遥测研究的渔鸮。这些渔鸮对明年冬天要开始的项目第三阶段(也是最后阶段)至关重要,这个阶段要捕捉和收集数据。从这些个体收集的信息能帮我们制定渔鸮的保护计划。然而,至于在捷尔涅伊地区能找到几只渔鸮,我心里没底。在和平队的时候我曾在这里观了好几年的鸟,甚至还陪一位当地鸟类学家沿他的调查路线穿越过谢列布良卡河谷的河岸森林。那种栖息地——长满杨树和榆树等喜湿的大树的河岸森林,正是渔鸮的家园。但我在那儿既没见过、也没听到过渔鸮。我认为更往北的阿姆古河一带希望更大一些,过几周我就会和谢尔盖一起往那边去,不过至少也应该在捷尔涅伊附近找一找。我也没别的事做,正好也需要练手。

我主要是和托利亚一起找渔鸮,偶尔约翰·古德瑞奇也会和我们一起去,他是国际野生生物保护学会东北虎项目的野外协调员，常驻捷尔涅伊。约翰在俄罗斯已经十多年，那时我们也已经认识六年了。他身材高大，金发碧眼，像动作明星一样英俊。曾经有一段时间，野生生物保护学会的总部纽约布朗克斯动物园出售过一款手脚能动的玩偶，据说是按他的外形制作的。玩偶还配了双筒望远镜、背包、雪鞋，以及一只塑料小老虎用来追踪。

约翰在捷尔涅伊简朴的乡村生活过得如鱼得水，甚至有些像俄国人了，无论是谁在这个国家住了这么久应该都会这样。他冬天头戴一顶传统的皮毛帽，永远把脸刮得干干净净，总是迫不及待地盼着采蘑菇和浆果的季节来临。不过，伏特加还是没把他身上的美国农村气质给完全稀释。约翰把飞蝇钓鱼传到了捷尔涅伊，夏天还会戴着运动墨镜，穿着无袖T恤，开着皮卡车在镇上跑——这般景象简直就是从美国西部的乡间小路实时传送来的。

约翰对野生动物有着无尽的好奇心，尽管他是研究老虎的，但只要有空也会积极地帮忙做渔鸮调查。4月中旬的一个晚上，因为没有萨马尔加河的渔鸮录音，我给约翰模仿了渔鸮的叫声，是从谢尔盖那儿学来的四音节二重唱和两音节的独唱。我拙劣的模仿绝对骗不了渔鸮，但要点是要注意节奏和低沉的音调——这声音在森林里是独一无二的。这边常见的长尾林鸮，叫声是三音节，音调更高。在这一带有可能听到的其他猫头鹰——雕鸮、领角鸮、东方角鸮、褐鹰鸮、鬼鸮和北领鸺鹠，它们的叫声都要更高，很容易辨认。渔鸮的声音是不会被混淆的。

约翰充分领会了要找的叫声之后，我们就出发了。他开车带着我和托利亚从捷尔涅伊往西开了十公里，到了谢列布良卡河和通沙河的交汇处。路在这里岔开，顺着两条河延伸，这里的栖息地看起来非常适合渔鸮，有很多浅河道和大树。这一带路很通达，如果能幸运地找到渔鸮，会是个不错的研究地点。

这种初期渔鸮调查没什么太多事要做。在萨马尔加，情况就完全不同，必须得下到冰封的河流在河上前进。在这里，只用开车沿着与河平行的土路行驶，时不时停下听听有没有那种独特的叫声。我们不需要离河太近；其实不靠近河流更好，因为流水会让人更难听到别的声音。约翰在桥边把托利亚和我放下，他要往上游再开大概五公里。我们说好天黑后四十五分钟在河流交汇处集合。我穿着迷彩外衣裤，与其说是为了融入周围环境，不如说是为了融入当地人。我沿着土路朝一个方向走，托利亚朝反方向走。我摸了摸口袋，确认手持照明弹还在。这是为了防身，春天来了，熊也开始出来活动。身为外国人，我不能携带枪支，防熊喷雾也是稀罕物，或是压根儿找不到。手持照明弹是给俄罗斯水手在受困的情况下使用的，在符拉迪沃斯托克很容易买到，拉绳就能燃放，会喷出震耳欲聋、一米长的火焰柱和烟雾，能烧好几分钟。大多数情况下，这种震慑足以让危险而好奇的熊和老虎望而却步。就算起不到震慑作用，照明弹也可以用作武器。约翰·古德瑞奇就这样用过一次：一只老虎压住了他的背，咬住了他的一只手，约翰用另一只手把这"火刀"插到老虎的侧身。老虎跑了，他也得救了。

走了一里地的样子，我听到了二重唱。声音从我面朝的方向传出，自上游回荡而来，四音节的叫声，大约在两公里开外。到此为止，这是我离鸣唱的渔鸮最近的一次，也是二重唱听得最清楚的一次。那声音让我驻足不前。森林中的一些声音，像是鹿吠、步枪射击，甚至鸣禽的叫声，都是突然发出的声响，会立即引起人的注意。但渔鸮的二重唱却不一样。那喘息的声音低沉而质朴，在森林中颤动，在嘎吱作响的林木间忽隐忽现，顺着湍急的河流蜿蜒回响。那是古老之物发出的声音，本属于这里的声音。

要确定远处声音的位置，三角测量是一种可靠的方法，过程很简单，只需要少量的信息和足够的时间来收集信息。当时的情况下，我需要用GPS定位仪来记录听到渔鸮时我的位置，再用指南针记录叫声传来的方向（称为"方向角"），在渔鸮停止鸣叫之前，移动并记录多个方向角。之后在地图上就可以用GPS标出我的位置，并用尺子从每个位点沿着方向角画一根直线，所有线相交的地方就是鸣叫的渔鸮的大致位置。原则上通常最少需要三个方向角，要找的位置就在方向角线交叉形成的三角形里面（因此叫"三角测量"）。

我得迅速行动才行，繁殖期间，渔鸮常在巢里开始二重唱，但很快就会出去捕猎。如果我能记下三个方向角，就很有可能找到巢树。我快速记下了一个方向角，用GPS记录了所在位置，顺着路往上游跑。沿着土路跑了几百米，我突然停了下来，心脏咚咚直跳，又仔细听了听。又一次二重唱。我再度记下一个指南针的方向和GPS位置，然后接着跑了一段。当跑到第三个地点时，渔鸮不叫了。我竖着耳朵等了一会儿，林中却一片静寂。我终于明白了为什么在捷尔涅伊住了这么久，离渔鸮这么近，但却从没注意过它们的存在。到野外的时间和条件都必须刚好合适，二重唱很容易被其他声音盖住，如果有风或近处有人说话，可能就听不见了。

两个方向角已让我振奋不已。取决于方向的准确性，很有可能会找到做巢的树。我又等了一会儿，没再听到叫声，就沿原路返回了。我欢欣鼓舞地在黑暗中走着，脚下的碎石嘎吱作响。托利亚和约翰也都面带笑容，都说听到了渔鸮的叫声。说起来，托利亚听到的渔鸮和我在谢列布良卡河听到的肯定是同一对，但约翰听到的渔鸮不一样，二重唱是从相反方向传来的。我有可能可以研究的个体在一个小时内从零变成了四只。我们听到的是成对的叫声，不仅仅是单只个体，这一点最令人鼓舞。一只单独的渔鸮可能只是短暂停留，但成对的渔鸮是有领域的。明年，我们大概可以捕捉、研究这些个体。

当晚，我在地图上标出了两个方向角，然后把两条相交线的坐标输到了GPS里。第二天早上，托利亚和我沿着尘土飞扬、坑坑洼洼的路驶回谢列布良卡河，再沿着GPS上的灰色箭头行进，看看会通向哪里。前路很快就被宽阔、湍急的河流挡住了，我们前一天晚上没走到这里。渔鸮的叫声肯定是从对岸传过来的。我们费劲地套上涉水裤，向谢列布良卡河的主河道靠近，河道大约有三十米宽。上游和下游的水都太深，蹚不过去，但这里还可以。水深从齐腰到齐膝不等，清澈的河水流过河床，满是光滑的拳头大小的石头和小鹅卵石。

在滨海边疆区，就算只有齐膝深的河也很容易骗过外行人，给人能轻松蹚过去的错觉。谢列布良卡河的水流可以变得相当可怕，就像萨马尔加河和其他沿海河流一样。涉水而过时，迅猛的河流拉扯着我们。如果在一个地方看路停得太久，脚下的鹅卵石就会被冲走。到达对岸后，我们来到了一片星罗棋布的小岛之中，小河道在岛间纵横交错。岛上覆满了长着松树、杨树和榆树的原始森林；在易被河流冲刷的边缘，参差地长着一层层的柳树。跟着GPS的指引，我们到了其中最大的一个岛，四周都是缓慢的滞水，更像是沼泽，不像是溪流。高地上基本全是参天的杨树，树脚下的灌木丛中，掺杂着被风吹倒的朽木残骸。我用双筒望远镜扫视了一个又一个树洞；能做巢的树洞多得惊人。支支棱棱的杨树之间，矗立着一棵优雅的松树，像一位美人四周围着一群胆怯的求爱者。这位美人相当健壮，长着红色树皮的粗壮树干向上伸展，消失在绿色的枝裙之中。我看到一根主枝上粘着一枚渔鸮的羽毛，在微风中隐隐颤动。

我挥手叫来托利亚，两人走近松树，顿时呆住了。茂密的树枝本应给树基遮风挡雪，但树下的东西却让地面和周围的融雪浑然一体。这是厚厚一层白色的渔鸮排泄物，量很大，混着以往吃剩的猎物骨头。我们发现的是棵夜宿树。渔鸮喜欢夜宿在松树这样的针叶树中，白天睡觉的时候能有些阴凉，在风雪中能保护它们，还能避开游荡的、爱找茬的乌鸦。我马上就发现渔鸮的食丸很独特，不像其他猫头鹰的食丸都是灰色的、香肠形的反刍物。大多数猫头鹰物种都以哺乳动物为食，因此它们的食丸都是紧紧缠在皮毛里的骨头。然而，当渔鸮吐出猎物难以消化的残骸时，没有能把骨头缠到一起的东西，它们只是徒有"食丸"之名而已。

为我们的发现感到振奋，托利亚和我握了握手，这是俄式的举手击掌。渔鸮不像其他一些猫头鹰物种那样频繁在同一地点夜宿，能找到这样一处集中的夜宿地是很少见的。不过，夜宿点也是一个有力的标记，表明附近会有巢树。雌鸮卧在巢上时，雄鸮通常会在附近守卫。上午剩下的时间，我们都在搜索高处的树洞，寻找渔鸮巢的踪迹，却徒劳无功。这些树洞都像溶洞一样，高度从十到十五米不等。我们只是偶然间发现了渔鸮的一处秘密基地，河中小岛和沼泽，周密地掩护着它们不受打扰。

　　接下来的几天，我们继续在谢列布良卡河和通沙河的河谷寻找渔鸮。我们听到了之前约翰找到的那对，却未发现任何实质的踪迹。这些留鸟在此地已经过了一冬，但现在积雪融化，叶芽萌生，越来越难找到爪印和羽毛。又过了几天，托利亚去了往正南约两百公里的阿瓦库莫夫卡河，苏尔马赫在那边发现了一个渔鸮的巢，里面有只刚出壳的雏鸟。苏尔马赫想让托利亚监测鸟巢，记录亲鸟给雏鸟带回了多少食物，带回的猎物都有哪些种类，以及雏鸟何时长齐羽毛。这一周剩下的时间，我和约翰一起搜寻渔鸮的叫声，探查了另外几个可能有渔鸮的领域，包括谢普顿河在内，几年前，苏尔马赫和谢尔盖在那一片找到过一个巢。约翰和我找到了那棵树，是一棵粗大的白杨树，只是树干却横卧着，被暴风雨给吹倒了，树死后长出的繁茂灌木丛几乎将其掩没。我们在那里没有听到渔鸮的叫声。

从萨马尔加回来后，我在捷尔涅伊一直和约翰住在一起。他家在镇子上方的山坡上，房子舒适明亮，漆成了蓝色和黄色，紧挨着还有个简朴的花园。我住在他的客房，位于桑拿房隔壁的另一处小屋里，房间有些霉味，刚够放下一个砖砌柴炉、一个矮书柜，还有一张小沙发，拉出来后能变成一张凸凹不平的床。约翰家宽阔的前廊环抱着一棵苹果树，从那里可以俯瞰捷尔涅伊低矮的木建筑和远处的日本海。过去的几年里，在温暖的夏夜，这里几乎是我的第二个家，我们喝啤酒，吃熏制的红大麻哈鱼，壮观的景色百看不厌。托利亚离开不久后，一个舒适的春夜里，我们坐在前廊吃蛤蜊，它们都是被暴风雨冲到岸上来的，就是把谢尔盖和舒里克困在斯韦特拉亚的那次暴风雨。约翰突然聊起托利亚的事。

"你知道托利亚为什么不喝酒吗？"约翰小声问，从半升啤酒瓶的瓶口边八卦地瞟了我一眼。我说，不知道。约翰点点头，接着说下去。

"他跟我说，几年前他到阿尔泰山区串亲戚，野餐时喝多了。他斜靠在草地上，望着头顶的蓝天，心里却盼着下雨。就在这时，雨滴开始往下掉，他惊呆了。托利亚幡然了悟，原来他是可以控制天气的，所以决心从此戒酒，因为他得担起这个危险的重任。"

我盯着约翰，不知说点什么好。

"每当你觉得某人头脑还挺正常，"约翰喝着啤酒说，"他们就会说出这种话。"

2006年春天来得很晚。我们原以为穿着到大腿或胸口处的涉水裤就能蹚过去的河流，都因为融雪而水量增大，在径流冲刷的影响下变成了褐色。徒步过河变得很危险。和谢尔盖讨论之后，我们决定去南边和托利亚在阿瓦库莫夫卡河会合，等一段时间，让河流平静下来，然后北上阿姆古。我要花些时间和托利亚一起观察渔鸮在巢中的行为，也会帮谢尔盖在阿瓦库莫夫卡河一带寻找其他能开展遥测研究的渔鸮个体。4月下旬，我搭上了从捷尔涅伊南下达利涅戈尔斯克的长途车，车程四小时，谢尔盖就住在那边。等到了那里，我们要开谢尔盖的皮卡车沿着海岸继续向南，去阿瓦库莫夫卡河。

渔鸮的巢

达利涅戈尔斯克是一座有四万居民的城市，挤在鲁德纳亚河谷的陡坡之间，这里最早是演员尤尔·伯连纳的祖父在1897年建的采矿营地。20世纪70年代初之前，这座城市、河流和山谷都叫"野猪河"，其时，由于中苏关系恶化，俄罗斯远东地区南部的几千条河流、山脉和城镇突然之间都改掉了中文名字。1906年，探险家弗拉基米尔·阿尔谢尼耶夫和他的队伍穿过鲁德纳亚河谷时，被这里的美景迷住了：崎岖的崖壁、茂密的森林和多到惊人的鲑鱼让他们目瞪口呆。可悲的是，一百年来的密集采矿和炼铅残酷地锈蚀了此地的华彩。壮观的鲑鱼迁徙已成为遥远的过去，因河流栖息地退化和过度捕捞而消失殆尽。山谷则成了往昔残留的怪诞空壳；一些曾美不胜收的山冈被开山采矿斩了首，还有些由于内藏的矿产而被掏空了肚肠。就连无形之处也是创伤累累。附近村里的儿童活动场，土壤样本显示铅含量为100万分之

11000，是美国强制治理含量的二十七倍以上。鲁德纳亚河流域一个村庄的居民患癌率几乎是捷尔涅伊居民的五倍。

谢尔盖在车站接到了我，第二天早上我们就离开了达利涅戈尔斯克。他开着自己的多米克（"小房子"）——一辆20世纪90年代早期的丰田"海拉克斯"皮卡，后拖一部定制的露营车，全都一致地涂成淡紫色。后车厢里铺着棕色地毯，十分柔软，有带桌子和长凳的卡座，容纳两个人睡觉不在话下。卡车的暖气很差，所以不太适合冬季工作，但用来做春季渔鸮调查是很理想的，我们可以一直工作到筋疲力尽，然后想停在哪里睡觉都可以。在世界其他地方，这辆车可能毫不起眼，但在滨海边疆区中部，它却引起了轰动。所到之处，路人都伸长了脖子，村里的男孩们互相嚷嚷着让对方瞧稀罕。

开了大概两个小时，我们在沿海村庄奥莉加停下，和住在那儿的谢尔盖的兄弟萨沙一起吃了推迟的午饭，接着又开往离得不远的维特卡。这是滨海边疆区最古老的俄罗斯村庄之一，从俄罗斯东南部来的移民早在1859年就在此定居。自建立以来的一个半世纪间，维特卡或许一度繁荣过，但如今，俄罗斯联邦的这处角落已经许久没照进过财富的金光了。村子是一大片年久失修的平房，住着些不苟言笑的退休人员，房子周围是锈迹斑斑的大院子。我们离开主干道，越过一座小山，经过一处失败的苏联集体农场的破败遗迹，它是经济改革中倒闭的许多农场中的一个。农场另一边是村子的垃圾场，一大片垃圾和破瓶子就邻着阿瓦库莫夫卡河的一条浅支流，堆溢到了河里。我们穿过水道，看到前方约两百米开外的小路上有一个人影。是站在营地外的托利亚。他在与河岸森林相接的田野边搭了个帐篷，拉起一块蓝色塑料布，遮着一个小火坑，已经在这儿待了一个多星期了。喝完茶，托利亚沿着渔民下河的小路带我们去看巢树。

那是一棵钻天柳，跟我在萨马尔加河口附近看到的巢树一样，树皮布满深褶，扭曲的枝干像海怪的手臂一样伸向天空。托利亚向上指着树干的弯曲处，主干本是往上延伸的，现在却骤然截断，断面是参差不齐裂开的木头。很可能是被暴风雨刮断了。那里有一处凹陷，就是巢洞的所在。右边几米外，一根竖着的长杆顶上架着一台小相机和紫外线透射仪，杆子是托利亚用几棵削了皮的柳树拿绳子绑在一起做的。黑色的电线紧紧地顺着杆子盘旋而下，在地面蜿蜒，消失在一个伪装的圆顶帐下面，这就是隐蔽观测帐。

托利亚在这儿已经成了夜行动物。他白天睡觉，这样就可以整夜静静地蜷缩在观测帐里，观察鸟巢并记录活动。

"它都卧在巢里，"托利亚说，"不惊飞，光盯着人看。"

"你是说它现在在巢里？"我抬起头，低声问道。

"当然了，"托利亚说，诧异我怎么才搞明白，"说话这会儿它就看着我们呢。"

我举起双筒望远镜。过了一会儿，我终于看到了它：开始只是一小块棕色，是渔鸮的背部，与周围树皮融为一体。它身子的其他部分似乎被遮住了，我仔细看了看凹陷处前沿的细缝，发现一双黄眼睛正一丝不苟地盯着我。这只神秘的鸟就在树上六米的地方，我离树也只有几步远。这让我十分兴奋。我再次有了这种想法：渔鸮似乎是森林的一部分，而不仅仅是森林中的某样东西，它的伪装让人很难分辨树和鸟的边界究竟在哪儿。这感觉也十分超现实。在萨马尔加和捷尔涅伊附近的原始森林中那么费力地找过渔鸮之后，现在，就在村庄垃圾场边的渔民小路上，一只渔鸮正俯视着我。

我要和托利亚住几天，谢尔盖带着房车沿着阿瓦库莫夫卡河的支流萨多加河往上游寻找渔鸮去了。我在托利亚的帐篷附近搭好自己的之后，他提议当晚由我在隐蔽帐内进行观测。我热情高涨地表示同意，他便讲了在隐蔽帐中的基本注意事项。

"不能发出任何声音，尽量少动，"他郑重其事地说道，"以防渔鸮亲鸟因为我们而不回巢看护幼鸟。咱们要观察的是自然活动，不是在人类近距离干扰下的行为。到早上才能离开帐篷。如果要尿尿，就用瓶子解决。"

说完，他祝我好运。我收好背包，穿过林子，来到隐蔽帐。它被塞在离巢树十几米的林下植被中，是一顶两人三季露营帐，上面盖着隔音遮光布和托利亚缝的迷彩网。隐蔽帐里堆满东西，有十二伏汽车电池，各种转接器和电缆，还有一个小型黑白显示器。我摊开监视时吃的零食——用保温杯装着的加糖红茶，以及夹了奶酪的面包，然后打开显示器，柔和的光照亮了帐篷内部。我缓慢而安静地小心行动着，生怕吓到雌鸮，它在巢里，肯定看到我靠近了。屏幕聚焦之后，我看到它还在原地，一动不动地卧着，神情安宁，顿时松了一口气。接近黄昏，它好像看到了什么东西，精神振奋起来，我听到头顶的树上有声音——大概是雄鸮落到了附近。雌鸮慢慢从巢里出来，顺着一根树枝走到看不见的地方去了，证实了我的推测。然后二重唱开始了，深沉、响亮，就在我的头顶回荡。

坐在那儿听着上方的渔鸮鸣唱，我着了迷，尽力压制着耳朵里响起的自己咚咚的心跳，不敢吞口水，也不敢移动分毫，生怕被渔鸮听到，中断了这令人神魂颠倒的仪式。即使在很近的距离，渔鸮的声音似乎也很闷，就像被捂在枕头里叫一样。显示器上能清楚地看到渔鸮幼鸟，像一袋灰色的土豆，尖叫着在宽大的巢洞里摇摇晃晃地徘徊。它知道食物就快来了，和我不一样，它对这鸣唱完全不耐烦。

二重唱停止了，意味着这对渔鸮已经离开去捕猎了。这一夜显得既漫长又令人着迷。午夜前，亲鸟带了五次食物回巢，每次都能先听到巨大的翅膀拍打树冠的树枝发出的震颤。一根脱落的树枝甚至砸中了隐蔽帐的顶。不得不说，任何翼展达两米的生物，在夜晚交错的河岸丛林里都很难平衡自若。

每次亲鸟带猎物回来时，拍摄角度都很差，视频画质也很粗糙，所以我认不出给幼鸟带回的都是些什么食物。我也没法分辨哪只是雄鸮，哪只是雌鸮，两者看上去极为相似，所以也无从得知哪一只亲鸟喂食较多（如果有差别的话）。多年以后，我才搞清楚，雌鸮尾巴上的白色比雄鸮要多很多，以此区分性别是很准确的。但这天晚上，我只能判断出是一只亲鸟飞回，栖在洞口，给叽喳啼叫的雏鸟喂食；雏鸟拖着脚步走过去接住食物，然后亲鸟就会飞走，消失不见。

第五次送食后，其中一只亲鸟在巢里待了将近十分钟才离开，而另一只亲鸟有四个多小时都未出现。这段时间里，雏鸟几乎无休止地尖叫着。光是从两点四十分到四点四十分，我就记录了一百五十七次刺耳的叫声，每叫一声，我就在笔记上画一个对号。

黎明时分，我在寂静和寒冷中离开隐蔽帐，返回了营地。火堆早已熄灭，说明托利亚还没起来。我钻进自己的帐篷，裹上睡袋，很快睡着了。

几个小时后我被托利亚叫了起来，他的声音很焦急，所以我一下子就清醒了。我从帐篷里一跃而出，只见天昏地暗，烈焰滚滚。一百米开外，地面上的火焰正朝我们扑来，吞噬着南边草场上的干草，乘着强风节节逼近。

"拿上水桶！"托利亚高喊着，跑到我们和火之间一米宽的滞水边，"把周围全打湿！"

我们站在搅浑的浅水中，一桶一桶地把溪对面的植被打湿，这条线必须得守住。如果火烧过了线，我们的营地就会焚毁。有些地方的火焰已涨到了几米高，将干枯的植物一饮而尽。等到火离小溪太近，很可能就会直接烧过来。火焰又近了些，大概只有三十米远了。

"你怕不？"托利亚问，但看也没看我一眼，继续像水车一样洒着水和泥。

"废话，当然怕了。"我答道。片刻之前，我还在甜美的梦乡，现在却穿着内裤和胶靴站在泥水中，试图用水桶在野火中拯救我的帐篷。

火舌逼近了我们打湿的缓冲带边缘，试探着吞噬潮湿的草和灌木。火焰舔舐着四处搜索，但植物并没有烧起来——这条线守住了。大火最终在离溪流几米远的地方平平无奇地熄灭了，在我们的行动之下，火焰一方没能大获全胜。

我盯着灰白、闷燃的田地，问托利亚这到底是怎么回事。他说看到有人开车到田地的另一头，待了一分钟，然后又开车走了。托利亚也没在意，直到看到烟雾才反应过来出了什么事。村民们在春天烧田是很常见的，人们认为这样能让新苗长得更好，能杀死叮咬牲畜的蜱虫，并给土壤增添养分。但这种火通常都没人看管，就像是眼下这种情况，火可能会蔓延到森林里，造成真正的损失。实际上，如果这场大火发生在几周后，即渔鸮雏鸟离巢但还不会飞的时候，幼鸟很容易就会被火烧死。这种火灾在滨海边疆区西南部破坏力极强。在这里，林火正不紧不慢、有条不紊地把茂密的森林变成空旷的橡树草原，而这片森林也是极危物种远东豹最后的栖息地。

第二天早上，谢尔盖回来了。我们打算几天后告别托利亚，返回捷尔涅伊，然后继续向北，去阿姆古。但首先要在阿瓦库莫夫卡河一带继续搜寻一番。我们沿着阿瓦库莫夫卡河，一路听渔鸮的叫声，与托利亚、约翰和我在捷尔涅伊附近使用的方法类似。在维特卡往上游大概二十公里的一条小支流旁，我们听到了二重唱。谢尔盖和我在森林里寻找巢洞的迹象，在河边搭帐篷住了两晚。这一对渔鸮每天晚上叫的位置都不一样，由于渔鸮不是每年都繁殖，因此这就说明它们没做巢。不过我们找到了一棵可以认为是往年做过巢的树，附近还有夜宿地的迹象。我们本可以在那个地方待一段时间，但某天早上醒来，发现暴雨让河水泛滥，冲走了我们的帐篷。我们沿着阿瓦库莫夫卡河向下游移动，探查靠海岸更近的另一条支流，几年前谢尔盖在那儿发现过一个巢洞。而现在，鸟去巢空，只剩下寂静的森林。

　　谢尔盖和我动身北上的那天早晨，托利亚让我们走之前给他送些新鲜补给。附近的维特卡村太小，没有商店，所以谢尔盖和我开着紫色"小房子"去了潘木斯克雅，去找托利亚要的土豆、鸡蛋和新鲜面包。这是座约五公里外稍大点的村庄。我坐在后部，在"小房子"里柔软的长凳上摇来晃去，透过拉了帘子的有色玻璃窗看着外面。潘姆斯克雅这种规模的村庄，虽然大都有商店，但有些却不以店面或招牌示人。我的理解是，当地商贩觉得真正需要买东西的人都是本地人，知道商店在哪儿。我们在潘姆斯克雅仅有的一条路上开来开去，但没看见明显是商店的地方，只好在长凳上坐着的两位矮壮中年妇女身旁停下。谢尔盖摇下了窗户。她们告诉我们在哪里能买到鸡蛋和土豆 —— 镇的另一边有个女人在一个集装箱里卖东西；但面包就买不到了。显然，每天早上从奥莉加送来的滚烫面包很快就会卖光，数量刚好满足潘姆斯克雅村民的需求。谢尔盖爬进"小房子"告诉我这个情况，正当我们在讨论开到奥莉加去给托利亚找面包在时间上值不值当时，有人敲了敲"小房子"的后门。谢尔盖打开门，外面是刚才的两个女人，好奇地看着我们。

"那啥，"其中一个女人犹豫着开了口，"你俩是咋样整？是要预约，还是你们上门？"

我们两人一脸迷茫地看着她们。谢尔盖礼貌地问这是什么意思。

"你们是医生，对吧？"另一个女人插话道，"大伙儿都在传，说有装着X光机器的紫色卡车……是不是医生要给需要的居民做X光检查？"

我皱起了眉头。之前一周里，谢尔盖在这条路上开来开去，在不同的找渔鸮的地点之间穿梭。看来潘姆斯克雅和维特卡的村民合情合理地得出结论，认为我们是四处巡走、给人照X光的自由技术员？怪事。但当谢尔盖解释说我们不是医生，而是寻找稀有猫头鹰的鸟类学家时，她们的脸上露出了更为奇怪的神情。对于将全部心血灌注到田地和菜园，勉强维生的村民来说，把寻找鸟类当成工作的人，大概比带着多余的X光机器巡诊的医生更奇怪。

我们从集装箱里买了些鸡蛋和土豆，去奥莉加买了面包，把这些都送回给托利亚，然后折返向北。谢尔盖开着车时，我躺在"小房子"后部舒服的长凳上睡着了。到了达利涅戈尔斯克之后，我们把"小房子"停到谢尔盖的车库里，换乘他的另一辆丰田"海拉克斯"皮卡，红色的，加了马力。这是野外用的皮卡，后车斗盖着厚厚的绿色塑胶布，里面塞满了我们所有的野外装备。这车看起来像是给军阀开的，前面在捷尔涅伊县等着我们的将是坑洼的道路和湍急的河流，用这辆车来应付再合适不过。我们又要回到野外了。

没有里程标的地方

我们慢慢往前开，时不时停下听听渔鸮的声音。在捷尔涅伊附近，离托利亚、约翰和我听到两对渔鸮的地方不远处，顺着法塔河边的伐木小路，谢尔盖和我循着叫声又找到了第三对。我们继续沿着唯一一条向北的路，翻过了伯利尤兹维山口。这里的山丘上仍留着数十年前森林大火的痕迹，那场大火烧毁了两万多公顷茂密的原生红松林。至今，连绵起伏的山丘上仍均匀覆盖着挺立的、毛刷一般的碳化树干，让人感觉像是开车穿过一片古老的墓地，在这里，树木哨兵守卫着死寂的森林。在万物荒颓的冬季，这伤疤尚不算显眼，但在春天一片欣欣向荣的绿色中，这贫瘠的高地就像笼罩着肃穆的葬礼气氛。

我们下到贝林比河，过了河。狭窄、奔涌的河道，在靠近海岸的地方变得更宽、更深。几年前我去过河口，吃惊地发现盗猎鲑鱼的人正轮流用流刺网堵住河道，将拳头大小的抓钩抛进河里，不分青红皂白地猛拉。他们要的是雌性粉红鲑隆起的肚腹中宝贵的鱼子，这些鱼本该把卵产在下游细腻的鹅卵石间。我实在无法想象，鱼要怎么才能穿越网套和钩子的铜墙铁壁。

我们沿着贝林比河向东只开了一小段，然后挂上低挡，顺着克马山的翻山公路往上爬。泥泞的道路在山顶分岔，一块弹痕累累的路牌指示：直行去克马，向左去阿姆古。我们向左转。除了南返的路上再度看到这块路牌外，这之后我们再没看到任何路牌或里程标。往北，迷宫般的伐木道路绵延数百公里，一直到斯韦特拉亚的伐木港口。哪些岔路通向仅有的几个居民点，哪些通向伐木营地，哪些是死胡同，完全没有任何标记。就像潘姆斯克雅没有商店招牌一样，大家都默认如果有人冒险开到了克马以北，说明他肯定认识路。

接近特昆扎河时，谢尔盖在山口的另一边放慢了车速。他离开车道，我以为是冲到了灌木丛里，可实际上是一条长满了杂草的伐木小道。我们沿着小道颠簸着，像是开过满是树枝和枯叶的洗车通道，枝叶拍打、揉捏、刮擦着车的每一寸表面。钻出来时出现了一片空地，是以往堆木料的地方，我们停了车。天快黑了，正是听渔鸮声音的理想时间，但晚上风很大，此时除了噪音，什么也听不见。

我们用手电筒照明搭好帐篷，在我的野营炉灶上快速烧了水，吃了一顿没滋没味的"商务午餐"式的晚饭，是种脱水的包装速食，有土豆泥粉和几星灰白的牛肉碎，包装上印着的年轻专业人士显然比我们吃得香。我们二人就着越南辣酱，只顾默默吞咽。四年前，谢尔盖在这儿附近发现了一棵巢树，离营地可能只有三百米，天一亮我们就要去查看。如果这对渔鸮还在，对遥测研究来说是很理想的，因为它们的领域离道路很近。

第二天早上，我们沿着一条杂草丛生的滑道（伐木工人用来搬运木材的临时道路）往河边走，高草上沾着露水，还湿漉漉的。谢尔盖走在前面。他经常会用GPS记录一些重要的渔鸮位置，比如巢树或捕猎区域，但当他再去找的时候却很少用GPS。这是合理的判断，想要了解渔鸮的栖息地，在河流和森林中探索的直观感受才是最好的导航。如果我们真的赶时间，肯定会用GPS，但要是总盯着个装电池的盒子看，森林就成了次要目标，很容易错过重要的细节。谢尔盖带路向上游走，在一片宽阔的、被水打磨光滑的鹅卵石滩旁停了下来，凝视着森林。

"要仔细看，"他斜着身子，眯着眼睛说，"从这儿能看到树洞。"

离河岸四十几米的地方，有棵近二十米高的榆树，从柳树丛中探出来。大约在树的一半高处，树干裂开了；一半继续往上形成有树叶的树冠，另一半树干曾经存在的地方，留下了一个凹槽。凹槽里的空隙就是特昆扎河这对渔鸮的巢洞。

这是个朝天的巢洞，和我当时见过的其他渔鸮巢是一样的。很难看出来渔鸮是不是还在用这个巢。透过双筒望远镜，看不到那些我学过的要搜索的痕迹，像是钩在巢附近树皮上的绒羽，或是成鸟栖在洞口留下的新鲜爪痕。谢尔盖认为，如果这对渔鸮在繁殖，雌鸮应该是稳稳坐着，而雄鸮会藏在附近的某个地方保持警戒；我们只须引诱雄鸮自己出来即可。我们朝树走去，远离了喧闹的河流，在林下一棵倒木上坐下。周围的绿色植被茂密得几乎令人窒息。谢尔盖用力从牙缝里往外吐气，发出一串嘶哑、声调向下的哨声，模仿的是我在维特卡听过的雏鸟叫声，有时成鸟也会模仿这种乞食的尖叫。谢尔盖模仿得很逼真，我们几乎立刻就听到了回应。一对渔鸮在下游低沉有力地叫了起来，二重唱杂乱无章，显得有些慌乱。现在我们知道这片领域还是被占据着的，但住在这里的渔鸮没有在繁育，否则雌鸮现在应该在我们头顶的巢里。

一只来路不明的同类竟敢在它们的巢树周围、领域中心鸣叫，这两只鸟被激怒了，我头顶一棵杉树的树冠在降落的渔鸮突如其来的重压之下猛烈地摇动起来。从接下来的二重唱顺序判断，先落下来的是雄鸮。雌鸮也靠近了些，但仍然不见踪影。两只都愤怒至极，一心要铲除侵略者。谢尔盖咧嘴笑了，站着不动，待在林下躲开它们的视线。他又吹了次口哨，给渔鸮的敌意煽风点火。雄鸮跃到我们对面巢树的一根横枝上，用怒龙般的黄眼睛扫视着地面。这只渔鸮神采夺目。它胸前的棕黄羽毛间点缀着暗色横纹，整只鸟看起来就像是树的一部分，这团粗壮的凸出物活了起来，一心想要复仇。它一叫，喉咙上的白斑就鼓起来，竖立的耳羽参差不齐，大而滑稽，随着一举一动震颤着。

突然，从头顶蔚蓝的天空中，一只普通鵟收起翅膀向着渔鸮俯冲下来，眼看就要撞上时又转了向。渔鸮矮了矮身子，转头看着鵟飞走。跟着一只小嘴乌鸦接踵而来，也躲了过去。我呆住了。我们把渔鸮从藏身处引了出来，它们的叫声又引来了鵟和乌鸦，交替围攻渔鸮。这两个袭击者肯定都是在附近筑巢，大概把这只渔鸮误认成了雕鸮。雕鸮是另外一种猫头鹰，能杀死并吃掉鵟和乌鸦。鵟和乌鸦原本是死敌，但为了赶走共同的敌人，惴惴不安地联合了起来。我从没见过这般景象。渔鸮一时乱了阵脚：是在地面搜寻入侵的同类，还是躲开上方的空袭？谢尔盖和我意识到情况失控了。判断下来，要缓和局势最好还是走人，因此我们撤回到营地。即便如此，特昆扎河的这对渔鸮还是焦躁不安，几个小时过去，才终于放松下来，不叫了。

眼下，我们要调查的问题已经有了答案：领域是被占着的，这对渔鸮眼下没有繁育，以及我们又多了一对或许能捕捉的渔鸮。现在有六对了：两对在奥莉加附近的阿瓦库莫夫卡河流域，三对在捷尔涅伊附近的谢列布良卡河流域，这一对在克马河流域。午饭后，我们收拾好皮卡，回到尘土飞扬的路上，继续向北沿着克马河行驶。

我们没开多远，不到二十公里就到了下一站。河的另一边有个小山谷，谢尔盖一直想去那儿找渔鸮，但都没有时间。这次机会来了。我们穿上齐胸的涉水裤，蹚过五十米宽的河道，艰难地用沉重的手杖保持平衡。和几周前我与托利亚在谢列布良卡河的情况类似，这河毫无耐性，不容人犹疑，我一停下，河中汹涌的水流就会猛冲而来，将我的身体掠往下游，冲出漩涡。比较有经验的谢尔盖在前方侦察，找出最浅、最安全的路线，再大声告诉我。上岸后，我们丢下涉水裤，不想在森林里找渔鸮的时候还得拖着它们，说实话，要是有人愿意蹚过这么凶险的河来偷，那裤子就是他们理所应得的。而且我们一整天几乎都看不到车，这边路上的行人不多，看到的几辆大多是伐木卡车。

我们几乎立刻就发现了一条狭窄的小道，顺小道穿过了一片冷杉和云杉的幽暗森林。谢尔盖很失望——这根本不是渔鹗的栖息环境。我们看到前方有一片小空地，有个猎人小屋，就沿着小道走了过去。小屋像是已经空置有些时候了，结果一只从屋檐上跳下的猫把我们吓了一跳，这是只长毛虎斑猫，毛脏兮兮的，打结成团。它冲着我们嚎叫，声音绝望而悲哀。我猜猫是饿坏了，但我们没带任何食物过河，没有吃的能给它。猎人大多在小屋里养猫来控制啮齿动物的数量，啮齿动物会携带汉坦病毒，会钻过木墙和满是孔洞的地板。但令人伤心的是，有些猫在打猎季节结束时就被遗弃了。我时不时会在空荡荡的小屋里发现一具猫尸。走过那只跟着人乞食的猫的小屋，我们发现山谷更窄，针叶林中的树木更密实了，逐渐没有了林下植被，只剩下柔软芳香的针叶落叶层。这儿没有我们要找的东西。我们离开小道，绕到河谷另一边，朝着克马河的方向往回走。猫跟了上来。谢尔盖咒骂着遗弃了猫的猎人，扔棍子把猫朝着小屋往回赶。猫看懂了我们的意思，强烈的哀叫愈发沮丧痛苦。它继续跟了大概一公里，离得很远——我们眼睛看不见它，但可以听到叫声。最后，我们靠近了河流，水声淹没了它恳求的哀嚎。我们没有回头，蹚过河去。

我和谢尔盖很快就到了这次北上让人印象最深刻的翻山

公路——阿姆古山口。一连串弯道又窄又急，须十分小心。如果司机稍微瞟瞟周围的山景，就可能一头扎进稀软的路肩，或是迎头撞上对面被弯道挡住的伐木卡车。我们顺着翻山公路下到山脚，通到了阿姆古河的中游，又沿河穿过一片茂密的多树种混交林。我打量着这条河，棕色的河水愤怒地奔腾，让人惴惴不安。我们就怕碰上这种情况，所以推迟了来阿姆古的行程。我们本来打算下周开"海拉克斯"皮卡从靠近河口的位置过河去找渔鸮。我问谢尔盖他觉得能否安全过河。

"没问题，"谢尔盖回答，毫不犹豫地打消我的担忧，"我在阿姆古认识个人，有拖拉机。要是水位太高，就把皮卡挂在拖拉机上拖过去。肯定能成。"

那天晚上我们是要开到阿姆古镇的，但在还有十六公里距离的地方先停下了。已是黄昏时分，我们到了阿姆古河和一条支流——沙弥河的交汇处。多年来，谢尔盖在这个地方一直都能听到一对渔鸮的叫声。他花了无数个日夜去找那棵巢树，但除了汗水和沮丧，全是徒劳无功。他很想了了这桩心愿，想听听渔鸮今晚会不会叫。谢尔盖在一条泥泞不平的通往沙弥河上游的路上把我放下。那儿以前有个村庄，废弃了几十年，但路还在。谢尔盖开车往上游去了。他要看情况尽可能开远一点，停下来听一听，再掉头回来。我顺着路往上游走，支起耳朵听，直到二人会合。

我在暮光中安静地缓缓走着，享受着舒适的夜晚，听着红尾歌鸲急速下降的颤音，东方角鸮活泼的呱呱声，还听见了一串活力十足的褐鹰鸮的呼叫声。但是没有渔鸮。走了大约两公里，我在前面看到了谢尔盖的卡车，停在一片河流浅水滩的对面，这里的水刚没过河床上的鹅卵石。我看见他在那儿抽着烟，一言不发。他也没有听到渔鸮的声音。

谢尔盖指着漆黑的河水让我试试水温。我犹疑地用手指蘸了蘸，水是温的。现在水应该快结冰才对。谢尔盖说，这个地方有天然氡气的气泡从地下渗入水流，把水加热了。氡气是放射性元素衰变时自然形成的，在世界各地都是臭名昭著、潜伏在地下室里的无味致癌物。产生的氡气通过地面裂缝泄漏到大气中，而在这里，氡气直接泄漏到水中，所以这处河段在冬季没有结冰。也是由于这个原因，渔鸮冬天能在这儿生存，因为有开阔的水域可以捕食。谢尔盖说，滨海边疆区这一带的许多河流都被氡气加温了，所以很有希望找到渔鸮。

我们爬上"海拉克斯"皮卡，回到主干道继续前往阿姆古。谢尔盖在这儿有个朋友，叫沃瓦·沃尔科夫，在这边的调查期间，我们会借住他家的一个房间，由于沙弥河离村镇很近，我们就和沃瓦待在一起，每天往返。很快，我们看到了镇口一片房屋外的矮篱笆，然后下山到了阿姆古的镇中心。这里没有路灯，镇子里一片漆黑。谢尔盖把车停在一栋房子前，是镇上少数几户还亮着灯的房子之一。

已经很晚了，但沃瓦·沃尔科夫还在家外面的大门后面，借着泛光灯修一辆卡车，看着像是运送超市物资的。谢尔盖和我穿过铁栅栏进了院子，那个矮胖的身影冲着谢尔盖笑了，匆匆走来，伸出右手，手腕下垂——这是俄式手势，意思是他的手太脏，没法好好握手。谢尔盖和我轮流抓起沃瓦的小臂，用力摇了摇。沃瓦的姓氏"沃尔科夫"在俄语中的意思是"狼的"，他四十几岁，性格开朗，满嘴脏话，好像有人强迫他说脏话一样。他领我们进屋，在门边墙上的供水器下洗手，这时谢尔盖跟沃瓦的妻子阿尔拉打了招呼，然后介绍了我。她可能比沃瓦大十岁，和他一样身材圆润，而且我很快就知道，也一样能骂脏话。阿尔拉和沃瓦把我们带到厨房桌子边上，开始用菜肴武装餐桌。对于这般阵仗我丝毫没有心理准备。一盘盘的鹿肉片、海藻沙拉和新鲜面包被推到一旁，腾出地方，又上来一堆煮熟的土豆，装着六个新鲜煎蛋的煎锅，还有盛满鲑鱼汤的碗。沃尔科夫两口子在吃上绝不打马虎眼，一旦下厨即成摧枯拉朽之势。要是你抗议说吃饱了，他们会装听不见，要么就直接嘲讽，继续端上新菜反击。俄罗斯人在餐桌上热情好客是出了名的，但就我的经验，没人比沃尔科夫夫妇俩更甚。

　　沃瓦拿出一瓶伏特加。好友之间没了那些不见底不罢休的规矩，所以我们小酌了几杯，互相又多了些了解。沃瓦以前是职业猎人，参加过同一个资助阿格祖的猎人和捕手的苏联项目。沃瓦仍维护着谢尔巴托夫卡河上游的狩猎区，他和父亲在那儿打了几十年的猎，我们之后也会去那边找渔鸮。不过他已经身不由己，不能老待在林子里了。他的大部分精力都花在生意上，夫妻两人有家商店，是镇上三四家店中的一家。阿尔拉负责业务，沃瓦负责日常维护：建筑施工，停电时开发电机（阿格祖经常停电），这些都是他的工作。不过，最要紧、最费时间的是保持商店的供货，每六个星期就得开卡车往南去乌苏里斯克，来回要四天，全程将近一千两百公里，大部分路况都很糟。

　　沃瓦问我们在这一带有什么计划。谢尔盖说，我们一开始先在西边的阿姆古河和谢尔巴托夫卡河流域做一周的渔鸮调查，然后再转向北去赛永河和马克西莫夫卡河流域。我们必须得从阿姆古河的河口附近过河才能到达谢尔巴托夫卡河，所以谢尔盖问了水情。我这才意识到，如果河水太汹涌，皮卡开不过去，谢尔盖之前吹嘘过的那位有拖拉机的朋友就是沃瓦。

　　沃瓦皱了皱眉头："这河可吓人了。前几天有人想开拖拉机过去，被水给冲翻了。"

我们决定按计划先在镇外调查，然后向北去赛永河和马克西莫夫卡河区域，最后再冒险过阿姆古河。我们花了将近一周时间在沙弥河流域调查，发现了很多渔鸮的踪迹，有和我小臂一样长的脱落的初级飞羽，还有一个很棒的夜宿点，下面掉了几十个食丸，里面有鱼和青蛙的骨头。尽管如此，且每晚都听到这对渔鸮叫得起劲儿，我们却还是确定不了它们领域的中心，也就是巢树。第一天晚上，叫声是从阿姆古河的另一边传来的，在与沙弥河交汇处的对面。于是第二天晚上，我们穿上齐胸的涉水裤，好不容易紧张兮兮地在夜里蹚过了河，结果却听到它们的声音是从沙弥河上游传来的。第三天晚上，声音从这两个位置之间的山坡上传来，我们俩无奈地摊了摊手。很明显它们今年没有繁殖，也不愿意把我们引到巢址去。有天晚上，当我们沮丧地返回镇上，忽然有了新进展，我们听到另一对渔鸮在阿姆古河对面的库迪亚河谷鸣叫。虽然没时间再去调查了，但这样一来，第二年能捕捉的渔鸮数量增加到了八对。5月中旬，我们把红色的"海拉克斯"皮卡装得满满当当，顺路在面包店买了几个新鲜面包。我和谢尔盖一边往北向赛永河和马克西莫夫卡河开进，一边大口撕咬着面包温暖酥脆的外壳。

无聊的路途

赛永河在阿姆古以北约二十公里的地方。我们开着"海拉克斯"皮卡上路了，往那边去只有这一条路，途经方圆数百公里唯一的加油站，还有伐木公司的总部。那里是一片平房，坐落在海啸疏散区以上的山坡上，乳白塑胶外墙，深紫红色屋顶。在这边陲小镇，这些整齐划一的房子显得格格不入，仿佛荆棘丛中一朵扎眼的人造玫瑰。从那里开始，道路绕过阿姆古湾北段宽阔的沙质海岸。平坦宽阔的沙滩上散落着灰色的漂流木和饱经风吹日晒的海洋垃圾，偶尔还有些灌木，在海风的强势吹拂之下，躯干弯向内陆。穿过一道在云杉和冷杉之间的隘口之后，道路分岔了。养护比较好的大道通向西北方，去往特许伐木区、旧礼仪派村庄乌斯特-索布勒夫卡和伐木小镇斯韦特拉亚；另一条路向东北方延续十八公里，通到马克西莫夫卡，是个位于马克西莫夫卡河口边的村子，住着一百五十名居民。冬天，当地人经常开车在河冰上或是穿过冰冻的沼泽来往于此，这样快得多，但一年中的大部分时候，司机都只能无聊地在路上行驶。我们放慢了车速，转向去马克西莫夫卡村的公路，没多久就停在了一处氡气温泉的前面。

沙弥的温泉只不过是一股掺了氡气的暖水注入冰冷的河流，而眼前这处温泉是从源头开挖的，里面铺了木料，建成了一个下沉式齐腰深的泉池。有这么一种说法，特别是从苏联时代过来的人，相信溶在水里的放射性氡气包治百病，不管是高血压、糖尿病，还是不孕不育。此处，一个巨大的俄罗斯东正教的木头十字架矗立在一池温水边上，几步之外还建有一个小木屋。

开车靠近时，我们看到附近停着一辆破旧的白色轿车，没有车牌。在这么遥远的北方，很少会有合法登记的车辆，因为没有警察执法，最近的警察局也在捷尔涅伊，所以没人会费心于此。听到了我们发动机的声音，一个瘦骨嶙峋、一丝不挂的身影昏昏沉沉地从浸着氡气的水里爬了出来。谢尔盖停好"海拉克斯"皮卡，我们走上去和这个男人打招呼。他摇晃着，大概能看出来是喝醉了。

"你俩他妈是干啥的？"他问道，浑身滴水，口齿不清。当地人有时候对自己的资源看得很紧，而且这边的人几乎都互相认识。我们是陌生人，而且竟然还是些高高在上、车有牌照的家伙。

"鸟类学家，"谢尔盖答道，打量着这个从氢气里冒出来的湿漉漉的人，"你知道渔鸮吗？你见过或者听说过没有？"

那人疑惑地看着我们；听到我们的回答和反问，他似乎晃得更厉害了。然后他的眼睛飞快地转向"海拉克斯"皮卡，目光落在了谢尔盖车牌上的"AC"字样——这是达利涅戈尔斯克的牌照。合法车辆都用两个字母标出车辆登记的县。

"老乡！"他喊着，意识到谢尔盖是同乡。大概是心照不宣的规矩吧，要和不认识的人拥抱，最少也要穿上内裤，因此他匆忙套上平角短裤，搂住谢尔盖的脖子，额头对额头咧嘴笑着。这人滔滔不绝地讲起在达利涅戈尔斯克的童年生活，后来的种种失意和机遇，最后沦落到马克西莫夫卡，当了伐木工人。他们又聊了聊共同认识的熟人。一会儿过后，好像是才回过神来，他迷蒙的目光落在了我身上。

"这个一声不吭的人是干啥的？"这位近乎赤身裸体、仍然湿答答的先生问谢尔盖，打量着我身上的迷彩服、交叉抱胸的双臂，还有蓄着的胡子。我的腰带上还挂着一把大刀。"他是你保镖？"

那时我已经懂了，见到陌生人，尤其是喝醉的陌生人时，闭口不言才是上策，因为他们遇见外国人，最常见的反应就是要一起喝伏特加，没完没了地聊文化差异。我已经喝够了，再也不想自找苦吃。谢尔盖也觉察到了这个问题，所以只轻描淡写地说我不是他的保镖，之后又把话题转回家长里短——哪个人搬到哪去了，哪个人又是怎么死的。最后，这个男人终于穿上了裤子和衬衫，恳求谢尔盖代他向达利涅戈尔斯克的诸位乡亲问好，然后爬进自己的车，开走了。

我们步行走到了赛永河。谢尔盖在这儿有个据点，他经常在宽阔的鹅卵石河滩上露营，靠着河道的一处急转弯，有一片深水区，常年适合钓鱼。这儿离一棵渔鸮的巢树大约只有一里地，是他发现的第一棵巢树，大概在20世纪90年代末的时候。要听渔鸮的声音，现在时辰尚早，所以我们步行去找那棵树。赛永河下游的河谷和我当时见过的大多渔鸮栖息地都不一样。景致大多开阔而潮湿，与其说是森林，不如说更像是沼泽，落叶松和长草的小丘占据了河谷的中心，阔叶树都紧邻着狭窄的河流。稀疏的植被几乎无法为栖息的渔鸮提供掩蔽——它们在这儿肯定常被乌鸦骚扰。我听谢尔盖说，赛永河在"二战"期间曾经建有政治犯的改造营。在莎草丛里偶尔还能发现人骨。

我们很快就走到了巢树，离河边只有几米。巢洞本身是空的，没有最近使用过的迹象。这是一个裸露的巢洞，出奇地低，离地面只有四米，框架都腐烂了，更像是个平台而不是树洞。住在这里的这对渔鸮很可能已经搬去更好的巢了。

回到"海拉克斯"皮卡时，谢尔盖说他觉得我已经可以自己出去找巢了。我们已经密切合作了近两个月，而且也一直在一起。他觉得不借助他的能力完全独立考察森林，会对我很有好处。我接受了挑战。我们的营地在两个小河谷的交汇处，赛永河和塞瑟勒夫卡河，我决定今天去赛永河走走看。我收拾了一个包，装了能撑一天的零食，在保温瓶里装满用来泡茶的热水。谢尔盖说他今天自愿估算渔鸮的猎物密度，实际就是钓鱼的委婉说法，一听就知道了，说得还挺一本正经。他祝我好运，然后打开"海拉克斯"皮卡的后厢，开始翻找渔竿和渔具箱。

他饵还没挂到钩上，我就回来了。

"找到了。"

"这么快？！"谢尔盖很震惊，但也很自豪，像个老父亲。

我沿着山谷向西北方向走去，离营地不到六十米，就看到了一棵巨大的辽杨砍倒后留下的树桩。这棵树很可能是为了在附近建桥而被砍掉的，虽然不能确定树上以前有没有树洞，但它肯定够大也够老，足以容纳渔鸮的巢。站在树桩上，我看到了另一棵大杨树，举起双筒望远镜就看到渔鸮的绒羽挂在朝天洞的洞口边。靠近树在周围粗略地看看，发现附近也有渔鸮的食丸，无须再去找别的证据了。我记录了GPS点，出发不到二十分钟就回到了营地。

我们在赛永河一带住了两晚，但没有听到渔鸮的声音。新发现的巢树上和附近的新鲜羽毛表明这一对可能尝试过繁殖，但没发现幼鸟的迹象。5月21日，我们拔营，继续前往最北端的目的地——马克西莫夫卡河。我们没打算在那里逗留太久，只想简单地查看一下马克西莫夫卡河的一条名叫罗瑟夫卡河的支流——谢尔盖2001年在那里发现过一棵巢树——然后就会向南返回。但渔鸮彻底改变了我们的计划。

从赛永河的营地出发，路顺着河谷上方的梯田，沿河一直通到上游。从那里开始，满是松树的两岸峭壁越发贴紧，直到进入马克西莫夫卡流域后才松快些，远处的河谷放宽了。一座长长的单车道木桥映入眼帘，将一处崖壁延连到另一处，高悬于河流上。马克西莫夫卡河本身只有一百多公里长，源头在一处陡峭的岩石峡谷，遍布针叶树和沼泽，随处都有驼鹿、野猪和麝。大部分的河段河谷都很窄，在这座桥附近突然放宽，形似一朵喇叭花，一条河分成了好几条水道，又向东流十六公里汇入日本海。

我们过了桥之后岔开上了一条伐木道，就在马克西莫夫卡河北岸的上方。穿过一条又一条的滑道，狭窄的小路刚够采伐设备通过，像从鸟儿羽轴上辐射出的羽枝一样刺入森林。这一幕让谢尔盖大吃一惊。2001年他来这里时，这条主路就已经有了，但是现在所有的砍伐痕迹都是新的。

　　将近二十公里后，我们接近了罗瑟夫卡河，开始物色营址。我们找到了一条小路，一开始很好走，但五十米之后就戛然而止，被马克西莫夫卡河给吞没了。路在河对岸又完好无损地出现，但已经和我们没什么关系了。中间三十米的湍急深水中，还留着一座桥参差不齐的残骸，怎么看都像是最近才垮掉的。断路给取水提供了便利，谢尔盖认为距离要找的巢树也很近，所以我们打算就在这儿扎营。

　　搭好帐篷，快速垫了垫肚子之后，我们就去查看罗瑟夫卡河这对渔鸮的巢树。谢尔盖已经五年没有来过这儿了，他急着看巢里是不是还有鸟。我们向东走，穿过被水漫过的阔叶林，林下的草丛顺着河流的方向倒伏，低矮的树枝上挂着无精打采的杂物，像褪了色的圣诞彩带。穿过去之后是一片开阔的草地，大约有六个橄榄球场那么长，两个球场宽。

　　在开阔地中间矗立着一座灰色的房子和一个破旧的棚子，坐落在春天鲜绿的草丛之中，四周环绕的森林边缘都是桦树和杨树，仅存的围栏大概包住了建筑地块的一半。不远处的一片樱花林盛开着粉红的花朵。主建筑很大，是用交错的原木修成的，人字屋顶，整栋房子上满是坑坑洼洼的补丁和维修的痕迹。房子看起来已经很老了，谢尔盖说。确实是这样。

这是乌伦加村最后的遗迹，是一处旧礼仪派信徒的聚居地，在20世纪30年代被苏联政府遣散了。曾几何时，光阿姆古以北就至少有三十五个旧礼仪派聚居点，是如今同一地区村庄数量的五倍。旧礼仪派信徒来到滨海边疆区是为了逃避沙皇的压迫，之后也不肯向约瑟夫·斯大林和他的集体化计划屈膝膜拜。由此发生的动乱中，一些旧礼仪派信徒被处决，还有数百人被捕入狱或被驱逐出境。

到了20世纪50年代，大多数旧礼仪派聚居点都只剩下这样的林中空地。渐渐地，田地里荒草丛生；浸染的鲜血，焚毁房屋后残余的焦炭，都成了土壤的肥料。这仅存的房子是往昔暴行的见证。谢尔盖说，这儿以前是旧礼仪派信徒的学校，不清楚是靠什么原因躲过了一劫。2006年，它成了住在马克西莫夫卡的独眼猎人——津科夫斯基的狩猎小屋。

我们绕着草地的边缘走，到了罗瑟夫卡河汇入马克西莫夫卡河的地方。这是谢尔盖寻找巢树的第一个参考点。穿过森林时，我们总能碰上伐木滑道。谢尔盖被纵横交错的伐木小道搞糊涂了，迷失了方向。由于没有巢树的GPS坐标，搜索更加困难。上次谢尔盖来这里时，此类技术手段在俄罗斯还不普及。他以为凭直觉就能找到那棵树。湿度不断上升，我们花了快两个小时在密林中搜索，在齐腰高的蕨类植物中汗流浃背，跟跟跄跄，头顶是高大、厚实、阴暗的林冠。一次，我们惊飞了一只雀鹰，一种瘦长的猛禽，它在树梢间惊惶失措，一直飞到罗瑟夫卡河上方毫无阻碍的通道之后，变成一条灰色的水平线消失远去。谢尔盖似乎一直引着我俩回到同一片林子，但是那儿连渔鸮巢树的影子都没有。然后，我们就看到了树桩。

"*Yob tvoyu mat*，"谢尔盖骂道，话太脏，我实在不好翻译，"他们把树给砍了。"

我们俯视着巨大的树桩，盯着整齐的切口上长出的蕨类植物，像目瞪口呆看着肇事逃逸现场的群众。这里的伐木公司经常会采伐腐坏的、没有商业价值的大树来建桥，像是杨树和榆树。用几棵大树在溪流上铺桥要比用几十棵小树来得容易，老树干空心的部分可以作为天然桥洞，让水流通过。我们来的路上开过了十几座桥，这棵巢树大概成了其中一座桥的一部分，甚至也有可能就是营地附近被冲走的那座。滨海边疆区的河流每年都会泛滥，桥也经常被无情的水流冲毁，因此对大树的需求也从不间断。大多数道路和渔鸮能做巢的树都靠近河流，要是伐木工人想迅速搭建桥梁，这些森林中的巨人当然是最明显的目标。这种做法正有序地从森林中砍掉渔鸮的巢树或者可供做巢的树，毁掉了环境中本来就很少见的特征，让渔鸮更难找到能繁殖的地方。一棵树需要数百年的时间才能长够体量，容得下渔鸮。如果所有的大树都消失了，渔鸮该何去何从？

没有能调查的巢洞，我们失望地返回了营地。本打算在这里只住一晚，但显然，如果想再打探罗瑟夫卡河这对渔鸮的踪迹，就还得从头来过。

第二天晚些时候，我在帐篷里戴着耳机，用硕士项目期间录的鸣禽叫声来自测对当地鸟鸣的熟悉程度。突然，帐篷的圆顶被阴影笼罩。我关掉录音机，这才意识到谢尔盖一直在我头顶大喊大叫。我拉开帐篷的拉链往外看。

"乔恩，我觉得咱俩完蛋了！你没听到吗？"他看上去十分绝望，脸跑得通红，齐胸的涉水裤还滴着马克西莫夫卡的河水。他一上午都在河上仔细评估渔鸮猎物的密度。我听了听，大概能听出重型机械有节奏的轰鸣声——之前这声音被我耳朵里的鸟鸣给盖住了。

"我们得走。立刻走。"我在一边看着，他一反常态，粗暴地拆掉了自己的帐篷，帐杆也不收，睡袋和地垫都还在里面，就一整个儿塞进了皮卡的后厢。我还在盯着看。

"动手啊，看在老天的份儿上！"他吼道，"你是想在这儿困一个月吗？要挖出去就得这么久。我们被封住了！"

他究竟在说什么，我完全摸不着头脑，但谢尔盖一反常态的焦虑让我也行动了起来。不到五分钟，我们就匆匆拔了营，上路疾驰而去。

在离通往罗瑟夫卡河的岔路口还有一里地的地方，路变得笔直，我这才明白谢尔盖为什么惊慌失措了。前方可以看到一台推土机正肆意在路中间堆积巨量的泥土，挡住了我们的去路。谢尔盖压着喇叭，闪着车灯。后来他告诉我，他一直在河上开心地钓鱼，偶尔被柴油发动机的咔嗒声打断。他知道这附近有伐木场，因此没多留意这声音。但之后他注意到噪音似乎是从岔路口的方向传来的，然后立刻想起伐木公司有个值得称道的特别做法：封上不用的伐木道路好阻止盗猎者开进来，这些人会在晚上开车出来打鹿、野猪，甚至老虎。大概意识到是怎么回事时，他便狂奔回营地。

开推土机的司机停了下来，叼着香烟，惊诧地看着我们。然后三个男人从一辆停着的白色丰田"陆地巡洋舰"里下车，也是差不多的表情。

"你们在里面搞什么鬼？"最年长的男人质问道。他身材矮小，六十多岁，一头白发。然后他看到了谢尔盖，松了口气。"啊，鸟类学家！有阵子没见了。你的猫头鹰咋样了？"

这位是当地伐木公司的总经理亚历山大·舒利金。谢尔盖上次来马克西莫夫卡的时候见过他，那是在2001年。舒利金设路障是因为他和儿子尼古拉本身就是猎人，他们在附近有地，想要维持鹿和野猪的数量。推土机刚开始填路，因此还有一些空道，我们开车越过低矮的土堆到了对面，然后看着推土机开始作业。机器在土路上挖出两个垂直方向的沟，每条沟宽三米，深一米，挖出来的松散泥土和岩石堆在两条沟之间。

"我们的卡车里连铲子都没有，"谢尔盖说，一边看着推土机作业，一边斜倚着抽烟，"得要一个星期才挖得出来。"后面的几年里，我注意到谢尔盖一直在车里放着一两把铲子。机器作业完成之后，堆出了一座大概七米高陡峭的土山，这障碍，什么车都开不过去。要是我们晚一个小时到，就会彻底束手无策，推土机走了，我们也会被困住。

尽管有惊无险，但这次经历令我印象深刻——封路显然能有效地震慑偷猎者。想来这里盗猎的人到了这处堤坝都会停下，然后转头开到更容易去的地方。这样，封路点再往前的地域基本上就成了事实上的野生动物保护区。理论上，所有伐木公司在一个地区完成采伐后都有封闭道路的法律义务，但俄罗斯联邦森林法规自相矛盾，所以很少有人会执行。

我和谢尔盖突然无家可归，但罗瑟夫卡河的考察还未完成，我们驱车沿着罗瑟夫卡的伐木道路行驶，在河岸上找了一处平坦、开阔的宿营地。我去河边打水煮茶，谢尔盖开始准备午餐。谢尔盖先从卡车上卸下他的冷藏箱——一个四十五升容积的浅蓝色箱子，包着铝制的边条，他似乎相信这箱子有魔力。春季早些时节，它的效用是很棒的，但现在暖和了，温度好似夏天，湿度也随之上升，冷藏箱已经没法防止储存的易腐食品发霉。但谢尔盖坚信，只要有这个魔法盒，就算没有冰箱，也能长时间存储肉类和奶酪。

原来，我们的帐篷搭得离伐木营地很近，看门人封完路返程时过来探望我们，我早先遇到舒利金的时候见过他，认了出来。他身材魁梧，名叫帕沙，棕色头发，棕色眼睛，戴着一顶类似于安全帽的帽子。他走路很小心，膝盖已经撑了快六十年，越来越不堪重负。我们请他坐下来吃东西、喝茶。帕沙是一个极为四平八稳的人，大概有点过了头，让人联想起刚被唤醒、还昏昏欲睡的熊。他和我们说了多年前最后一次去捷尔涅伊的事。他搭直升机南下去看身上的老毛病，结果醉酒的值班医生十分肯定地叫他切掉阑尾。

"他暂时离开时，护士们嘘声说我简直是疯了，趁着他还没要了我的命叫我赶紧走，但我都已经到那儿了，你知道吧？所以他就把手术做了，我这块儿就是这么来的。"他撩起法兰绒衬衫，让我看阑尾手术留下的巨大伤疤。"这回又省了一道心。"

聊天的时候，谢尔盖一直在查看我们的食物。他从冷藏箱里取出一根长长的香肠，用两根手指拎起来，皱起鼻子仔细端详。帕沙一脸怀疑地看着。谢尔盖认定香肠还能吃，用温水洗了洗，擦掉了些霉菌。这时帕沙说话了。

"我感觉这香肠不能吃了，"这个任由喝醉的医生平白无故切掉阑尾的人抗议道，"应该是坏了。"

谢尔盖毫不在意。"没事，"他说，"我们有冷藏箱。"手指着他的蓝色奇迹，盖子大敞着晾在一边，银色的边条在炎热的午后阳光下闪闪发光。

那天晚上和第二天上午，我们都在罗瑟夫卡河谷荆棘密布的林下植被里穿行。我时不时瞟一眼谢尔盖，想看看他吃了我不愿意吃的香肠会不会有什么问题，但他什么事也没有。头一天晚上，我听到一只渔鸮在下游靠近马克西莫夫卡河的地方叫，转天早上谢尔盖在河口附近又惊飞了一只夜宿的渔鸮。所以第二天，我们从罗瑟夫卡河上游拔了营，搬去离马克西莫夫卡河更近的地方，集中考察那一带。

我们选了一片空地，在马克西莫夫卡河边安营扎寨，距离之前在冲毁的桥旁的营地往下游约两公里。以往篝火的痕迹显示这个地方常有人来，大概是马克西莫夫卡村的渔民。

我们正在帐篷旁吃夜宵，打算吃完去找渔鸮的叫声，意外地，河对岸突然响起了渔鸮的二重唱。这真是大好消息。通常情况下，如果领域内一对渔鸮中的一只死亡，存活的配

156

偶会留在那个地方，以鸣唱来吸引新的配偶，由于我们最近只看到一只渔鸮，因此一直担心另一只已经死亡。原来没有——两只都活着，且过得挺不错。这段河流太深太急，无法徒步过河，所以我们没法靠近。我们坐着，心满意足地听着。突然，谢尔盖举起一根手指，歪了歪头，右耳朝向下游。

"你听到没？"他低声说。

我回答说，只能听见河水的声音和对岸鸣唱的渔鸮。

"不是那个。更柔和些，在下游。另一对二重唱！"

谢尔盖一跃而起，瞬间就上了"海拉克斯"皮卡。河道拦住了我们，没法接近马克西莫夫卡河对面的渔鸮，但下游的渔鸮还是有可能找到的。

我们朝着伐木的干道颠簸前进，车后泥水飞溅。上了主干道后，溅起的变成了灰尘和石子。谢尔盖开了四百米就熄掉了引擎。我仍然有点怀疑他到底听没听到声音，但他肯定地说，等离河远一点，靠得更近的时候，我就能听见了。

他说对了。罗瑟夫卡河的那一对在上游唱完后，更远的另一对也用自己的二重唱来回应。一次两对！这些渔鸮都在它们领域的边缘，像敌对国的边防军一样朝对方示威，看对方胆敢犯境。谢尔盖启动引擎，我们靠近了些，开了一里地之后又停下，在这里，道路绕着一座小山转过弯去。我们等待着，但除了更为微弱的上游二重唱之外，什么也听不到。

我们又等了一会儿，还是一无所获。不耐烦的谢尔盖使出了杀手锏——模仿渔鸮雏鸟的尖叫声。林木突然躁动起来。这对渔鸮栖息在我们头顶茂密的林冠中。它们气得发疯，在树之间飞来蹦去，就像我们考察前期在特昆扎河领域激怒的那对渔鸮一样。它们因为之前和罗瑟夫卡的那对渔鸮斗歌，已是焦躁不安，现在又有一只乱闯的渔鸮悄悄潜入自己的大本营，这种侵略叫它们忍无可忍。

我们待在那儿，看这些长着羽毛的巫偶在头顶扑腾，直到天黑才返回营地，为这天意外的转机感到十分高兴。

第二天早上，我们开车回到前一天晚上惊扰了渔鸮的地方，花了几个小时在河谷低处寻找巢洞，但一无所获。下午，我们给谢尔盖的橡皮艇充了气，逆流渡过了马克西莫夫卡河，从乌伦加村的遗址对面上了岸，正是头一天晚上渔鸮鸣唱的地方。看地图我们得知，它们鸣唱时所在的岛屿是长方形的，从西向东延伸，北侧和东侧是马克西莫夫卡河的主河道，西侧和南侧是一条较小的支流。岛长约一公里半，宽约一公里。我们测试好双向无线电对讲机，开始分头行动。谢尔盖要去北半边找，黄昏时到西坡停下，等着渔鸮鸣唱。

岛的东半边就是我的搜索任务了。我径直穿过河漫滩，原始的景色美得令人屏息。杨树、榆树和松树的树干挺立着，形成高高的林冠，树的底部掩映在翠绿的林下植被中，其间散布着涌动的溪流和水洼，成群的马苏大麻哈鱼、远东红点鲑和细鳞鲑游弋水中。到处都是有蹄类动物的痕迹，主要是野猪。我陆续经过了粪便、足印，还有松脂上粘着分叉长毛的松树主干；看见了狍子、一只紫貂，还有一只长尾林鸮的遗骸，大概是被鹰雕猎杀了。我在这只猫头鹰的遗骸中发现了一根雕毛，就像一张恐怖名片。鹰雕是一种巨大的猛禽，20世纪80年代的时候从日本悄然而至，扩散开来，占据了滨海边疆区。我沿着一条小溪来到南侧的山谷边缘，不出所料，看到河道紧贴着一处陡坡。天已近黄昏，所以我在小溪的入河口附近找了个安静的地方，在一块舒适的圆木上坐下来等待。这是个森林中美好的春夜。我坐在那里呼吸着凉爽芳香的空气，听着头顶上一只普通夜鹰的叫声，那声音像是有人在轻快地切着黄瓜。我感觉到有什么东西沿着河道向这边走来，脚步轻柔，踩动的石块发出了嘎吱声。我知道这不是谢尔盖；他应该和我一样，已经在西边的山坡上安顿下来听着声音。我无须琢磨太久——片刻之后，一头雄性野猪巨大的黑色身躯出现在视野中，弯曲的白牙与黑色的毛皮形成鲜明对比。我屏住呼吸，看着。它顺水慢行，最近的时候离我不过二十米，逐渐消失在了下游。我松了口气。野猪一般不具有攻击性，但如果被激怒，就可能变得很危险。其实，像刚刚走过的那种雄性大野猪，是以能用獠牙杀死老虎而闻名的。被枪打中时，它们有可能会冲过来而不是逃跑，有时在猎人重新装弹之前就能把人杀死。约翰·古德里奇跟我说过一个令人毛骨悚然的例子，一头野猪把开枪射击的猎人杀死，然后吃掉了他的双腿。

我刚再度陷入令人昏昏欲睡的等待时，对讲机响了，我一哆嗦。传过谢尔盖的大叫声。

"注意，它们要过去了！"

"请重复。"我困惑地要求道。

"找个地方躲起来，哥们儿！风暴正向你逼近！"他吼道。从他的声音可以听出来，他在笑。

很快我就听到了一波噪音在森林中移动，尖叫声从沙沙作响的植被和折断的树枝中传来。我站起来，转到一棵树后躲起来 —— 一群野猪从小溪对面的植物丛中冒了出来，山呼海啸地跑了过去，其中一半是小猪崽。谢尔盖后来告诉我，离他坐的地方大约十米处，有一打野猪发出响动，他忍不住学熊的声音对着它们怒吼。野猪们惊慌失措，逃跑的方向正好是谢尔盖推测我坐下的地方。

野猪过去后，我又安顿下来。半个小时过去了，万籁俱寂，夜幕降临，电波声又响了，谢尔盖悄声说道：

"乔恩。我有发现了。你过来这边要多久？"我打开头灯，在灌木丛中开路穿行了三百米，沿着一条支流走，它能

160

通向谢尔盖所在的位置。靠近的时候，我凭着山坡上手电筒的光，看到了他的位置，但当走近能看清他的脸时，发现他神色迷茫。

"我听到了渔鸮的尖叫声，"他说，"所以确定附近有巢树，接着就呼叫了你。我潜伏过去，看到了一只成年渔鸮的剪影。"他指点着。"它从河对岸飞过来，但我一动，它又飞回去了。可这儿啥也没有啊。没有够大的巢树。我还以为它们只有在巢里才会发出那种尖叫声。"

我们摸黑蹚过河，回到了营地。

第二天我们又回到岛上，搜索了几个小时寻觅巢树，但一无所获。这个地方肯定有渔鸮来，但也许是捕猎，而不是做巢。我们需要重新调查这种特定的叫声究竟有什么作用，之前的看法已被推翻，这种尖叫声并不是只有在巢址才会听到。后来通过累积经验我们了解到，渔鸮在乞食时就会尖叫，无论是在巢内还是别的地方。回想起来，我猜谢尔盖看到和听到的是只第二年的亚成鸟，它体形已经很大，看身影会误认为成鸟，但其实还不能完全独立捕猎。它一直在呼叫双亲。

那天晚上下起了雨，我们的时间也不够了——几周后我要赶航班回美国，谢尔盖家里也有一些事情要处理。很明显，罗瑟夫卡河的那一对渔鸮今年没有做巢，如果没有活跃的繁殖巢能让它们在同一个地方逗留，我们几乎不可能找到。我们已经确认它们还在那里，还活着，目前这样就够了。我们把罗瑟夫卡河的这对和下游尚未知晓的那一对加到了明年能捕捉的个体名单里，决定是时候回阿姆古了。我们在北方还有一站要停留，那就是谢尔巴托夫卡河，之后就会返回捷尔涅伊，分散至别处，那里会有警察，也会有路标。野外季就要结束了。

洪水

　　我们顺利地回到了阿姆古，皮卡套上了一条棕色的泥裙，头晚的雨水把坑洼不平的土路都泡透了，藏着的泥坑将污垢都甩到了车上。我们查看了阿姆古河的水位，离开一周半的时间里，水位已经降到了可以接受的深度，谢尔盖说，现在开"海拉克斯"皮卡过河没问题了。我们在河岸停下，看着浅水从河底光滑的石头上安稳地淌过，计划了过河的路线。我们决定去对岸待几天，考察谢尔巴托夫卡河这一对渔鸮的领域。这对渔鸮生活的区域刚好离沃瓦·沃尔科夫的一间狩猎小屋不远。我们知道沃尔科夫一直都想和我们一起考察，于是绕到镇子另一边去他家找他，准备一起过河。

　　谢尔盖和我从黑暗的门厅进屋，走进厨房，里面奇异的场景让我差点忘乎所以。厨房的桌面几乎被一大堆碎鱼肉占满，那堆鱼肉的体积和身形丰满的阿尔拉相差无几，她正把浅色的鱼肉搓圆，包成一个个紧实的团子。这是俄式鱼饺，类似于中国和意大利的饺子，她要煮着吃。我被这数量震慑到了，问她在哪儿搞来的鱼。

"今天早上，沃瓦在河口附近的海上抓的哲罗鲑。"她淡然说道，声音无精打采，围裙和手臂沾满了面粉。

真厉害。"他抓了几条鱼？"我问。

阿尔拉疲倦地打量着我。"哲罗鲑 ——"她重复了一遍，强调了俄语的单词结尾，好让我明白她用的是单数形式，"就一条鱼。"

我重新估了估面前那堆肉碎，根本没法相信这是从同一个东西身上来的，更不用说是一条鱼了。阿尔拉感觉出我的将信将疑，弯腰从地板上的塑料袋中拿出一个鱼头 —— 这是我见过的最大的鱼头。她高高举起，又说了一遍："就一条。"

远东哲罗鱼是世界上最大的鲑鱼之一，身长可达两米，重量可达五十公斤。这种鲑鱼极度濒危，主要就是由于过度捕捞。就在沃瓦把这条鱼拖上船之前的几个月，这种鱼成了保护物种。2010年，邻近的哈巴罗夫斯克边疆区的寇匹河上建了一个保护区，就在萨马尔加河以北，目的之一就是保护哲罗鲑的产卵地。

沃瓦回来了，他急着跟谢尔盖和我一起走，片刻工夫就把随身物品收拾到背包里了。阿尔拉递给他几个玻璃罐子，里面装满了她做好的鱼饺——我们接下来几天的主食。当时我还不知道远东哲罗鱼濒临灭绝，倘若知道便不会吃了——那就跟吃渔鸮或东北虎差不多。我估计沃瓦也不知道这是保护物种，他是位令人尊敬的猎人。指定濒危物种这种新闻，可能需要好一阵子才能从这个幅员辽阔的国家的一侧传到另一侧。

沃瓦的父亲名叫瓦列里，是从当地边防巡逻队退休的一位老先生，他也在厨房里，静静地坐在柴炉旁的矮凳上，陪着阿尔拉干活。穿靴子的当儿，我还惦记着哲罗鲑，随口问老人有没有和沃瓦一起去海上钓鱼。老人哈哈大笑，一巴掌拍在膝盖上，吼道："我可再也不出海了！"我还没来得及问个究竟，谢尔盖和沃瓦就推着我出了门。

到达阿姆古河的渡河点时，沃瓦解释说这里以前有座桥，直到大概一个月前，高涨的洪水把桥冲进了日本海，跟春季大扫除一样。伐木公司已经准备开始在谢尔巴托夫卡河上游砍伐，这条河又浅，分汊又多，在我们过河点下游几十米的地方汇入阿姆古河，所以沃瓦确信，这里以后很快会再搭一座桥。不过建桥之前，我们还是得开车涉水。

到了谢尔巴托夫卡河对岸，一开始路况还不错。谢尔盖说我们已经走完了从捷尔涅伊起始的旧公路，在20世纪

90年代之前，这是去阿姆古唯一的陆路，只有在冬季河口和湿地都结冰时才能通行。现在人们全年都可以从内陆往返阿姆古，就是我们之前走过的路，而沿海的小路已经没什么人走了，路上基本只有伐木工、盗猎者，还有去狩猎小屋的沃瓦。

过了一个岔道口，又过了一座小桥就到了小屋。这是个典型的俄罗斯猎人小屋：八条原木的高度，矮墩墩的，原木在转角处以卯榫结构连接，人字形屋顶，底下是悬空的，便于储物。小屋坐落在一片杂草丛生的空地上，一棵大云杉树下。我们停好车，开始卸行李。谢尔盖最近终于承认他的冷藏箱不管用了，他把我们从镇上买来的新鲜肉制品和奶酪，还有几罐啤酒带去了小溪边，在那儿把它们放进一个铝锅里，浸入浅水中，然后用一块大石固定，防止存货被冲走。沃瓦和我把寝具搬到小屋里，躬身钻过那扇只有我肩膀高的门。

和当地很多森林小屋一样，屋里墙上钉满了钉子，挂着一袋袋大米、盐和其他食物。这样既能把耐储存的食物挂在方便拿取的地方，又能提防小屋里的啮齿动物。天花板很低，满是黑黢黢的煤灰。谢尔盖一进门，沃瓦就把一罐鱼饺放在桌子上，打开罐子，给我们一人发了把叉子，点点头。午餐上桌了。

我们出城后不久就下起了雨，刚开始是毛毛雨，但很快就变成了匀速的雨滴。午饭后，我们三人穿上雨裤和外套，出门查看渔鸮的巢树，要往河谷上游走大概一公里，再朝着河的方向横穿一段。这里的森林主要是针叶林。走了大约半个小时后，我意识到自己的膝盖以下已经湿透了。在丛林中穿梭的两个月以来，凶残而多刺的常见植物——五加，在我腿上扎满了嵌进肉里的带菌小刺，昂贵的防雨服也被戳成了漏水的筛子。我瞥了一眼身边的俄罗斯人——他们已经全身湿透，棉和涤纶混纺的迷彩服被水浸透，变得灰蒙蒙的，贴在身上。不像我，谢尔盖和沃瓦对衣物的防水性不抱任何幻想。其实，俄罗斯伙伴经常嘲笑我带来的最新顶级轻量型装备，头一年在滨海边疆区的森林里毁坏殆尽，来年又换新的。这种衣服去北美国家公园里宽阔、修剪整齐的小路上可能很合适，但在这里就显得不堪一击。

谢尔盖抬起手掌，示意我们离巢树很近了，因为最近的树杈离地面也有十米。有时谢尔盖会穿攀爬钉鞋爬上巢洞，维护树木或电线的工人常靠这种尖钉鞋攀爬大树或电线杆。但眼下却派不上用场。这棵腐朽的杨树的皮又厚又松，根本找不到安全的落脚点。

我们后退了大约五十米，在雨中逗留到天黑，希望能听到附近的二重唱或巢中的尖叫声。但除了四周雨滴敲打树叶的噪声之外，什么也没听到。下这么大的雨，渔鸮都不大可能会叫，即使它们叫了，在这样的背景噪音里我们也肯定听不见。我们回到小屋，吃了鱼饺晚餐，然后就睡下了。沃瓦和谢尔盖挤在两张床中的一张上，我睡了另一张。

　　第二天早上，我们在雨中醒来，吃着冷鱼饺和热速溶咖啡的早餐，制定了当天的计划。我们已经知道巢树在哪里，所以最想了解的是这对渔鸮去哪儿捕猎。沃瓦要开着"海拉克斯"皮卡往河谷上游走，把谢尔盖和我顺路放在离小屋大概六公里的地方。我要过河去考察山谷的另一边，然后再向下游走，一直大概走到沃瓦小屋对面的位置，我在GPS里已经标好了，最后再穿过河谷回到小屋。谢尔盖要沿着主河道走，也是用一样的方法。沃瓦打算开到路的尽头，再徒步到他在上游的另一处小屋，准备在那边做些维修工作。

　　下车后，我沿着陡峭的斜坡下到河边，蹚过浅水到达河谷的另一边。谢尔巴托夫卡河的主河道深度基本未齐腰，没过多久就找到了穿涉水裤能蹚过的地方。涉水裤进不进水都没关系，反正今天肯定要被雨浇透。到了山谷的另一边，我沿着一条沼泽河道的水流走，这条河道杂草丛生，多处被倒下的树木阻塞。我一下振奋起来，这里有流动的水和比较大的鱼，是个适合渔鸮捕猎的地方。

我在河岸逡行，扫视着树木寻找羽毛，在地面寻找食丸。这片森林的构成很有意思，大部分是阔叶树种，间杂着茂密的针叶树丛，经过其中一片时，我注意到了几团毛皮，还有一些骨头，然后又看见了一个头骨。这是一头狍子的遗骸，有些碎片泡在水中，大部分散落在山谷斜坡底部的河岸上。我走近查探，看到了成片的白色鸟粪——量很大。我的第一反应是白尾海雕的粪便，在滨海边疆区，这种猛禽最有可能吃鹿类的腐尸。冬天这里也有虎头海雕，但不太常见。我仰起头，想看看海雕要如何穿过这么厚的林冠，结果看到了一根遍布苔藓、向上伸展的树杈，上面粘满了渔鸮的绒羽。狍子的尸体就在树杈正下方。仔细观察地面，能看到渔鸮的羽毛混杂在骨头中。我没去幻想渔鸮能猎杀鹿类——这几乎是不可能的；但若是这辆载着鹿肉的"餐车"自己送上门来，渔鸮就来者不拒了。我在现场拍了些照片，收集了些食丸，记录了GPS点，雨越下越大，我得接着往前走了。

终于回到小屋的时候已近黄昏。我浑身湿透，庆幸沃瓦已经回来了。小屋散发着温暖的气息，门半敞着，好散出柴炉过剩的热量。炉子旁边一块扁平的石头上放着把熏黑的水壶，装着开水，随时可以泡茶。除了一头野猪外，沃瓦没看到什么值得一提的东西。谢尔盖还没回来，但桌上已经摆好了晚餐，排列着三把叉子、仅剩的一罐鱼饺和一瓶蛋黄酱。

我把衣服挂到钉子上，就在沃瓦的衣服旁边。我们开始等待。外面大雨如注，下个不停。沃瓦点燃了桌上的蜡烛，就在这时，谢尔盖进来了，浑身滴水。他很担忧地说，谢尔巴托夫卡河的水位肯定上涨了，我们在小溪里放的装满肉、奶酪和啤酒的锅子被冲走了。我们把罐子里的鱼饺一扫而空。吃着哲罗鲑，我想起了沃瓦的父亲瓦列里关于出海的奇怪反应。我问沃瓦是怎么回事。

"那经历太不寻常了。"沃瓦开始讲述，身子后仰，抬起眼睛盯着天花板，仿佛在重拾一段遥远但重要的记忆。小屋里很温暖，仅有的一支蜡烛发出柔和而摇曳的光。雨滴匀速地敲打着上方的屋顶，有时周围的杉树一阵摇摆，抖落树枝上积攒的雨水，发出一阵紧锣密鼓的声音。屋内，水从我们晾着的衣服上滴下来，落到滚烫的柴炉上，嘶嘶作响。谢尔盖微笑着斜靠在床上。显然他以前听过这个故事，但觉得再听一次无妨。

20世纪70年代初，瓦列里开渔船送一个朋友去马克西莫夫卡。就算在今天，走陆路也很难去往那边，但实际上它距离阿姆古的海岸往北只有三十公里左右，对机动船来说不在话下。瓦列里返程时都快回到家了，村子就在眼前，但船的引擎却坏了。他试着重新发动，失败了；水流将他冲离海岸，越来越远。他抓着单桨，惊慌失措地想要划回岸边，但水流太强了。这个可怜人无助地看着海岸线远去，逐渐被开阔海面的滚滚波涛和恐怖的静寂吞没。瓦列里仅有一点路上剩下的零食，一把装了几颗子弹的步枪，还有少许饮用水。食物第二天就消耗殆尽。他朝几只飞过的海鸥开枪，耗尽了子弹，也才打死一只，且凶猛的水流令他根本接近不了漂浮的尸骸。到了第三天，瓦列里看到一艘船。他大叫着挥舞船桨，船员们看到了，转向驶来；他以为自己得救了。大船停到他身边，一个被逗乐的俄罗斯水手俯视着这个晒得黝黑的疯子，划着破烂的小船漂在日本海中央，问道："你跑这么远出来干啥呢？"

沃瓦的父亲用因脱水而嘶哑的声音答道："水流把我冲出来了。"

"那就让水流带你回去吧。"水手笑着答道，那艘船就这样抛下惊愕的漂流者开走了，就算他们知道他必死无疑。

第四天，瓦列里感觉在阿姆古码头醒来，妻子正在岸边叫他。但片刻之后，他发现自己的一半身体伸出船外，依然置身于大海中央，正在和令人窒息的幻觉对话。他在谵妄中挣扎了很久。离开海岸五天后，瓦列里在拉佩鲁斯海峡被一艘苏联船只救起。

"拉佩鲁斯海峡？！"我差点从凳子上跳起来。那可是在阿姆古东边大概三百五十公里的地方。

沃瓦没理会我震惊的反应，接着讲下去。这艘船将瓦列里带到了符拉迪沃斯托克附近的纳霍德卡，是滨海边疆区南部的一处港口，救援人员根据瓦列里的描述认出了抛弃他的船只。在海上抛弃一名苏联公民，沃瓦也不知道船员会受到什么样的惩罚，但肯定很严厉。上岸后，管理机关同情地听了瓦列里的经历，然后礼貌地让他出示护照来确认身份。

　　"护照？"他难以置信，"我就是开船带个朋友去马克西莫夫卡。要护照干啥？"

　　"因为你在纳霍德卡，"办事人员反驳道，"你让我们放你去阿姆古，那边驻扎着敏感的边境巡逻队，当然得验明身份才能让你去。"

　　由于当时通信不畅，从确认瓦列里的身份到他返回家，前后差不多花了两周。那时他已离乡将近一个月，他的家人给他办了葬礼，哀悼他，开始恢复平静。等瓦列里回边防巡逻队报到上班时，领导生气地说，他要是在海上失踪还更好些，因为他的金属船在日本海上漂了五天都没被发现，显示出边防队有多无能，毕竟他们的任务就是在海上侦测和拦截没有登记的船只——它们有可能是间谍船。因为这次令人尴尬的失误，符拉迪沃斯托克的边防总部对他大为光火。

　　沃瓦顿了顿，叹了口气，然后总结道：

　　"我父亲本来就想用一下午的工夫往北走一趟，结果之后一个月都身陷炼狱。所以不可能，他再也不会出海了。"

整晚都大雨倾盆。谢尔盖早晨上完茅厕回来，甩掉外套上的水，说我们很有可能被困住了。河流水量一夜之间几乎呈指数级上涨，小屋旁溪水上的桥，就是我们两天前刚走过的那一座，已经被大水冲走了。他点了根烟，站在门边，让烟雾散出去。

"我们大概还有一线机会离开这儿，也可能已经晚了。但我觉得得试试，否则就得待到水位下降，可能还要一周时间，"他顿了顿，"我们现在就得走。"

我已经有经验了，只要谢尔盖说"我们现在就得走"，那就刻不容缓。我们收拾好"海拉克斯"皮卡，开始往镇上开。河中洪水泛滥，冲垮了河堤，沿着路往下游淌，至少淹了一公里才退回河道。沿途已经有三座桥被冲走了，其中两处我们尚能蹚过去，不算太难，但在第三处，一根卡在那里的树干抬升了水位，皮卡没法安全通过，我们三人在齐腰深的水里拉扯着，憋红了脸推开树干，车子才开过去。

一路历尽艰险，终于到了阿姆古河的过河地点，这里和几天前相比已是面目全非，我毫不惊讶。之前"海拉克斯"皮卡驶过的深及小腿的清浅河水，现在已一片浑浊，大概没过我们腰部，湍急地奔流而去。我想，这下完了，我们来晚了，被困住了，谢尔盖不可能开车横穿这口满是漩涡的炖锅。但他和沃瓦却继续商量着，手臂不停划动、指点、弯曲，好像已经在制定战略了。然后，莫名其妙地，沃瓦打开了引擎盖，谢尔盖在杂物箱里乱翻一通，找出一卷包装胶带，从空气过滤器上拆下进气软管，粘到了打开的引擎盖顶端。他俩是在做渡河的准备了，这是为了防止柴油引擎在中途进水熄火。沃瓦仍穿着齐胸涉水裤，沿岸向上游走了大概四十米。然后他转向河面，缓缓侧身步入急流，让水流推着他沿对角线蹚过了河，从下游五十米的地方上了岸，正是对面路口的位置。我松了一口气，他成功了，沃瓦对谢尔盖和我竖起大拇指。这下我彻底迷茫了：水流湍急，水深一米五，几乎要没过沃瓦的头顶，而我们竟然还要渡河？在我看来，这似乎比萨马尔加河的泥冰碴带还要疯狂。

我们爬进了皮卡。眼前什么也看不见——为了保持进气软管的干燥，引擎盖还是打开的，于是谢尔盖摇下车窗，握着方向盘的同时尽可能探出身子。他来了个三点调头，沿岸倒车后退，和沃瓦的行动路线一致，直到河对面的人影挥手示意我们停下。然后沃瓦像海军手旗员一样挥动双臂重复同一动作，指挥我们调整好角度。我们就这样驾车下水了。

荒诞的景象缓缓拉开了帷幕；河流推搡着我们，水从门缝里溢了进来。谢尔盖仍然把半个身子探到驾驶座窗外，大概能看见走的方向。他左右交替抡着方向盘，徒劳地试图掌控局势，一边咒骂一边努力打着方向。"海拉克斯"皮卡不时触底反弹——这意味着我们大部分时间都在漂着。这种情况下，轮子就跟断的船舵一样毫无用处。我拼命抓住车窗的摇柄，指节都发白了。水在我脚边摇晃着。然后车轮终于稳定下来，有了牵引力，我们稀里糊涂地绕过了河最深的部分。"海拉克斯"皮卡像一艘被吊起的沉船一样淌着水，在沃瓦指挥我们瞄准的位置上岸了。谢尔盖微笑着，好像早就志在必得，而沃瓦却大笑，似乎对结果深感惊讶。我从皮卡上跳下来，惊魂未定，渡河竟没酿成大祸，我从河边又撤开了一段安全距离，以免它后悔让我们就这么脱了身。

2006年的野外季结束了。我要南下去符拉迪沃斯托克，在那里跟谢尔盖·苏尔马赫通报情况。待6月中旬，我要搭班机飞越太平洋，途经首尔和西雅图返回明尼苏达州的家。这年的暑假会相当忙碌。当时我和女朋友凯伦已经交往了将近四年。我们都是和平队志愿者，在滨海边疆区相识。我们要计划8月的婚礼，之后我得回明尼苏达大学上课，学习制定渔鸮保护计划需要的技能。我还得搜罗所有关于捕捉猛禽的文献，咨询相关专家，为下个野外季做准备。这个为期五年的项目，我才进行了三个月，就已着了迷。这是一段走在人类文明边缘的旅程，将要对一种神秘的猫头鹰产生新的认知。过去的几个月，谢尔盖和我找到了十三个可以集中进行捕捉的渔鸮领域。我们在大多数地点都听到过成对的叫声，但重要的是，在其中四个地点发现了巢树。等明年冬天下了第一场雪，河流结冰后，我将重返滨海边疆区，与谢尔盖会合，看看我们能捕捉到几只渔鸮。

第三部

捕捉

准备捕捉

2007年1月下旬，我在符拉迪沃斯托克的生物与土壤科学研究所（苏尔马赫工作的地方）见到了谢尔盖。他一如既往地自信，新剪了光鲜发型，鞋子擦得锃亮，脸刮得干干净净。我们走进一座四层楼房等电梯，楼的墙砖和往日苏联的威严感都已经褪了色。昏暗的中庭里，一位卖糕点的女士瞥了我们一眼，问我们是不是水管工。谢尔盖说不是，然后点了一份糕点。假木门打开了，露出棺材盒一样的电梯，载上身不由己的乘客，沿着强度可疑的缆线上升，它趁机呻吟着，乞求得到保养。我们沿着空荡荡的灰色走廊前行，脚步声在其中回荡，随后拉开一扇门，挤进了苏尔马赫的小办公室。

我们计划了接下来捕捉季的最终细节。这是我们第一次尝试捕捉渔鸮，也是数年项目中至关重要的阶段。我们已经规划好这几年要集中捕捉渔鸮的地方——捷尔涅伊和阿姆古地区，也确定了十几个有可能成功的地点，打算捕获尽可能多的渔鸮，在它们身上安装发射器用来监测活动——这种方法叫"标记"。这项工作是不可能一蹴而就的。野外考察通常是周而复始地重复着困难、艰辛的劳动，对同一问题孜孜不倦地探索，直到找出答案为止。给一只渔鸮装上发射器之后，我们得在今后几年多次重返它的领域，收集数据，然后在项目结束时重新捕获渔鸮卸除发射器。收集一两年数据之后，一旦初步掌握了渔鸮的活动，我们还要调查栖息地来了解它们做巢或捕猎的地方有什么特别之处。我们还不清楚它们活动的具体位置，但这也没什么，只要持之以恒就能达成目标。

我们喝着茶，吃着巧克力，讨论野外计划。今年的节奏和2006年完全不一样了。我们要慢慢行动，更讲求工作方法，因为目标不是找渔鸮的领域，而是在同一地区练习并完善捕捉技术，就在捷尔涅伊。去年我们发现这里的渔鸮密度最大，因而从此着手是很合理的。我们需要摸清楚谢列布良卡河、通沙河和法塔河这几处领域的渔鸮，每一对至少找到一处它们捕猎的区域，这样才能便于确定捕捉的地点。行动初期，以捷尔涅伊作为大本营也是很方便的，国际野生生物保护学会的锡霍特研究中心有干燥的住所和温暖的床铺，离工作地点只有不到二十公里。

苏尔马赫又有其他的事情，不能和我们同去，他热切地谈起了自己捕捉各种鸟类的经验，以及捕捉渔鸮可能会遇到什么困难。他有个讨人喜欢的习惯 —— 骂脏话时很小声，不用正常音量说。虽然他不常骂脏话，但特别兴奋的时候，语调会突然变小声，然后又回升，变换速度堪比捕猎中的红隼。

非野外季期间，我咨询了加州猛禽捕捉专家皮特·布鲁姆，并查阅了科学文献，找到了几种有可能捉到渔鸮的方法。捕鸟的方法有数十种之多。人类捕捉猛禽的历史就算没有上千年，也有几百年。我读到了一些久经考验的方法，比如印度发明的套索陷阱（*balchatri*）。这种陷阱看起来像个捕龙虾的笼子，罩上细绳环，里面放一只活鸟或啮齿动物做诱饵，等猛禽落到笼子上要抓诱饵时，就会被套索缠住。另一种方法叫地坑陷阱，充分展示了人类为了抓鸟能做到什么份儿上。这种陷阱是用来捕捉兀鹫或者神鹫一类的食腐鸟类，挖个一人大小的坑，把一只死乌鸦（或是其他动物）放在旁边，研究人员自己藏在坑里，距离发臭的尸体只有一两步远，有时要等几个小时目标才会来进食，这时人从黑暗中伸出手，一把抓住受惊的鸟的腿。

猛禽捕捉会受到多种因素的影响，针对渔鸮，我们需要考虑到这一点。有些物种比较容易诱捕，但也存在性别、季节、年龄和身体状况的个体差异。比如年轻的鹰就比较天真，不会对陷阱起疑；而已经吃饱的雕比饿着肚子的更难捉。我在科学文献中没找到什么捕捉渔鸮的档案。在少数几笔俄罗斯境内捕获渔鸮的记录中，大多是猎杀记录，包括乌德盖人猎食渔鸮的历史记录，还有被科学家射杀的个体，最后都到了博物馆的陈列柜里。只有一个例外。几年前，谢尔盖去过捷尔涅伊以北一千公里的阿穆尔州，当时人们推测那里不在渔鸮的分布范围之内。但他在那儿发现了渔鸮的踪迹，他知道没人会相信，便在看到爪印的地方设了一个捕鸟筐。半球形的筐是用新鲜柳树幼枝潦草编成的，上面盖了渔网，用一根拴了绊索的棍子支在边缘撑开。这种装置非常简陋，跟动画片里看到的一样。但渔鸮却投网了 —— 几天后，谢尔盖抓到了一只。他拍了些照片作为证据，放走了渔鸮。

　　我能找到的渔鸮捕捉—释放的详细信息都来自日本。那边用网抓到过未成年的渔鸮，但我没看到捕获成鸟的记录。对我们的项目来说，亚成鸟并不合适 —— 它们的行为不稳定，不能代表成鸟的领域行为，而行为才是制定保护计划所需要了解的。我给日本的渔鸮生物学家发了邮件，问他们对捕捉成年渔鸮有什么建议。去信石沉大海。对于这些高度濒危的猫头鹰，那里的研究人员不肯共享任何信息，尤其是寻找和捕捉的信息。这可能是因为日本曾有过度热情的观鸟者和野生动物摄影师，无心之间损毁了渔鸮的巢，或是惊扰了渔鸮，只为看得更清楚些。此时的我只是一个寂寂无闻的研究生，在渔鸮的圈子里尚未立足，所以对收到邮件的人来说，我只不过是个猝然来信的陌生人，刺探他们严守的秘密。由于缺乏捕获渔鸮的信息，也不知道它们对不同类型陷阱的警惕程度，谢尔盖和我只好通过反复试验来自己摸索。我们很随性地决定，第一年主要判断捕捉的难易程度，捉到四只渔鸮是个合乎实际的目标。

我随身携带的六个发射器对研究至关重要。这种小型设备看起来像五号电池，上面装有三十厘米的软天线。发射器会像背包一样固定在渔鸮身上，每个翅膀套一个环，胸前龙骨上有一条带子作为固定。这种装置每秒发出一个无声的无线电信号，用特殊的接收器就能听到，然后我们会用三角测量法来估计渔鸮的位置。这和头一年测量渔鸮叫声的方向角来寻找巢树的原理相同，只不过不是根据渔鸮的声音定位，而是用无线电信号的强度进行定位。用几年的时间来收集多只渔鸮的位置数据，就能了解它们喜欢什么样的栖息地，会避开哪些区域。这个过程叫"资源选择"，生物学家可以对不同栖息地或其他自然特征（如猎物丰富度，统称为"资源"）的重要性进行排序，以更好地了解一个物种的生态需求。例如，我们知道渔鸮依赖河流捕食，但随便哪条河都能抓到鱼吗？它们捕猎的河道（甚至是特定的河段）是否有特定的因素，比如宽度、水深或基质？它们在哪里做巢？除了有一棵大树之外，渔鸮做巢的地方还有特别之处吗？或是周围的森林有无其他特征，比如要有一定比例的针叶林，或者离村庄有一定距离，渔鸮才会在那里做巢吗？通过标记多个渔鸮个体，寻找重复的行为模式，我们能更好地了解它们如何选择资源。这种评估是很多保护计划的基础，也是我们项目的关键。

此外，我们也预估了野外季的许多限制因素。

首先是天气。我们知道冬天是一年中最佳的捕捉季节，因为这是最容易找到渔鸮的时候，它们捕猎的地点最受限制。但过往在萨马尔加的经历告诉我们，野外季是难以预测的。冬季暴风雪可能会阻挡行程和陷阱的设置，入春的危险会一直存在，尤其到了3月。另一个问题是人员。除了谢尔盖之外，苏尔马赫团队中的其他人都没法一次性在林子里待两个月，他们还有其他工作，或是家里有亲人要照顾。我们预计每年定期轮换一到两名野外助理，每个人都有自己的长项和短板。最后一个影响所有决策的因素是预算。这个项目的资金仅限于我筹集到的研究基金，而我们用的技术设备很昂贵，这意味着不能简单地去标记所有发现的渔鸮，而是必须讲求方法。例如，根据我们手头有多少发射器，在抓到一只之后，拔营转移到另一领域可能比留下来抓它的配偶更有意义。从我们对渔鸮活动的了解来看，比起在同一领域标记两只渔鸮，标记两只在不同领域的渔鸮会更好。2007年野外季开始时，战略已经制定好，但正如野外考察的常态，我们也知道计划赶不上变化。我们得审时度势，随时准备进行重大调整。

谢尔盖和我上午离开了符拉迪沃斯托克，在黑暗、山脉和森林中穿梭了几个小时之后，于当天接近午夜时分抵达了捷尔涅伊。谢尔盖驾驶着红色"海拉克斯"皮卡，车后拖着我们在萨马尔加河上用过的黑色雅马哈雪地摩托。他在非野外季时用软性的进气管改造了皮卡，我看后感到很开心。这样改装以后，再要涉深水过河时就不需要打包胶带，也不用开着引擎盖了。

捷尔涅伊的锡霍特研究中心是一座三层楼的木建筑，坐落在一座小山上，能欣赏到村庄、日本海和锡霍特山脉的壮美全景。这个中心由国际野生生物保护学会的戴尔·米奎尔管理，他从1992年以来一直驻扎在滨海边疆区，比我认识的其他美国人待得都要久。戴尔请我和谢尔盖有需要时随时来研究中心住。

度过舒适的一晚之后，第二天一早，谢尔盖和我就离开了捷尔涅伊，迫不及待地要开始考察。当时是零下20摄氏度左右，我们小心地驶过陡峭、结冰、崎岖不平的道路，进入城镇。我望着刚从日本海升起的朝阳，它照亮了沿途砖头烟囱中袅袅升起的白色烟柱。驱车向西出城约十公里，我们沿着谢列布良卡河来到前一年春天我听到渔鸮鸣唱的位置。我们把车停在路旁，从橡树和桦树光秃秃的林冠下穿过，到了谢列布良卡河坚固的冰带上。走上去时，我注意到河水几乎完全冻实了。我们只经过了少数几片没有封冻的流水，最窄处长宽只有几米，我意识到这对于栖息此地的渔鸮来说，能捕猎的地点并不多，我们因而能确切地判断在哪里设陷阱。探查完领域后，我们回到皮卡边，谢尔盖生了火，烧了些河水泡茶，我们讨论着前景，等待黄昏的来临。得偿所愿，渔鸮唱起了二重唱。这次一定万事顺利。

回到捷尔涅伊后，我们开始制作陷阱。谢尔盖和我要试验的第一种方法叫"套索毯"。这种简单的陷阱对诱捕多种猛禽都很有效。套索毯是一个长方形的结实的不锈钢细网，上面罩着几十个钓鱼线做成的宽大套索，它们像花瓣硕大的花朵一样竖立在细网上。准备好后，把套索毯放在预计鸟会降落或行走的地方。当鸟的脚碰到几乎透明的钓鱼线时，会本能地向后猛扯，这样就把套索拉紧上了钩。套索毯用绳子松松地连着一个带有弹簧的重物，阻止鸟飞走。系套索是有讲究的，如果鸟拉得够用力，结就会解开。这种措施是为了防止鸟的血液循环受阻而伤到脚趾，但也意味着不能让捕获的渔鸮在套索毯上挣扎太久，不然最后就会逃脱。

我们急于开始诱捕，但一场风雪却席卷了捷尔涅伊，就像去年冬天我等直升机去阿格祖时的情况一样。风雪过后，积雪深达七十厘米。我们躲在山脊的研究中心里，风吹来的落雪已有齐腰深。这种天气下不可能进行捕捉——雪会盖住套索。于是谢尔盖和我按兵不动，我们制作套索，喝啤酒，蒸桑拿，看落雪。

天晴后，我们返回了谢列布良卡河，但令人气馁的是，河岸上的新雪洁白无痕。风雪过后，我们以为渔鸮会去捕猎的地方完全没了它们的痕迹。也许是厚厚的新雪让渔鸮不便降落在河岸上，所以它们移动到领域的其他位置去了。我知道日本有一对渔鸮会在离巢三公里的地方捕猎，可能这里的情况也是一样。谢尔盖建议我们学乌德盖人设个树桩。我们从阿格祖的当地人那儿听说，过去乌德盖人会砍一个树桩放在浅水里，顶部设一个金属爪夹来捕渔鸮。渔鸮会被引到这个新的捕猎俯瞰点而落入致命陷阱。我们当然不是要吃渔鸮，只是要找到它们，于是谢尔盖用他的链锯锯下五个树桩，放到河中浅水处。我在每个树桩上都撒了雪，不管是什么东西，落到树桩上都会留下印痕。两天后，当我们去地点查看时，高兴地发现五个树桩中有四个上面都有渔鸮的爪印。可以开始捕捉了。

失之交臂

事情进展得很顺利，到达捷尔涅伊的第一周，我们已经发现了一对渔鸮捕猎的地方，做好了套索，现在正在去谢列布良卡河的路上，准备抓捕。"海拉克斯"皮卡的后座整齐地摆放着准备好的套索毯，车里的床上堆满了露营装备。带着套索穿过森林往开阔的河边走时，尼龙线环好奇地拉扯着沿路的柳枝。我们在树桩上放了较小的套索毯，在渔鸮以前落脚过的河岸上放了大的，约一米长。每个套索毯都经过改装，加了信号发射器，一旦被触发就会向我们的接收器发送无线电信号。接到信号，我们就会尽快从营地滑雪过去。

如何隐藏套索需要慎重考虑。如果渔鸮飞到喜欢捕鱼的冰洞，发现环境受到了干扰，不知会做何反应。以郊狼或狐狸来说，捕猎者必须把套索的部件煮过，戴上手套，注意不能在下套的区域留下任何人类的气味，否则动物就不会接近套索。我们生怕渔鸮发现我们的诡计，走到每个放套索的地点时都是踩着水去的，以免在雪地上留下脚印，仿佛在躲避武装队的土匪。我们还担心如果把营地扎在从下套地点能看到或听到的地方，渔鸮会不肯来这里捕猎。因此我们在离河很远的地方搭了帐篷，大概有半里地的距离，并在河漫滩缠绕的树丛里开辟了去每个下套地点的滑雪道，在必要的地方移开倒木，清掉枝干，这样匆忙行动时才不会受阻。

捕捉行动的第一天，天色渐晚，我们拾了木柴，生了火。营地弥漫着明显的紧张情绪 —— 现在已经到了项目的转折点。到目前为止，我们的所有工作 —— 搜寻鸟巢和捕猎的地点，都在谢尔盖的拿手范围之内。他做这些工作已有十年之久，俨然成了行家里手。但现在，我们进入了一个全新的领域 —— 捕捉，这完全是未知数。渔鸮会不会中我们的招数？如果被抓到，渔鸮会有什么样的反应？猛禽的喙很锋利，毫不费力就能啄断渔线。渔鸮是会立刻搞清楚情况、成功自救，还是会慌张地将渔线越缠越紧？

隐形的无线电波在冬夜里乱窜，接收器的静电声叫人紧张。一闪而过的干扰声会突然出现，滋滋作响，谢尔盖和我不习惯这种噪音，总是一哆嗦。我们盼着无线电随时响起，坐着准备好行动，结果它却一直默不作声。渐渐地，我们都冻坏了，缩进帐篷里羽绒睡袋的怀抱中。谢尔盖和我整夜轮流值班三小时，监控接收器。我守第一班岗，躺着不动，把设备紧紧抱在胸前以防电池在寒冷中耗尽，努力让自己去欣赏无线电的奇异音调。即使轮到我休息，入睡也很不容易。气温接近零下30摄氏度，我们和外面的空气之间只隔着一层薄薄的聚酯纤维，只要稍微挪动一下，帐篷里哈气冻成的细碎冰碴就会雨点般落下。

这样坚持了四个晚上，我们下套的地方一直"无鸟问津"。每天早上我们都会检查套索毯，摆弄摆弄，调整放置的位置；每晚都能听到渔鸮的叫声。为什么它们不来我们的套索？虽然之前已经料到捕捉会很困难，但我没想到持续的寒冷和不规律的睡眠会让压力倍增。白天我们没什么捕捉的工作可做，也不想在森林里乱跑，惊扰了要捉的渔鸮，因此为了不让自己闲着，谢尔盖和我白天都去相邻的另一片领域寻找渔鸮的痕迹，晚上才返回谢列布良卡河。在我们捕捉地点往东北约十公里处，有一片三角形河岸密林，夹在通沙河、法塔河和这两河的交汇处之间。去年春天，我和谢尔盖在一个伐木营地附近听到了一对渔鸮的叫声。穿行在明亮的混交林里，沿着法塔河岸查看没上冻的水域，寻找爪印，这样我们才能感到没有虚度时光。捕捉工作也许停滞不前，但至少可以调查一下以后有可能捕捉的地点。我已经有了足够的寻找渔鸮的经验，谢尔盖和我分头行动，约好时间，一般是黄昏时分返回皮卡会合。然后我们回到营地，蜷缩在冰冷的帐篷里，静静地等待着渔鸮，就像追求姑娘的人为总也不响的电话而感到沮丧。

沿着法塔河搜索的第二天，我遇到了一小段未冰封的水面，宽不超过四米，水深不足二十厘米。我在这里发现了渔鸮的踪迹，很是激动——河岸边有一片平整的冰面和雪地，布满了渔鸮独特而显著的K字形脚印，有旧的，也有新的。这显然是个重要的渔鸮捕猎地点。我在现场拍了照片，并用GPS记录了位置，长出了一口气。终于有进展了！这里以后可以开展捕捉。

几个小时后，我和谢尔盖会合并交换了情报。他碰见了一个名叫阿纳托利的人，独自住在一间小屋里，离我发现渔鸮踪迹的地方只有一里地。

"看着是个好人，"谢尔盖说，随即又开始犹豫，"有点……怪。眼神有点疯狂，但我觉得他没啥坏心。他说要是我们愿意，可以和他住一起。"

待在温暖的小屋里远好于冬季露营，但我谨慎地持保留态度。俄罗斯远东的森林里散布着隐居者。有些人隐居的原因是难以启齿的：躲避法律制裁的罪犯，躲避罪犯的人，还有躲避其他罪犯的罪犯。在林子里遇到人通常不是什么好事。即使在一百年前情况也毫无二致，弗拉基米尔·阿尔谢尼耶夫对森林的观察也是这样，"在这里，遇到人类……才是最危险的"。

2月24日凌晨一点左右，谢尔盖值班时，套索被移动后发出的哔哔声在帐篷里震颤响起。我们的发射器被触发了！是离营地最远的下游的套索毯。我们冲出帐篷，在黑暗中挣扎穿上被严寒冻硬的涉水裤，套上滑雪板，蹿进森林，只有头灯照亮四周。谢尔盖在我前方消失了。尽管事先清理了小径，但路仍是在树丛中、倒木上和小溪之间曲折蜿蜒，在这两片滑溜溜的板子上，我完全不及谢尔盖灵巧。除了我沉重的呼吸声和雪板的摩擦声，森林很安静；被光束照亮的树干从身旁后退，速度缓慢得要命。整段路程只用了几分钟，但感觉却很漫长。我到河边时，谢尔盖正站在水中盯着河岸上挣扎的痕迹。我看到了渔鸮的爪印和套索毯上破损的套索。我们来得太晚了。

我仔细查看了现场。我们用了一根小圆木作为重物，我把它藏到了雪里，这样渔鸮就看不到，这可能正是导致套索失败的原因。木头周围的雪变硬了，成了一个雪锚，所以渔鸮试图飞走的时候，重物被牢牢地固定在原地，而不是被拖在地上减缓飞行。这种阻力帮渔鸮拉紧了套索，最后松开了绳结。这只鸟被套住的时间不可能很长，刚好就是我们赶到河边需要的时间，但这次短暂的被困对它造成的压力会有多大影响，还未可知。我们等了足足一周时间，这只渔鸮才露了面，现在它察觉到了危险，下次什么时候才会回来？我们决定暂停在谢列布良卡河的捕捉工作，集中精力到法塔河。至少那里的渔鸮还不知道会有套索，而且我们可能还有个暖和的地方睡觉。我和谢尔盖合上套索，收拾好营地，把雪地摩托拖挂到"海拉克斯"皮卡后面，往阿纳托利的小屋开进，希望他的邀约仍然作数。

隐士

我们回到主干道，沿着通沙河谷冻实的道路行驶，去往阿纳托利的小屋。虽然有冰，但冬天的路况仍然比一年中大部分时候都要好，因为雪填满了坑洼，路面变得很平整。大概十分钟后，我们拐进了一条伐木道，沿路穿过一处河漫滩，几片原始松林，其中混杂着巨大的杨树、榆树和钻天柳，都是优良的渔鸮栖息地的标志。几分钟后，我们经过了通沙河和法塔河的汇合处，接下来，森林退开了，露出一片空地，中央有一间小屋、一间熏肉棚和一座俯瞰通沙河的亭子，亭子已破败不堪，无法使用了。

阿纳托利确实是个怪人。他五十七岁，已经独自一人在森林里生活了十年。他住的小屋原来属于通沙河上的一座水电站，第二次世界大战期间曾给捷尔涅伊供过电。这个基地显然曾被用作苏联青年营地，一直运转到20世纪80年代后期。几柱崩裂的水泥墩立在河里，好似老旧的巨石；还有些生锈的机器，再就是阿纳托利蜗居的两室看守小屋。我推测他是不请自来的。

阿纳托利身高和体格都是中等，秃顶，但鬓角一直蔓延到脸颊中间，长发扎成一个细马尾。他有一种类似精灵或小矮人的感觉，尤其是戴着尖顶冬帽的时候。阿纳托利总是面带微笑，笑声温暖，立刻让我感到他是个温柔、热情的人。握手时，我注意到他的一根小手指缺了一大半。

小屋外部已经年久失修，从一些尚未被风霜侵蚀的部分能看出，木板以前刷的是绿色油漆。烟囱很破旧，最上面的几块砖都已松动，或者干脆就不见了。除了缓冲冷空气的前廊，进门就是厨房，灰泥墙被染成了黄色，好像被尼古丁熏过一样，天花板到处都是煤污。一个巨大的砖砌木炉占了房间大半，四角破碎开裂；屋里充满了木柴燃烧的温暖和芳香。一张窄桌立在炉子对面一扇窗户下面，花桌布上堆着叠放的盘子、一盏煤油灯、装有糖和茶包的盒子。为了保温，窗户上糊着厚塑料布。桌子另一边的后屋角里有一张金属弹簧床和短床垫，放在另一扇封得严严实实的窗户下面，床和炉子后部之间是通向后屋的门框。阿纳托利冬天大部分时间都待在前屋，门框上挂了一条毯子来保存前屋的暖气。但知道我们要来，他已经把毯子拉开了。后屋有两张床，房间两边各一张，中间是桌子，上面堆满了一箱箱的罐头食品。

很难说孤独的重负对阿纳托利的心理产生了什么影响，至少和他最开始来到森林时背负的情感包袱有关，但这人肯定是有点怪。比如我在小屋的第一天早上，他问我小矮人晚上有没有挠我的脚，就像有时会挠他的脚一样。我答说没有。吃早饭时，我对他又多了些了解，但对于为什么独自住在森林里一座废弃水电站里，他始终含糊其词。对于所处的环境来说，他出人意料地不适应冬季生活。从小屋往外仅有的痕迹是两条雪道，一条通向茅厕，另一条通向河边。他在河里打水，有时在厚冰上凿出洞口钓鱼。他用木板做了一对滑雪板，但又笨又重，所以用处不大。秋天的几个月，他会在河边抓粉红鲑，熏制之后卖给不时从捷尔涅伊来访的熟人。暖和点的月份，他偶尔会加入一支拾柴队伍，存够冬天用的木柴，还能赚点额外的钱来买食品。他试过在园子里种菜，但挡不住野猪糟蹋庄稼。我们在这儿的时候，只要提供食材，阿纳托利就愿意给我们做饭。

虽然我们不知道阿纳托利最初与世隔绝的原因，但他透露，之所以留在通沙河谷，是因为他去最近的山头查探时，发现了一座8世纪渤海国时代*的寺庙。他说有时晚上能看到

---

*　渤海国（公元698年—926年）：以粟末部为主的靺鞨族君主制、多民族政权。建国后受唐朝册封，领土在极盛时期曾包括中国东北大部、俄罗斯滨海边疆区南半部，以及朝鲜半岛北部。

那里有光，还说如果你站在寺庙那儿，另一个朋友站在下一处山头，你们能清楚地听见彼此的声音，还能隔空传送小物品。阿纳托利不知道山神要赋予自己什么样的责任，但知道总归和这座寺庙有关。于是他留在了下面的山谷里，耐心地等待自己人生意义的浮现。

　　有了新的地点、新的开端，谢尔盖和我恢复了动力，立即开始寻找下套捕捉的地点。我们又开始感到得心应手。我俩在结冰的通沙河往上游滑行了三百米，到达法塔河的交汇处，这里的河水本身变得很浅，也流动起来，于是我们开始在森林的阴影中前进。就像在阿姆古河，附近可能有氡气泉眼把水加热到了冰点以上。又过了三百米，我们到达了一周前我发现渔鸮踪迹的河湾，甚至还发现了更新鲜的爪印。我们兴高采烈地在这里和下游更远的位置放了下套的树桩，都是推测渔鸮感到便利的地方。谢列布良卡河失利之后，我感觉我们正在恢复势头。

　　然而，过了三天，套索仍没有动静。我们晚上都在监视发射器信号——阿纳托利也来轮班，好让我们多睡一会儿。到了白天，我们探查法塔河这一对渔鸮的捕猎区域，还搜寻通沙河渔鸮的捕猎区域，它们的领域就在法塔河渔鸮领域的南边，从阿纳托利的小屋往下游去的地方。这就是约翰·古德里奇去年听到过鸟鸣的那一对渔鸮。

通沙河河岸森林的林下植被是我遇到过的最密的植被之一。我弯着腰在密不透风的枝蔓缠结中挣扎，眯着眼睛，防着任性胡来的树枝扎到眼睛。渐渐地，我意识到徒步能移动的范围更大，用滑雪板不行，因为它们总在脚下被缠住。尽管徒步很耗体力，却是很好的宣泄方式。自我怀疑的念头已开始拉扯我的意识，就像茂密的树枝纠缠我的衣服，因此，静寂、新鲜空气、精疲力竭感，还有寻找渔鸮痕迹的兴奋感，都提醒着我，就算抓不到渔鸮，工作始终是在继续进行的。几天后，我们确定了通沙河渔鸮捕猎的两个区域，其中一个非常适合我们捕捉：宽阔的河湾从洼池间穿过，池中的水流刚刚没过鹅卵石河床。

又是一天早晨的七点三十分。昨夜又是一宿焦虑。我受够了无线电波噪声的嘲讽和戏谑，关掉接收器，翻了个身睡了一会儿。没过多久，我听到阿纳托利在隔壁房间跟谢尔盖说他要做小煎饼当早饭。阿纳托利的一个特点是会没完没了地重复同一个词。接下来的一个小时里，阿纳托利打鸡蛋、搅面粉、热锅子的时候，我就只听到隔壁房间"小煎饼……小煎饼……小煎饼……"的念咒声，每一分钟左右重复一次。最后我起身，踢踏着走到桌子旁，给自己倒了杯开水，搅进些速溶咖啡。

"你在做什么，阿纳托利？"谢尔盖故意瞄着我讨打地问。

"小煎饼。"回答声毫不介意，快活爽朗。

喝完咖啡，胃被煎饼填得又饱又暖后，我套上滑雪板，滑到法塔河去查看我们的套索，看看附近是不是有渔鸮来过。沿通沙河向北走风景很美：河两岸是裸露的岩层，深水潭之间点缀着浅滩。美丽的景色让我暂时忘记了抓捕失利的困难。晚上睡眠不足已经两周了，除了一只在谢列布良卡河逃脱的渔鸮，我们一无所获。我低头看着自己：由于体力消耗和压力，我已经瘦了一圈；裤子变得太松，我拿了一截绳子充当腰带。我的络腮胡愈发粗重，衣服脏兮兮的，由于在河上长时间游荡，吸收了雪地反射的阳光，暴露在外的皮肤也变黑了。

到达捕捉地点前，拐过法塔河的最后一个弯，我看到一道从河中腾起的褐色闪光。那是一只渔鸮，飞得很低，正远离我而去。我迅速赶到捕捉现场，再一次被击垮了——又是挣扎的痕迹和断裂的套索。我在七点三十分，也就是黎明时分关掉了接收器，意味着这只渔鸮是在那之后被套住的，就在过去的一个半小时内；就在我一边努力入睡，听阿纳托利念着"小煎饼"，苦苦自问到底哪里出了纰漏的时候，有一只渔鸮正在套索里挣扎，最终自己挣脱了。

我们在小屋里默默吃了一顿自我反省的午饭。阿纳托利为了安慰我们，说渔鸮大概能感受到我们的焦虑。只要转变心态，放松下来，渔鸮就会自愿落网，问题也就解决了。我们喝着茶，久久沉默不语。

谢尔盖开始怀疑套索毯的方法到底管不管用。我不怪他，但我认为这种套索没问题，短期内还是应该坚持用下去；所有的问题都在于缺乏经验。每次失败后，我们都会调整方法，确保问题不再重演。不过，除了套索毯，谢尔盖决定再做两个箩筐放到两个位置，一个在法塔河，一个在通沙河，就是谢尔盖在阿穆尔省成功捕获渔鸮时用的箩筐。由于绝望情绪日益累积，我同意了。谢尔盖从河岸上砍了几棵柳树，把圆顶骨架做好之后，用阿纳托利放在储藏室里的渔网盖在上面。我们把商店买来的冷冻海鱼放到鹅卵石河底，让它们在齐脚踝深的水流中摇摆，冒充活饵，然后用一根棍子把箩筐支在上面。我们用渔线把鱼系在棍子上，一有东西移动诱饵，棍子就会弯曲，箩筐就会塌下来把渔鸮扣在里面。谢尔盖最开始提出这个设想时，我并不相信像渔鸮这么谨慎的鸟会被我们拙劣的伎俩骗倒。

我们的一些非必需食品，像是面粉和番茄酱，已经所剩不多了，因此3月初，在阿纳托利那儿待了将近两周之后，我们以此为借口稍作休息。谢尔盖和我开了二十多公里去捷尔涅伊补充物资。去了几家商店后，我们开车上山，到约翰·古德里奇家烧热了他的桑拿房，就算他不在家，我们也可以生火。洗澡的时候，天开始下雪，安静而沉稳地落个不停，眼看就和2月让我们停工的那场雪不分高下。我们擦干身子，回到皮卡上。出城的主干道已经积雪很深，但有几辆伐木卡车之前开了过去，压出了一条能走的轨迹。然而，当我们驶离主干道上了通向通沙河和阿纳托利小屋的小路时，景象就转为开着皮卡穿过齐膝深的积雪、黑夜和狂暴肆虐的风雪。

被困通沙河

俄罗斯有句老话说得好:"卡车马力越足,求援时跑得越远。"谢尔盖的"海拉克斯"很皮实,我们以为顶着暴风雪也能回到通沙河,结果大错特错。离开大路约两公里后,去阿纳托利小屋的路程才走了一半多点,皮卡已根本无法继续前进,雪太深太重,再也开不动了。我们已经几次把皮卡挖了出来,汗水和盘旋而下的雪花弄得浑身湿透。车上有很多物资都得运到小屋去。谢尔盖在风中大喊,提议我徒步前进,开上雪地摩托再回来,他留下把皮卡尽量再往前开一开。

3月已经下了好几次暴风雪,森林里积雪有齐腰深。我沿着路走 —— 皮卡和温暖干燥的小屋之间有一条几乎看不见的小径。如果我能一直顺着之前开着皮卡去捷尔涅伊留下的车辙走,就不会在雪里陷得太深,速度能稍微快一些。但由于行动匆忙,再加上暴风雪造成的混乱,到小屋的一公里半，我大都是跌跌撞撞过去的。我系紧兜帽以抵御不停袭来的风雪，腿深陷在新鲜的积雪中，头灯基本没用，就和浓雾中的车灯一样。终于，我喘着粗气走到了小屋。阿纳托利穿着外套和帽子待在外面，很是担心。他看到了我靠近的头灯，惊得目瞪口呆——我们居然回来了。

"你们为啥不干脆住在捷尔涅伊？那儿暖和，这种天气反正也没法下套子。"

在捷尔涅伊的时候，我坚持要回去继续捕捉——但阿纳托利说得对，我们不应该回来。开着雪地摩托进了森林之后，我完全没法控制它沿着路走。积雪不平整，我似乎没法让这台沉重的机车不偏离道路。如果放慢速度就会沉入雪中卡住，所以我试图保持车速，先朝一个方向倾斜，然后调转方向，努力不撞上路边的树。我像上了钩的旗鱼一样一路上下翻滚，回到了深红色的皮卡旁边。找到谢尔盖时我已经汗流浃背，气自己连雪地摩托这么简单的机器都开不好。谢尔盖一头雾水。

"你咋回事儿？"他盯着我，非常困惑地问，"我看见雪地摩托的大灯了，但又一忽一灭的。你闪灯了？"

我解释的时候谢尔盖大笑起来，笑我缺乏经验，说在这种雪里得用半蹲的姿势往前开。我耸了耸肩，一时没听懂那个俄语单词，但心烦意乱，就没让他解释。

204

我们把物资装到雪地摩托上，我问谢尔盖担不担心把皮卡留在路中间，可能会有人找到，把零件都偷走。他毫不担心。主干道和车之间有两公里无法逾越的积雪——没人能找到车。虽然我们也许应该留在捷尔涅伊，但小屋有了新鲜补给还是很让人开心的。很明显，在眼见的未来一段时间，我们都会被困在阿纳托利的小屋里。谢尔盖接管了雪地摩托，快捷灵敏地载着我俩穿过暴风雪，他摇摇头，看着我来时留下的歪歪扭扭的车辙咧嘴笑了。雪不停地下，车辙消失得很快。

笭筐陷阱没奏效。要么是住在这里的渔鸮对我们给的冷冻海鱼诱饵不感兴趣，要么就是它们不愿意走到可疑的网状圆筐下面去查看。暴风雪结束后的某一天凌晨两点左右，我和谢尔盖开着雪地摩托冲了三公里去查看一个鸣响的发射器，却发现是误报：结冰之后，渔网被拉松了，触发了信标的绳子。谢尔盖又累又冷又沮丧，一脚把笭筐踢破，扔进了森林。至此，笭筐陷阱实验结束。

学习捕捉的过程是缓慢的。每种陷阱和每个捕获地点都有很多细微的差别。自2月下旬以来，有几次都是差点成功。这个野外季开始的时候，我们觉得抓到四只渔鸮是合适的目标；但我已经要放弃这个目标了，只要能学会安全有效地捉到渔鸮的方法，今年就算可以了。经过这么多次挫败，要是能在结束的时候抓到一两只，我就会心满意足。野外季已经过半，如果天气给力，离捕捉时机截止还有三四周时间。在那之后，春天的冰层不稳，河水水位上升，就不适合捕捉渔鸮了。

抓不到渔鸮，睡眠不良，事后悔悟，一蹶不振——这样的状态持续了一个多星期。我深受其扰，知道我们真的陷入了困境。即使想像离开谢列布良卡河时一样举手放弃、重新来过，也是不可能的：我们的皮卡还困在三里地外的雪里。我试着调整自己的期待：尽管没抓到渔鸮，今年还是有进展的。之前还以为能随随便便就接近东北亚最缺乏研究的鸟类，想象它们轻易就会透露自己的秘密，我太过无知傲慢了。

可就在这个当口，就在我已经接受了失败的结局时，我们抓住了第一只渔鸮。阿纳托利拍了拍我的肩膀，说他早就知道，调整心态就对了。但实际上是因为我们改进了套索。直到这次捕获之前，我们一直都是沿着河岸在希望渔鸮能落下的位置放套索毯，但收效甚微。后来我们改变了策略，引诱渔鸮到我们想要的地点，这个方法还挺新颖，以至于后来我们还在科学期刊上发表了一篇文章来阐述这种方法。我们造了一个捕猎的围栏：长约一米、高十三厘米的网箱，顶部敞开，是用做套索毯剩下的材料做的。我们把箱子放在不超过十厘米深的浅水中，底部撒上鹅卵石，这样从上面看就和河流别处毫无二致，再在里面装上鱼，能钓到多少就装多少，一般是十五到二十厘米的鲑鱼苗。然后我们在离河岸最近的地方设了一个套索毯。这样渔鸮看到鱼，靠近想弄个究竟时，就会被抓住。

每年这个时候，此处河段最常见的是马苏大麻哈鱼——体形最小的鲑鱼之一。成鱼个体长约半米，重约两公斤，超过成年渔鸮体重的一半。马苏大麻哈鱼是所有太平洋鲑鱼中分布范围最窄的，大多限于日本海、萨哈林岛周围和堪察加半岛西部。像许多鲑鱼一样，幼鱼会在淡水环境中生活数年，然后才迁移到海里，滨海边疆区的沿海河流中到处都是这些铅笔一样长的鱼。因此，这种数量充沛的物种是渔鸮在冬季的重要资源。马苏大麻哈鱼也是当地村民重要的食物来源，悠闲地在冰上钓一天就能钓到几十条。当地人有一种误解，认为冬季看见的小马苏大麻哈鱼（他们称为*pestrushka*）与夏季产卵的大鱼（称为*sima*）完全不同，因而导致对这个物种的管理变得很复杂，一个人也许能认识到*sima*在商业和生态中的重要性，但会把*pestrushka*当作能随便利用的常见物种。

我们装好陷阱装置后的第二天晚上，法塔河这对渔鸮中的雄鸟靠近围栏，把里面的鲑鱼吃了一半，然后跌跌撞撞地爬到岸边的套索毯上触发了发射器。水电站早已不发电了，我们正在煤油灯下吃晚饭，这时接收器响了。尽管到目前为止都是虚惊一场，但我们对每一次触发还是严阵以待。谢尔盖和我盯着接收器看了一秒钟，它发出规律、自信的哔哔声，我们对视一眼，七手八脚地套上羽绒服、涉水裤，飞奔出门。

我们踩着滑雪板接近了几百米外的套索。前方，我看到谢尔盖的头灯照亮了一只渔鸮，正蹲在河岸上注视着我们。这只鸟仿若妖精，像吉姆·亨森创作的深色卡通形象似的，长着斑驳的棕色羽毛，驼背，耳羽直立，威风凛凛。我曾见过其他猫头鹰物种用这种姿势让自己看起来体形更大，对入侵者更具有威胁性，确实是有用的：这家伙已经准备好搏斗了。我吓了一跳，每次看到渔鸮，我仍会被它们巨大的体形所震撼。这只巨鸟一动不动，在黑暗的冬夜里用黄色的眼睛盯着我们，随着我们步伐加快，那眼睛在谢尔盖的头灯光线中忽明忽暗。除了滑雪板在雪地上有节奏的摩擦声和我们疲惫的喘息声外，一切都静悄悄的。毋庸置疑，在渔鸮逃跑之前必须得赶到。

渔鸮转身退后，腾空，我的心跳都停止了，但是套索毯的压重拉住了渔鹗，轻柔地把它带回了地面。巨大的渔鹗笨拙地沿着白雪皑皑的宽阔河岸逃离我们，拖着套索毯，直到我们只有几米开外时，这只猛禽开始在河边打转。它正对我们，爪子伸出、张开，随时要把能触及的肉体撕个粉碎。

非野外季时，我在明尼苏达大学猛禽中心接受了应对猛禽的训练，了解到在防御的猛禽面前，犹豫不决对谁都没有好处。就在能够得着的一瞬间，我用流畅的动作划动手臂，抓住渔鹗伸开的腿，把它兜了起来。渔鹗上下颠倒，感到很困惑，翅膀放松了，我用空闲的手把翅膀先收到它身旁，再把它的身体贴到自己怀里，像抱着一个襁褓中的新生儿一样。这只渔鹗是我们的了。

渔鸮在手

我们站在靠近河岸的浅水中，脚和冰冷的河水就隔着一层橡胶涉水裤。谢尔盖还喘着粗气，从背包里拿出剪刀，把渔鸮爪子上缠住的套索剪了下来。天空清朗，没有月亮。头灯照射下河水潺潺流过，我盯着这只气宇不凡的鸟那对巨大的黄眼睛。渔鸮在人手里会有什么样的反应？有些猛禽很温顺，而隼之类的其他猛禽在被擒时会一直弹腾、反抗。白头海雕会伸直长脖子，用吓人的喙咬捕捉者的颈静脉，仿佛知道只要咬对了地方，就会让绑架者鲜血迸发、手忙脚乱。我没找到接触野生成年渔鸮的书面记录，甚至连苏尔马赫以前也没有用手抓过成年渔鸮。

外面很冷，所以我们小心翼翼地把捉到的渔鸮带回了温暖的小屋，阿纳托利帮我们清干净了后面的桌子，我们可以在这里进行必要的测量、抽血，给渔鸮带上腿部识别环志，而不至于在外面把手指冻僵。我们发现这只渔鸮在人手里非常平静。我们戳了戳，它一动不动地呆住了，几乎没有反抗。这么大的鸟类一般没有天敌，我怀疑这种经历对它来说一样新奇。安全起见，我们把它裹在一件简易的约束马甲里，这是猛禽中心的一位志愿者为渔鸮定制的。这只渔鸮重2.75公斤，几乎是雄性美洲雕鸮平均体重的三倍，翼长51.2厘米，尾长30.5厘米。渔鸮雌性比雄性大，这一规律在大部分猛禽中都能观察到，但关于渔鸮重量的记录很少，所以我们很难确定抓到的是雌是雄。其实，这还是俄罗斯大陆首次有渔鸮体重的记录，而在岛屿亚种中，我们只能找到四只雄鸮的体重记录（3.2—3.5公斤）和五只雌鸮的记录（3.7—4.6公斤），且我们不知道一个亚种是否本来就比另一个亚种体形大。鉴于我们这只渔鸮的体重比所有发表的记录都轻，并且羽毛是成羽，因此不是亚成鸟，我们猜测它是只常年居住在此地的雄鸟。当时我们还不知道通过尾羽中白色的比例，就能轻易区分渔鸮的性别。

接下来是安装发射器。遵循现有的大型猛禽的标记流程，我们把带子自上而下分别绕过双翅，这样口红大小的发射器就可以像背包一样直接放在鸟的背部中央，又有一根覆过龙骨的横向束带，把一切固定就位，一根长天线顺着身体往下指向尾部。我先把束带松松地系上，然后抓住渔鸮的腿把它高高举起，松开翅膀让它拍打。这样就让发射器和束带自然地在渔鸮密集的羽毛里贴紧。然后我测测合身程度，再重复一次，直到发射器和束带的松紧刚好合适。如果太松，发射器会笨重地来回翻滚，妨碍渔鸮飞行或捕猎；如果太紧，随着渔鸮体重增加，龙骨带会像紧身胸衣一样挤压它。这时已是冬季的尾声，肯定是食物匮乏的季节，这只渔鸮的体重可能在全年中最轻的时候。春季、夏季和秋季，随着河流的融化和更多能捕到的食物，它的体重就会增加。在安装束带时需要考虑到这一点。

我们还得决定要给这只渔鸮，还有这个项目里抓到的其他渔鸮起什么名字。一直以来我们的注意力都集中在捕捉上，以至于压根儿没想过起名字这回事。在更广泛的研究人员中，如何称呼研究对象是有争议的，有些科学家认为起名字会让人感到熟悉，导致结果的偏差。例如，一些调查人员可能不愿意承认名叫"勇敢之心"的狮子会杀死幼崽。不过在这一地区，起名也是有先例的：我们周围的森林里有好多佩带甚高频项圈的老虎，有像是奥尔加（Olga）、瓦洛佳（Volodya）、戈尔雅（Galya）这样的名字。最后我们选了一种比较传统的命名方法。由于我们捕捉的渔鸮是有稳定领域的留鸟，因此就用领域加性别来称呼。那么手上这只就是"法塔河雄鸮"。

我们再次检查了它的无线电频率，确认记录的脚环标记正确，然后踩着嘎吱作响的雪，把渔鸮带到了阿纳托利房子后面的空地。谢尔盖把这只安静的渔鸮背对着我们放在地上，倒退回来。迷惑的法塔河雄鸮呆坐了一会儿才意识到自己重获自由，之后迅速腾空，很快地扇着翅膀朝河边飞走了。我再次打开接收器又确认了一次，信号依然稳定、强劲。经过一年多的规划和好几周的失败，遥测项目终于开始了。

谢尔盖和我握手祝贺，兴高采烈地回到温暖的小屋。我们一直存着点伏特加，留着庆祝捕捉成功，我擦了擦瓶身上的灰，省着倒了几杯的量出来。阿纳托利搓着手笑着，切了些面包和香肠。我们的主人心醉神迷。谢尔盖和我之前都情绪低落，此时，阿纳托利正陶醉在庆祝的气氛中。他不怎么爱喝酒，但机会难得，不容错过。我们喝酒、吃饭，品尝着成功的喜悦。那个夜晚，是我几周以来第一次睡得如此香甜，毫无间断。

第二天早上，我们将注意力重新集中于捕捉下游的渔鸮，我们称为"通沙河雌雄"。在离阿纳托利的小屋两公里的地方，有个用落叶松原木建的狩猎小屋，距离我们通沙河的捕捉地点只有七百米，我们开雪地摩托去那儿住了几晚。几天前，我们在下游发现了通沙河雌雄的巢。一棵在八米高处断顶的杨树站得笔直，枝丫全无，像一座塔楼矗立在横枝错节的堡垒中，一只孵卵的雌鸮在巢中冷冷地打量着我们。这意味着只有雄鸮能捉：需要孵卵时，雌鸮是不会走远的，尤其是外面这么冷的时候。第一天晚上，我们在河岸上找到一些渔鸮的踪迹后，把猎物围栏设好，放满了鲑鱼幼苗，还有几条花羔红点鲑，没放套索毯，看看通沙河雄鸮能不能找过来。它几乎是立刻就发现了，把所有的鱼都抓走了。第二天晚上，我们把套索毯放在河岸上，在猎物围栏里放了更多的鱼，然后在河湾附近躲了起来。我们没等太久。渔鸮黄昏时就来了，它找到了更多的鱼，正顾着高兴，想都没想就进了套索。像法塔河雄鸮一样，当我们从黑暗中冲过来时，这只渔鸮在河岸上仰面倒下防守，爪子在谢尔盖的聚光灯下闪闪发光。腿伸出来就意味着更容易被抓住，就这样，我们捕获了第二只渔鸮。这只鸟与法塔河雄鸮行为相似：顺从，呆滞，毫无动静。它体重3.15公斤，比我们上次捕获的那只要重，如果不是刚刚看到雌鸮坐在巢上，我们甚至可能会认为这是只雌鸮。我们迅速处理好，安装了发射器和脚环，大约一个小时后就把它放走了。我们决定不再留宿在狭窄拥挤的猎人小屋，当天晚上就回到了阿纳托利的小屋，顺利凯旋。

捕捉了附近这两只雄性渔鸮之后的几天，我们用定向天线记录了第一批研究对象的位置。法塔河雄鹗仍然栖息在被抓捕之前的地方，两对渔鹗都在继续二重唱。这些强有力的迹象表明，被捕的经历对它们来说没有造成太大痛苦，它们已经恢复了日常生活，这让我们松了一口气。我们还想捕捉法塔河的雌鹗，因为它好像并没有在巢里孵卵。我们在法塔河的捕捉点放回猎物围栏，把套索重新系好，黄昏时分开始在附近的森林中等待。这一次，在日落后的一个小时内，我们又抓到了渔鹗。猎物围栏就是捕捉工作成功的关键。我们的信心和经验都与日俱增。

这只渔鹗比捕获的前两只大，重3.35公斤，比它的伴侣重了差不多20%，不过翅膀和尾巴尺寸相似。它从头到尾有68厘米，比通沙河雄鹗略大。不过，这只渔鹗的行为和之前捕获的完全不同。前两只渔鹗都是雄性，很顺从，但这只雌鹗绝不肯不加反抗就甘受欺辱。谢尔盖靠近测量喙长时，它用尖尖的喙把谢尔盖的手指啄出了血，在我们工作的过程中，它不停地想要挣脱我的束缚。这是渔鹗两性之间的特征差异吗？放归时，它也不像伴侣那样停留，而是马上匆忙而坚定地飞走了。

我们已经在这个地方抓到了所有能抓的渔鹗，到了3月22日，我们收拾好行装。因为车子被雪困住，无法离开，我们已经在阿纳托利的小屋滞留了十七天。我们把大部分食物留给了他，把剩下的装备固定在雪地摩托后面的雪橇上，让阿纳托利开着雪地摩托把我们带往皮卡那里，它仍困在林中的半路上。车停在一片白雪皑皑的平地上，只有路过的狍子和赤狐留下的脚印。经过将近三个小时的铲、推、骂，我们才把车移了两公里，回到了主干道。我们向阿纳托利道别，他骑着雪地摩托回自己的小屋去了。几周之后，待雪进一步融化或者彻底消退，谢尔盖再取回雪地摩托和拖车，那时我们又可以开着皮卡去小屋了。

我们开回捷尔涅伊，在约翰家过夜休息，喝啤酒、蒸桑拿，然后将目标转向了谢列布良卡河。这时我们变得更加冷静自信。增加的猎物围栏其实也就是个装满鱼的盒子，我们可以在河里放好围栏，正常睡觉，轻松地等着渔鸮找过来。我们每天都会检查现场是否有渔鸮来过的痕迹，只有紧邻的河岸上有脚印或者鱼的血迹时，当天晚上才会布置实际的抓捕陷阱——套索毯。我们蹲在附近渔鸮看不见的地方，由接收器来提醒我们是否有渔鸮上套，然后抓住它，回去时正好睡觉。

3月底，我们在谢列布良卡河上放置了一个围栏，里面放了十几条活鱼。第二天早上，鱼全部不见了，附近的雪地上满是渔鸮的脚印。我把套索毯放在河岸上，谢尔盖在冰上钻了个洞，沉下渔竿，开始补充诱饵。这天晚上就要捕捉了，但几个小时的垂钓一无所获，我开始盯着表干着急。有了准备捕捉的地点，几个小时后就会有渔鹦走进来，但我们却一条鱼都钓不到。出于绝望，我们开始翻动河里的石头，找了了十几只昏昏欲睡的冬眠青蛙。渔鹦似乎只在春天捕食青蛙，所以我们怀疑青蛙诱饵现在是否有吸引力。我们把青蛙放在猎物围栏里，它们都缩进角落，看起来像光滑的黑色石头。我们仔细检查了套索毯是否已准备好，套环是否直立，绳结是否能自由滑动，然后绕过河湾后撤，等待着黑夜的降临。

晚上七点四十五分，陷阱的发射器在我手中吱吱响起，我们沿着河岸向它飞奔而去。虚假警报。渔鹦来过，能看到它的脚印，但只是从边上接近了猎物围栏，撞到并触发了发射器。它还没有踩上套索毯，肯定是等我们接近时飞走了。我们安顿下来，开始了一个漫长的夜晚。之前没料到这次要等这么久，所以准备不足。我们没有睡袋或厚外套来抵御寒风，只有一个装着捕捉装备的背包。我和谢尔盖在河边默默缩成一团，在陡峭的岸边，借着越来越黑的夜色得以伪装起来。不知道渔鹦对先前的惊扰会有什么样的反应……今晚它还会回来吗？晚上十点三十分，经过近三个小时的等待，发射器再次响起。谢尔盖和我起身就跑，头灯照亮了黑暗中的路。等接近时，看到这一只也和其他几只一样，背地躺倒在河边压实的雪地上伸出爪子。谢尔盖快速一抄，渔鸮到手了。那里的河岸很窄，不便于工作，于是我们把捕获的渔鸮带回之前等待的地方处理。它重达3.15公斤，因此我们确定是居住在这里的雄鸮。我们对其测量，抽血，并安装了发射器束带。

就在谢尔盖给渔鸮安脚环，我把它接过来缚住的时候，一只鹿虱蝇从渔鸮胸部的羽毛里钻了出来。这是种体形扁平的寄生昆虫，十美分硬币大小，腿又长又粗。鹿虱蝇得名于它经常寄生的哺乳动物，它会落到潜在宿主身上，钻过浓密的毛发（或羽毛）后平贴在皮肤上，即使在寒冷的冬天也能在宿主血液和体热形成的小环境中生存。这些年来我见过很多这种虫子，但没想到它们还能寄生在渔鸮身上。它一定以为这只渔鸮要沉船了，正在另寻出路。

"嘿，"我喊了谢尔盖，好奇地盯着这只虫子，"有只鹿虱蝇。"

谢尔盖正专心安装金属脚环，心不在焉地咕哝着应了一声。鹿虱蝇开始向我移动。我没法抵挡它缓慢靠近——我的一只手抓着渔鸮的腿，另一只夹着它的翅膀。如果此时松手，渔鸮可能会伤到自己，或者用爪子抓穿谢尔盖的手。

"嘿！"当鹿虱蝇从渔鸮那儿爬过我的手臂、肩膀，直到露在外面的脖子上，我愈发惊恐地叫出了声。这会儿已经是在吼了。我能感到鹿虱蝇找到了我的胡子，一头扎了进去，趴到了我的下巴上。我束手无策，只能用俄语大骂，能骂多脏就多脏，恳求大笑不止的谢尔盖把渔鸮接过去。等他接手后，我把鹿虱蝇从脸上抠下来，远远地弹进了雪地里。

沉默的无线电

　　这个野外季开始的时候困难重重，而后面进展这么顺利，实在出乎我意料。只用了五个晚上，我们要抓的四只渔鸮就有了三只。赶在这个时间节点很是幸运，因为白天的气温已是经常升到0摄氏度以上了。接下来下的就是暴风雨而不是雪了，也意味着今年的捕捉工作结束。开冻之后，交通越发不便，河水因为春季融雪而变得浑浊，渔鸮已经看不见我们猎物围栏里面的诱饵了。

　　过去的几个月压力太大了。这些年我也参加过很多其他野生动物的捕捉项目，像是检查捕捉老虎和猞猁的绊索，还有从雾网上解下几百只鸟。但在那些情况下，捕捉的流程都是基于多年甚至几十年的经验知识，我也一直是担任野外助理或志愿者，不需要负责任，自然也就没什么压力。如果出了事故，比如老虎断了一颗牙，或者是鹰从雾网上抓走了一只濒危的小型鸣禽，都不会是我的失职。然而眼下这个项目，最重要的是保障这些濒临灭绝的渔鸮的生命，责任完全落在我身上。可以想象，套索设置不当就可能导致渔鸮失去一个脚趾。被套住的渔鸮试图逃跑时，如果太靠近河岸的灌木就可能会折断一只翅膀。鸟抓到手之后，还有一系列的环节都有可能出问题，放归也必须进行得完美。整个野外季，我脑海中闪现的就是这些念头，压力的外在表现就是体重减轻，而精神上就是睡眠不足。

意识到我们已经竭尽所能地完成了这一年的捕捉任务，且项目的这一阶段也结束了，我们终于松了口气。冬去春来，我们也过渡到了监测工作。我们在捷尔涅伊舒适地过夜，在正常时间吃着热饭菜，还隔三岔五去约翰的桑拿房蒸桑拿。白天和晚上的不同时间，我们开着车在谢列布良卡河、通沙河和法塔河的河谷路上悠闲地行驶，用三角定位收集标记的渔鸮的位置数据。我们会定时在和渔鸮领域平行的道路上停下皮卡，把接收器拨到其中一只渔鸮的频率，然后慢慢地在空中挥动一根鹿角一样的大型金属天线，来确定发射器信号最强的来源方向。然而我们也逐渐明白，这种在野生动物研究中很常见的方法既是一门科学，也是一门艺术。例如，一只栖在山谷边缘附近的渔鸮发出的信号可能会在附近的悬崖间回荡，隐藏了它的真实位置。这种情况下定位是不精确的，误差高达几百米——对于准确了解渔鸮位置来说

222

没有多大用处。或者如果一只渔鸮在河岸狩猎而不是栖在树上，信号就要弱得多（而且会显得距离更远）。

途经的伐木工人和渔民会放慢车速探看我们，我挥舞着这件像非主流艺术品似的物件，感到浑身不自在。不过捷尔涅伊的居民已经习惯看到科学家用这种设备追踪老虎，所以比起在滨海边疆区的其他地方，我们的行为可能看上去还没那么奇怪。其实所有人仍认为这种设备是用来追踪老虎的，少数几个看见我们的人回去告诉了家人、朋友。接下来几个星期，我们在路上实在太显眼了，拿着"寻龙尺"找猫头鹰，而不是找水，这下谣言在捷尔涅伊传开了，说是很多老虎已经到了通沙河流域，要去那边的渔民可得小心。我们也会在森林中用天线，让我对林子里的鹿和驼鹿又多了些敬意：带着鹿角一般的天线在林下穿行时，我总能想起这些动物，因为我的天线不是勾到这儿就是扯到那儿，而所有的有蹄类动物都能在河畔奔跑以逃离老虎和猎人，脑袋上还长着这么个玩意儿。

我们这项工作才刚开始，期待着这些早期数据能显示渔鸮的重要地点。而数据也确实起了作用。我们新近获取了数百个位点，把位置输入GPS设备，然后在标记的渔鸮领域中的森林和河流间搜索，寻找渔鸮停留时间最长的地点，对它们居住区域的地形景观愈发熟悉。我们在河流沿岸发现了渔鸮捕猎点，也发现了它们日间休息的栖息地。在通沙河的领

223

域，我们将细长的柳树枝干钉在一起做了把梯子，抬着它穿过河谷到达巢树，在那儿发现了一枚白色的卵，约比鸡蛋大20%。但相较于渔鸮这样奇特的鸟，这枚卵看起来甚是平平无奇，不由令人失望。

森林褪去晦暗的严冬，换上了欢乐的春绿，谢尔盖和我一起最后吃了顿饭。4月中旬，我去往符拉迪沃斯托克，苏尔马赫在长途车站接我。我们一起待了几天，分享这个野外季的情况，计划下一个野外季。我们安排了几位野外助理，好在我离开期间在捷尔涅伊收集标记的渔鸮的移动数据。但好帮手不是那么容易找到的。我们用的设备也可以追踪老虎，所以得找信得过的人才行。这项工作时间不稳定，还需要长时间开车，所以野外助理得随时有车可用。在捷尔涅伊这种偏远村庄，很少有人有汽车，这就把选择范围缩小了很多，而且并不是所有人都喜欢整夜不睡觉在黑漆漆的森林里转悠。

苏尔马赫和我也开始讨论以后的捕捉计划，我回到美国之后，我们还继续远程讨论了好几个月。我打算在2008年2月重返俄罗斯，鉴于已经在捷尔涅伊地区捕获了三对渔鸮，我们要把精力集中在阿姆古周边。在圣保罗，我在明尼苏达大学修习了景观生态学、野生动物管理和森林管理的课程。我不仅需要了解渔鸮的位置，还得解释它们在那里的行为，然后用这些信息制定一个对滨海边疆区森林地带及林业来说切合实际的保护计划。

　　每个月我都能收到谢尔盖和野外助理的近况，他们在尽职尽责地收集着渔鸮的动向数据。并不都是好消息。2007年秋天，有个捷尔涅伊的猎人吹嘘自己打到一只巨大的猫头鹰，谢尔盖闻讯赶去调查。他找到了这个人，才十几岁，虽然年轻，但已是镇上出了名的偷猎者。他和谢尔盖见面说的第一句话就是他有熊胆，价格实惠。谢尔盖把话题转到渔鸮上，男孩辩解说他什么也不知道。谢尔盖不肯罢休，试图让他明白我们是为了科研，不是为了追究责任：我们只想知道他打到的猫头鹰是不是渔鸮；如果是，又是不是我们的渔鸮。男孩承认了，并带谢尔盖去看谢列布良卡河谷的鸟尸，是在谢列布良卡河和通沙河的领域以南不远的地方，时日一久，尸骸已经被食腐动物扯得到处都是。谢尔盖找到了一只翅膀，一条腿，一个被子弹击中的头骨和各种各样的羽毛。确实是只渔鸮。这条腿上没有环志，到了此时，男孩也没什么好隐瞒的了，他说如果打死的时候鸟腿上有环志，他肯定会记得。谢尔盖问他为什么打渔鸮，偷猎者说只是碰巧：他需要新鲜的肉来给捕紫貂的陷阱放诱饵，结果就碰上了这只鸟。我感到深恶痛绝。这个男孩没去拧他自己院子里的鸡脖子，而是为了几块肉就打死了濒临灭绝的物种。谢尔盖跟他说了之后，他才知道渔鸮是濒危生物，但就算知道了，他也满不在乎——免费的肉怎么说都是免费的，一只紫貂的皮最高能卖到十美元。

如果这不是我们的渔鸮，它又是从哪儿来的呢？捷尔涅伊地区没有环志的渔鸮，我们知道的只有两只——谢列布良卡河雌鸮和通沙河雌鸮。死的会是其中一只吗？这个消息让人又困惑又沮丧，但隔着半个地球，我也无能为力。到了12月，我更加焦虑了，人在明尼苏达，还有几个月才能返回俄罗斯，而情况又恶化了。野外助理尝试了很多次去找我们的渔鸮，但回报说发射器一直没有动静。这种技术是可靠的，设备应该可以用很多年，如果是发射器的问题，所有发射器同时出现故障似乎不大可能。有种担忧一直在我脑海深处挥之不散，那就是四只渔鸮都死了。待2008年2月我抵达俄罗斯后，首要任务就是解开这个谜团。

我加入了由谢尔盖、野外助理舒里克（2006年萨马尔加河考察队成员）和阿纳托利·扬琴科夫（本季新加入成员）组成的团队。第一步就是在捷尔涅伊附近的渔鸮领域探查信号，听渔鸮的叫声。扬琴科夫是苏尔马赫雇来的，只在这个野外季的头几周帮我们抓捕，他是个驯隼人，五十六岁，秃顶，愤世嫉俗。他在楚科奇的一个煤矿干了二十四年，工作环境和职业都有够阴郁，大概是这个原因，他也变得悲观、不爱冒险。我挺喜欢扬琴科夫，听说他很擅长捕捉猛禽，但他大概会是个冷冰冰的队友。

回到捷尔涅伊郊外的森林里，在去年春天听到过强有力的渔鸮信号的地方，如今都只传来断断续续而又空荡的静电声。我的心情一落千丈——渔鸮真的不见了。黄昏时分，我在通沙河的领域徘徊，希望能奇迹般地听到渔鸮叫，但并没抱太大希望。我忧心忡忡，研究项目眼看就要泡汤，而且我还有可能害死了四只濒危鸟类。

黄昏时分，站在通沙河的路边，居住在这里的渔鸮开始二重唱，我的担忧瞬间烟消云散。那有力的声音在森林中波荡开来，深沉、醇厚。我知道只有在正确的时间和完美的条件下才能听到渔鸮的叫声，野外助理只是没听到而已。叫声从河谷对岸的远处传来，是在山脚下，我知道它们的巢树就在那儿。听了几分钟，冬夜越来越黑，我脸上却挂着笑容，因为渔鸮向聆听者宣告，它们仍然活着。然后我想起那无声的信号，从外套里拿出接收器打开。即使渔鸮在叫，也只有静电声。渔鸮没有死——至少这两只渔鸮没死，但这个项目仍然很悬。我得搞明白发射器为什么不管用了。

接下来的几天，我们在法塔河和谢列布良卡河的领域巡视，寻找和聆听生命的迹象。我们也听到了谢列布良卡河的那一对渔鸮的鸣唱，但也是同样没有信号，就算离发出声音的渔鸮只有几百米也是如此。发射器的功率很强，应该是可以听到几公里外的信号。现在就只剩法塔河的领域还存有疑问，因此我带扬琴科夫开车去了法塔河和通沙河交汇处的阿纳托利的小屋，看看那边的动向如何。

阿纳托利很欢迎我们。他知道二三月是渔鸮的季节，一直盼着我回来。阿纳托利的小屋里很整洁，甚至墙和天花板都刷了一层白色的新漆。那年秋天，通沙河顺流而上的粉红鲑的数量还可以，阿纳托利一直很忙，熏制房里散发出浓郁黏稠的香气，数十条红彤彤的撑开的鱼干在朝阳的屋檐下挂晒着。我注意到以前通沙河上方悬崖上的破亭子不见了。阿纳托利说去年夏天刮台风的时候，亭子塌下来被冲走了。

喝茶时，阿纳托利说他整个秋冬都能听到法塔河的渔鸮有规律地叫。有时就在小屋对面河上凸出的大岩石上，上一个冬天我在那里找到过一些羽毛。有几次，一只渔鸮甚至在小屋的房顶上叫了起来。想起这回事，阿纳托利哈哈大笑：那只渔鸮突然发出一声雷鸣般的叫声，仿佛从四面八方传来，把他从睡梦中惊醒，顿时警觉地坐了个笔直。渔鸮并没有长期失踪，这真令人欣慰，也意味着栖息在这里的一对渔鸮没有变化。我们听到的应该就是去年抓到的渔鸮。这些发射器全坏了吗？还有，2007年秋天，谢尔盖找到的又是哪只渔鸮的尸骸？我们知道的所有领域似乎都是占着的。要不就是在短短几个月内，所有四只标记的渔鸮都消失了，并被新的渔鸮取代，但考虑到渔鸮的长寿和领域行为，以及一只幼年渔鸮需要三年才能达到性成熟，这似乎不太可能。如果我们在这儿听到的是新的渔鸮，那就意味着我们的渔鸮中有一只（或两只）已经死亡，或是出于别的原因消失了，并立即被其他成年渔鸮代替。如果是这种情况，周围得有足够多未配对的渔鸮等着领域出现空缺。在日本北海道的部分地区，这是有可能的，那边开展了积极的保护工作，正在恢复渔鸮种群，有些地方准备好繁殖的个体比繁殖地点还多。然而根据我们对捷尔涅伊地区的调查，没有发现这种等待繁殖机会的渔鸮种群。另一种情况是所有背包发射器同时发生故障，同样也不大可能。要想搞清楚原委，必须得再从这些领域里抓一只甚至几只渔鸮。从法塔河开始着手是理所当然的，因为这里的雄鸮和雌鸮都是标记过的，因此抓住其中一只就能真相大白。但另一个要紧的问题是，再次捉住这些渔鸮还会不会那么容易了。有些动物面对陷阱会变得"害羞"，也就是会在第一次被捕获后变得警惕，第二次就很难再上当了。比如东北虎就通常会避开以前被抓到的地点的周边区域，即便被捕捉后多年也是如此。渔鸮也会这样躲避陷阱吗？

渔鸮和原鸽

扬琴科夫使用的主力抓捕陷阱叫作"*dho-gaza*",这种捕捉猛禽的装置非常实用,在实操中能亲眼看见,我感到很兴奋。陷阱是用细到几乎看不见的两米见方的黑色尼龙网做的,布置在诱饵与目标猛禽预计飞过来的方位之间。

有时诱饵会是大型捕食性鸟类,比如美洲雕鸮,目的是诱使某一领域内的一对猛禽进行防御性攻击。还有些情况下诱饵是猎物,比如小型啮齿动物或鸽子,这种方法通常用于诱捕迁徙中的猛禽,它们会中途寻找快速填饱肚子的零食。*dho-gaza*的四角都有套环,用细软的金属钩固定在两根杆子之间。这种不牢靠的结构在大型猛禽快速冲进来的时候能令网及时脱开,在猛禽眼看要捉到猎物的时候将其包裹起来。一根末端有重物的绳子固定在网的一个下角上,因此网中的鸟一旦被缠住,就跑不了太远。

我们需要诱饵,扬琴科夫随便去捷尔涅伊的一个谷仓里逛了一圈，就抓来两只原鸽。"它们压根儿没想到你要逮它们，"他解释说，"所以很容易抓。"他把盖在"海拉克斯"皮卡后斗里的红色油布扯开，一个小金属笼露了出来，还有一袋鸟食，很明显是有备而来。这不是他第一次干绑架鸽子的勾当了。

回到阿纳托利的小屋，我和扬琴科夫前往河流上游，滑雪去了上个冬天的捕捉地点，这唤起了我的回忆 —— 有令人苦恼的紧张，也有终于第一次捕获成功的雀跃。但扬琴科夫带了一只鸽了，悠然自得地夹在胳膊下面。虽然渔鸮专捕水生猎物，但扬琴科夫推测它们应该也不会错过容易到手的其他猎物，尤其是在匮乏的冬季。在一棵倒下的树露出的树根上，我们找到了一个疑似的渔鸮落脚点，就在上一季抓捕地点附近的水边。扬琴科夫大概踱了二十米，把一根带有转环的皮绳系到了鸽子腿上，用桩子把绳子固定在地上，然后撒了鸟食。鸽子可以四处走动，但走不远。一只灰伯劳在我们头上的树冠中不知在追什么鸣禽，我们停下来看了看，然后把*dho-gaza*挂到了渔鸮落脚点和鸽子之间。鸽子带着些好奇，怀疑地看了看我们，然后就四处啄鸟食去了。我们在网的末端安了一个陷阱发射器，然后回到小屋等。如果有东西撞网，我们马上就会知道。

喝着茶，扬琴科夫和阿纳托利熟络了起来，桌子上竖立的接收器音量调得很低，不时发出嗡嗡的静电声，打断我们的谈话。阿纳托利和去年一样古怪，他说附近的山是空心的，里面住着一些穿白袍的男子。只要往下挖十二米就能进到空洞里，这些人守着一个巨大的地下水库，阿纳托利从山腰的泉眼打的生活用水就是来自这个水库。他说以前有道阶梯能从山上的寺庙下到这个水库，但是入口已经被封死好几百年了。我一边听，一边观察扬琴科夫的神色，看他什么反应。但他凹陷的褐色大眼睛无动于衷，完全看不出任何想法。

"十二米也没多深。你干吗不直接就挖下去？"扬琴科夫终于问道，声音低沉单调。他的表情丝毫不改，我不知道他只是想打破让人不适的沉默，抑或在取笑阿纳托利，还是在提出一个严肃的问题。

"不深？"阿纳托利反问，"挖十二米？扯犊子吧？"

就在这时，陷阱发射器被触发了。天刚黑十五分钟。我想这也来得太容易了，多半是虚假警报，但我们还是冲出门去，套上滑雪板，匆忙往上游赶。就在那里，雪地上一个黑暗的身影困在*dho-gaza*里面，在高速撞网之后，像一根雪茄一样被包得紧紧的。是只渔鸮，而且戴着脚环——是法塔河雄鸮。鸽子毫发无伤，在绳子允许的范围内尽可能地远离渔鸮，一动不动地默默看着。扬琴科夫把这只猛禽解绑，我抱着它，它还是和去年一样温顺。它的体重增加了，3公斤，比去年冬天重了250克。起初我以为它身上的发射器不见了，但当我把手指探进密实的羽毛里时，能感觉到发射器还在，贴着它的皮肤。为了看得更清楚，我把羽毛拨开，立即明白了为什么我们收不到信号：发射器被鸟喙啄得伤痕累累，天线完全不见了，从发射器上连根扯掉。花了九个月的时间，法塔河雄鸟终于发现了设备的弱点。现在发射器对它和我们都毫无用处了，我们剪开了绑带。我们有备用的发射器，但和渔鸮毁坏的型号一样，再装一个也还是会面临同样的问题。虽然沮丧，但也别无选择，我们放走了渔鸮，再计划下一步的行动。

　　某些鸟种更容易撞进某一类陷阱，同理，不同鸟种对发射器的反应也不一样。一些猛禽，比如美洲雕鸮，往往会去啄绑带的材料，好尽快把设备扯掉。还有一些鸟种似乎对额外的负担没什么反应。例如2015年的一个研究项目，工作人员在西班牙标记了一百多只黑鸢，但只有一只弄掉了身上的绑带。我们似乎已经知道了渔鸮的反应：它们会破坏发射器的天线。渔鸮把设备搞坏了，我们还怎么追踪它们的动向？这真是个重大挫折。

　　释放了法塔河雄鸮之后，我做了个快速测试，看看发射器在没有天线的情况下的侦测距离有多远。我把损坏的发射器绑在阿纳托利小屋空地边缘的树上，打开接收器，慢慢走远直到哔哔声停止。我走了大约五十米 —— 要想接到被渔鸮损坏的发射器的信号，这就是预期的最大距离了。不幸的是，渔鸮很少能允许人类走这么近，而且如果我离渔鸮只有五十米的话，大概率已经看见它了。我只能推测法塔河雌鸮、谢列布良卡河雄鸮，还有通沙河雄鸮身上的发射器失灵也是出于这个原因。

　　还好我有解决方案 —— 至少是权宜之计。在还没得知渔鸮损坏了发射器之前，我已经晓得在阿姆古地区没法在渔鸮身上装这种设备。发射器需要有人实地记录方向角，三角定位渔鸮的位置。阿姆古地区太偏远了，我和团队都没法定期前往。所以我拼凑来一些小额资助，买了三台GPS数据记录器。和发射器一样，这些装置也是用一样的绑带固定到渔鸮背上，但是不会发出无线电信号，而是会每天记录几个GPS位点。这个装备能充电，最多可以撑六个月。但这种设备并非没有缺点。首先，每部设备的成本大概是无线电发射器的十倍，要两千美元。其次，这些设备都是数据记录器，也就是说只能收集和储存数据。要想把里面存的信息导出来，必须得重新捕捉渔鸮，再把数据下载下来。这可能是个严重的问题；如果标记的渔鸮死亡、失踪或学会了躲避陷阱，数据就没有了。

扬琴科夫不能和我们待太久，他在符拉迪沃斯托克附近的家里，还有妻子和一只苍鹰需要照顾。解开了发射器谜团后，他就爬上皮卡开车南下了，给我留了一个 *dho-gaza*。我们要去更远的地方捕捉，不能再享用捷尔涅伊或者阿纳托利小屋里温暖的床铺了，因此，科利亚·戈尔拉赫开着一辆GAZ-66来了捷尔涅伊，这是辆巨大的绿色卡车，看起来像军用的。在野外季接下来的时间里，它就是我们的住所。

科利亚又高又瘦，当时已经在苏尔马赫的研究团队里当了十几年司机和厨师。他人很暴躁，但没什么害处，也还算讨人喜欢，很爱发脾气，对基本的卫生习惯和个人的舒适度都满不在乎。年轻的时候，科利亚偶尔会被警察以"流氓罪"为由抓起来。他身上还有很多文身，一只脚上横文着"夷平"，接着另一只脚上的"西伯利亚"，代表的是20世纪70年代他参与的贝加尔—阿穆尔铁路线大型工程项目，当时砍伐了大片森林。20世纪80年代，米哈伊尔·戈尔巴乔夫的禁酒运动期间，科利亚曾短期受雇于一家啤酒厂当送货司机，当时啤酒是珍贵的管控品。他说开车离开工厂，等到了送货的商店或者酒吧的时候，感觉自己像是统领仪仗队的大元帅一样，后面跟着一群饥渴的苏联人，等着让冰啤酒浸润味蕾的罕有机会。有些汽车甚至会掉头跟上他；人们不知道他要去哪里，目的地有多远，只知道他有啤酒，想要一点。

回忆起来，他说有次甚至被逼冲下了道路，被拦路劫匪开了枪，要抢劫他的酒桶。

GAZ-66有个狭窄的驾驶室，两个座位中间隔着引擎气缸，爬进去感觉像缩进了喷气式战斗机的驾驶舱。驾驶室后面是宽敞的两居室宿营舱：较小的房间是用餐区，有一张桌子和两个长凳，能睡两个人；大一点的房间里，后门边有个铁柴炉，房间两侧都有长凳，在厚厚的、脏兮兮的玻璃舷窗下伸展开来。长凳都够宽，睡一个人不在话下，如果在中间的空当搭上板子，就是一个更大的床铺，最多能睡四个人。这辆车看起来好像是20世纪60年代的，但我惊讶地从车牌上看到，它是1994年生产的，表面却已经是饱经风霜。内饰板开裂发黄，到处都是科利亚临时修补的潦草痕迹，但也没再出什么问题，渐渐就成了永久"装饰"。宿营舱前面的墙上有个按钮，能按响蜂鸣器提醒司机后舱里的人想停车，但已经有年头没被用过了，要不就是科利亚把它关了。情况紧急的时候，最好的办法只能是使劲敲打前方墙壁，希望司机隔着怒吼的引擎声也能听见。

开着GAZ-66，我们搬到了谢列布良卡河领域，要重新捕捉谢列布良卡河雄鸮，取下损坏的发射器。我们在谢尔盖和我上个冬天住过的地方扎了营。到任何新露营地都一样，第一步就是将所有东西从卡车后面卸下来，好腾出里面的空间住人。科利亚在外面点上液化气炉烧水，谢尔盖从车上把成箱的食品、物资、装满装备的背包、滑雪板、木柴逐一递下来，舒里克和我再把东西都堆到车底，防风挡雪。卡车清空之后就变成了睡觉的空间。谢尔盖和我住离驾驶室较近的小间，舒里克和科利亚住后面的大间。GAZ-66卡车的隔热性能很好，小小的柴炉很快就能把整舱都烘热。我们晚上睡觉前经常穿着短袖，完全不受外面温度的影响；但入睡后，冬季的严寒就会整夜围攻我们。随着炉子凉下来，霜冻的细须钻进裂缝和罅隙，逐渐攻破卡车的防线。到了早上，内墙上经常粘着冰。在夏天般的环境里躺下，几个小时之后在冬天的严寒里醒来——这样睡觉产生了一些很特殊的问题。如果晚上一开始就用温标为零下26摄氏度的冬季睡袋，我会热到窒息；而我的三季睡袋的温标是零下6摄氏度，到了早晨就压根不够用了。所以我学会了夹在两条睡袋中间睡觉：晚上先是睡在冬季睡袋上面，盖另一条睡袋当羽绒被；清晨被冻醒后，再翻身把比较暖和的睡袋拉到上面来。

舒里克睡得离柴炉最近，这样有利也有弊。他的位置毋庸置疑是最暖和的，再加上他是团队里个子最矮的，半夜就算不留神把脚伸得太远，也最不容易把睡袋烧着。但早上总得有人把炉子烧热。野外季刚开始的时候，谢尔盖故意给舒里克发了最薄的一条睡袋，这样他就会是早上感到最冷的一个，于是通常都是舒里克一大早被迫在霜冻中起床生火。每一天都是从 GAZ-66 的车轴吱吱作响开始，舒里克匆忙而笨拙地烧炉子，一边骂着脏话，一边用冰冷的手在炉子里塞满木屑，还有一片白桦树皮，好让火赶紧生起来。他会在炉子上放一个水壶，然后又钻进还存有余温的睡袋。我们都等着，有时有人说话，有时没有，声音都闷在睡袋里。空气慢慢变热，水壶烧开时就意味着可以安全起床了。我把脸伸出来测测气温，像兔子在洞口嗅猛禽的味道一样，满意了就喊舒里克把水壶递给我，放到身旁的小桌子上。其他队员也陆续起床，挤进前面的房间喝茶、喝咖啡，开始一天的工作。

在这片渔鸮领域里，我希望能够借助舒里克的技术。具体来说，我一直都想带个会爬树的人去看几棵我推测可能是谢列布良卡河领域的渔鸮巢树。我在 2006 年发现的疑似巢树大多是老杨树，没有触手可及的树杈，厚厚的腐朽树皮随时可能脱落，所以爬起来不是很安全。我给舒里克指了指最有可能的那棵树，他围着巨大的树绕了一圈进行目测，然后选了旁边一棵能爬的高大山杨。他把橡胶靴脱下，穿着袜子一寸一寸地往上爬了十四米。舒里克从上面确认，我们确实找到了谢列布良卡河领域的巢树，渔鸮巢就在树上十五米高的地方，顶部破损的树洼处。

没过几天，就有只渔鸮造访了我们的一处猎物围栏。我们设了陷阱，隔天晚上就把它抓到手了。我们惊讶地发现，根据体重和换羽的情况，这只渔鸮既是雄性又是成鸟，但不是我们一年前在这片领域里抓到的那只。它被替换了吗？我们听到了二重唱，知道这里的渔鸮是配对的。基于迄今为止对渔鸮的观察，我们认为不大可能是完全新来的一对。附近没那么多渔鸮，就算这片领域看起来极为理想，去年那一对消失之后，也不可能这么快就有新来者补上空缺。那么，去年的谢列布良卡河雄鸮去哪儿了？

第二天我走近巢树，尽可能安静地穿过雪地和枝丫。我靠在一棵树上，稳住双筒望远镜，查看托利亚和我2006年找到的那棵夜宿树。我能看到一只渔鸮的身影，与树枝和长长的松针混杂在一起。这是渔鸮做巢的强烈信号：一定是我们昨天新抓的雄鸮，看守着雌鸮，而雌鸮很可能就在附近的那个树洞里，虽然看不到它。渔鸮已经发现我在靠近，知道我带来了威胁，耳羽竖起，高度警惕。它从松树上猛地飞起，喉咙里发出一声低沉的叫声，警示伴侣有无法阻止的危险正在靠近。我从望远镜里看到了它脚环的反光——绝对是我们刚捉过的那一只。片刻之后，另外一只渔鸮也惊飞了，这次是从巢树上飞出来的，然后我看到了黄色的环志。这才是我们去年捕捉的渔鸮，当时以为是只雄鸮，但现在看来竟然是雌性。

当时我们连最基本的事实都搞不清楚，比如这只渔鸮的性别，显出我们对渔鸮的了解少得可怜。但那时我们其实已经是俄罗斯对渔鸮的事最有经验的人了，可见有关它们的知识有多匮乏。这种情况对我们的项目和追踪的个体也有所影响。去年我们抓到这只渔鸮的时候，推测这一对里面的雌鸮在巢中繁殖。如果真是这样，它被我们抓住的时候，应该只是匆匆离巢找些吃的。在那一小时里，我们给它做了测量，安了发射器，导致它巢中的卵冻坏了吗？这会是它今年再次做巢的原因吗？今后我们需要更加确定抓到的是哪一只渔鸮，仅凭体重显然不足以判定性别。

那只渔鸮还在不到百米的距离，但飞得很快，所以我迅速打开接收器，可以听到它的发射器发出的信号，只是非常勉强。直到它消失之后，信号仍然存在，很微弱，然后我反应过来，从它的方向传来的信号并不是最强的。困惑的我绕着巢树转了一大圈，逐渐搞清楚了，不管在什么位置，微弱的发射器信号似乎都是从树里发出来的。这只渔鸮应该已经取下了绑带，可能是啄断的，发射器掉在巢里，毫无用处了。因为不想让渔鸮在寒冷中远离卵太久——否则就是连着两年如此了——我便返回营地报信。留在谢列布良卡河捕捉已经没有意义了，坏掉的绑带已经脱落，而我们的GPS数据记录器数量有限，没办法分一个给这片领域。我们要把记录器全部留给阿姆古地区。

我们搬到了附近的通沙河领域调查，谢尔盖和我一起接近巢树，想看看我们听到的一对渔鸮有没有做巢。巢树就位于道路东边，直线距离不到八百米，在离通沙河主河道约三十米的低矮的河流台地上，对面则是一片宽阔的岩屑堆——这是一百年前居住在这里的中国人的拜神之地。鉴于以往在此地考察的经验，直接朝着树前进是不明智的，路径会极为不畅，诸多障碍物横亘其中，有难以穿透的灌木丛、原木、带刺的植物，还有水道。若向南绕行，然后沿着主河道畅通无阻的冰层接近巢树，速度会更快，过程也不那么恼人。离巢树只有几百米时，谢尔盖和我都被湿漉漉的雨夹雪浸透了。不到一百米时，我发现前方有一阵动静，又逐渐消失了——大概是通沙河雄鸮。我们潜到离树不到五十米的地方，我举起双筒望远镜，看到尾羽从巢树垂直的树干里水平地伸出来。这画面看起来有点好笑：巢里有只渔鸮在孵卵，但树洞本身太小，根本容纳不下它巨大的身体。我们不想再靠近了；如果惊飞了它，暴露的卵就可能受冻。我们开始安静地撤退，对这一发现感到欣喜。

出乎意料的是，这只渔鸮还是从巢里飞了起来。我本能地举起相机，拍了几张那庞大的身影，它在河岸林冠的枝丫间飞向了下游。我眯着眼睛盯着相机的小屏幕，查看有没有照片对焦清晰——全部清晰。但看着照片中渔鸮的腿，我的脑子开始发颤。这是法塔河雌鸮的脚环。我结结巴巴喊来谢尔盖。他把眼睛眯起，又瞪大，张开嘴巴，哑然无语。这是我们去年在相邻的法塔河领域捉到的雌鸮，如今却在通沙河领域做巢孵卵。我们回到营地，陷入了沉思。去年一直坐在这个巢上的通沙河雌鸮去哪了？它是被偷猎者射杀的那只吗？这说得通，那具尸骸没有环志，离通沙河领域往下游只有几公里。但是什么原因促使法塔河雌鸮换了配偶呢？

我们猜测渔鸮会放弃领域，为了证实这个理论，我们当晚就开着皮卡去了法塔河领域，听到了雄鸮独自的叫声。雌鸮离它而去了。这是渔鸮的常见行为还是异常现象？我和阿纳托利聊了聊，他告诉我们那年冬天早些时候他一直能听到一对渔鸮在叫，但很明显，他其实没分辨出一只渔鸮的叫声和两只渔鸮的二重唱有什么不同。他甚至都不相信渔鸮可以二重唱：那声音太协调了，他不敢想象是两只鸟在一起叫。他说，有时一只鸟会叫两声，有时会叫四声。这意味着当他告诉我们全年都听到法塔河两只渔鸮鸣叫的时候（我们据此以为法塔河和通沙河仍旧是渔鸮占领的领域），其实并不一定是在每个领域都听见了雄鸮和雌鸮的叫声。

我很希望能有更多时间在捷尔涅伊再捕捉几只渔鸮，但今年根本没计划在这边工作。发射器之谜已经迫使我们分了神，现在谜题解开了，我们把重点转向阿姆古地区。那儿有几个计划捕捉渔鸮的地点，也有三个GPS数据记录器有待安装。

离开捷尔涅伊大约五小时后，我们的GAZ-66和"海拉克斯"组成的小车队在午夜后抵达了沙弥河的地点，离阿姆古河约十六公里。上次谢尔盖指给我看了氡气是从哪里渗入河流把水加热的。仅仅过了两年，这里的变化却相当惊人。舒利金是阿姆古伐木公司的负责人，也是镇上的重要雇主，他在当地大搞开发，参与建设。他在沙弥河造了三座小屋。第一座是个单间的大房子，紧邻着温泉，里面有正常尺寸的柴炉，一张桌子，长凳，一个架起来的通铺，能轻松睡下三个清醒的人或是五个喝醉的人。我们把GAZ-66停在房子旁边。两个较小的小屋就建在温泉上面。舒利金用挖掘机挖开了河岸上氡气渗入水中的地方，再用原木铺好，在上面盖了木墙和屋顶。

我们到达的时候，其中一间温泉小屋已经有人住了，正扎营时，住客现身了。阿姆古是个小镇，谢尔盖也经常来，他认出住客是沃瓦·沃尔科夫的邻居。2006年，沃瓦帮助我们渡过了洪水泛滥的阿姆古河。这个来泡氡气澡的人是本地猎人，在沙弥河上游租有猎场，谢尔盖以前帮他修过一次卡车。我们走过去打招呼。猎人说他刚还在上游的狩猎区，花了一下午时间放置干草捆，好让林子里的鹿能维生。我发现这点很有意思，他迫不及待要在狩猎季节去猎杀这些动物，但在这之前也不想让它们受苦。他问谢尔盖我们要不要肉，过几天我们还在的话，他给带点来。征战北地期间，我们就是这样靠人们之间互相照应来喂饱自己。我们会带上大袋的主食，像是面粉、糖、意大利面、大米、奶酪和洋葱，然后在河里钓鳟鱼，或者依靠当地人给我们提供肉食。

放手一搏

　　我们的捕捉地点就在离营地不到几百米的地方，小河湾另一侧，刚好不在视线范围内。河流转弯的地方有个深水池，紧接着是浅滩，对渔鸮来说是完美的捕猎地点，可以等着伏击从深水池游进游出的鱼。河边已经布满了渔鸮的爪印。这里没有足够的空间放置 *dho-gaza*，河边灌木太多，所以我们设置了几个猎物围栏，然后回到温暖的GAZ-66吃晚餐。我们并不知道要多长时间渔鸮才能找到陷阱，所以当天晚上八点半抓到沙弥河雌鸮的时候，大伙儿都兴高采烈。想到谢尔盖和我去年还困难重重，真是难以相信现在捕捉进行得这么顺利，一点点经验就起了大作用。我们把抓到的渔鸮带回了宿营舱，利用大桌子，在暖和宽敞的房间进行测量，给渔鸮安装了脚环。科利亚在外面启动了发电机，插上一根电源线，点亮了一个光秃秃的灯泡并引进屋内，挂在了桌子上方的墙上。这是我和谢尔盖经手的第三只雌鸮，并且知道雌鸮比雄鸮更好斗。就在舒里克记录初级飞羽的换羽情况时，他抓住鸟身体的手松开了。我刚要警告他抓紧，渔鸮就挣脱了，有力的翅膀立刻把灯泡打了个粉碎，房间顿时一片漆黑。我待在伸手不见五指的小屋里，里面还有其他三人和一只失控的渔鸮。幸运的是，突然失去光照，渔鸮和我们一样迷了方向，在谢尔盖和舒里克打开头灯之前，我很快又把它控制住了。这还只不过是它第一次试图挣脱。等捕捉流程结束时，这只沙弥河雌鸮已经让谢尔盖和舒里克都挂了彩。

外面几乎是零下30摄氏度，这只可怜的鸟在被捕过程中已经湿透了，我们接近套索里的渔鸮时，它飞到了浅水里而没有往岸上飞，因此经过一番讨论，我们决定让它待在一个纸箱子里面过夜晾干，等早上我们再给它佩戴GPS数据记录器，还会给它些鱼，这样它白天就不会挨饿。喝了几杯伏特加庆祝后，我们已经在安静的夜晚里安顿下来，这时，GAZ-66的金属门上响起了敲门声。我们既没听到汽车的声音，也没看到手电筒的光，离阿姆古也很远。谢尔盖打开车门，看到两个二十岁左右的年轻人站在雪地里，突然被卡车里的光照亮，眯起了眼睛。在从阿姆古去温泉的路上，他们的车在仅剩不到一公里的地方坏了，剩下的路全靠步行，已经冻坏了。他们虽然知道能在小屋过夜，但看到GAZ-66后还是忍不住想过来瞧瞧。他们貌似很友好，其中一个人问能不能进来，谢尔盖答应了。他们爬进车内，把一瓶两升的95%浓度的乙醇放到桌子上。

"你们喝点吗？"还是同一个人发问，从他笑的表情我能看出来，在抵达温泉又黑又冷的路上，他们肯定是大口就着瓶子喝过来的。我们用水兑了点乙醇，喝了不少。我有些好奇地注意到，舒里克只喝了一两杯就不让再给他倒了，我还从没见他拒绝过酒。但我沉浸在庆祝的心情里，只顾着想我们的成功。这两个人问我们在沙弥河旁边的卡车里干什么。和大多数人一样，他们以为我们是偷猎的。谢尔盖总是对我们的具体工作含糊其词，只答说我们是从符拉迪沃斯托克来的鸟类学家，来找稀有鸟类。然后谢尔盖问他们见没见过渔鸮，或者是"要皮大衣的猫头鹰"。我以前从没听过此种说法，不过这个助忆口诀挺合理：渔鸮的四音节二重唱在俄语中近似于"*SHU-bu HA-chuu*"，意思就是"我想要件皮大衣"。这两个男孩只是咧嘴一笑，他们压根儿不明白谢尔盖在说什么。我们没提在沙弥河捕捉渔鸮的事，也没说卡车上的纸箱里就有一只。

黎明时分，我们醒来准备去释放沙弥河雌鸮，发现前晚的客人已经不见了踪迹。他们肯定是泡过氢气温泉就走了。我们小心翼翼地把GPS数据记录器安到渔鸮身上，设备的程序设置是每天记录四个位置点，预计电池寿命是三个月。谢尔盖会在夏天回来再次捕捉这只渔鹗，给数据记录器充电。我们给忧郁的渔鹗喂了四条鱼，然后将它放飞。一开始它一动不动，可能在箱子里待了一晚上让它精神受了创伤，不过最后还是腾空消失了。

这次放飞让我心神不安。朝着下游飞去的野生渔鹗身上背着的是极为昂贵的设备，价格足够雇一名野外助理两个月，甚至买下今年考察需要的所有食物都还绰绰有余。考虑到我们的预算微薄，使用还未充分测试过的昂贵设备是很冒风险的。最开始使用发射器至少让人宽心——我们随时都能检查设备是否在正常运转。而这次，我们必须得相信这个打火机大小的东西能发挥作用，程序运行正确，且能和头顶两万公里外的太空中的卫星正常通讯。不只如此，我们还得相信数据能在这个小塑料盒里储存一年，佩戴它的渔鹗必须活下来，再次被我们捉住。这真是放手一搏。

那天早上，我头疼到怀疑人生。我注意到谢尔盖也一样。

"我们喝得不算多，"他哀号着，指间心不在焉地搓着一支没点燃的香烟，"头怎么会这么疼？"

"那不是用来喝的乙醇，"舒里克发话了，"你没喝出来？那是低档玩意儿，用来搞卫生的。"

"你明知道有害还由着我们喝？"谢尔盖怒了。我是肯定没注意到，所有这类乙醇在我喝来都像毒药。

舒里克耸了耸肩："我以为你知道呢，只是不在乎罢了。"

我们在氡气温泉里稍稍泡了泡——直觉告诉我们，泡久了并不明智——之后就收拾东西往东迁移到了库迪亚河，这是阿姆古河的一条支流，离海岸更近一些。

2006 年春天，我们横渡阿姆古河时受尽了磨难，但这次，河面硬得像水泥一样，很轻松就过去了。然后我们穿过一道窄窄的河岸森林，进入了一片长约一公里、宽约一百五十米的空地。这里满是压在雪下的草，偶尔夹杂着显眼的灌木和桦树。长方形空地的北边是开阔的落叶松林，南边是一道河岸原始森林，像湿衬衫一样紧贴着库迪亚河。2006 年，谢尔盖和我曾在这一带听到过渔鸮的叫声，但那时我们没有时间去考察这片地区。这次，不知道会有什么发现等着我们。

我们在库迪亚河附近选了一处合适的平地，让科利亚留在车旁扎营，谢尔盖、舒里克和我滑雪去往不同方向查探。我们刚经历了一次振奋人心的捕捉，这是俄罗斯首次在猫头鹰身上佩戴 GPS 数据记录器，大家都很兴奋地要去探索新的地区。我们离沙弥河的直线距离只有六公里，但地形景观却截然不同。库迪亚河与其说是一条河，不如说是一条溪流，浅浅的水道交织在一起，两边紧紧贴着柳树林，树干都是滑

251

雪杖粗细。我真不知道渔鸮这么大的鸟是怎么在这种幽闭的树丛里捕猎的。在林下行走太过困难，最后我只穿着橡胶涉水裤在浅水中行走，把滑雪板扛在肩上。几个小时后，我们在营地碰了头，科利亚已经生了火，烧好了泡茶的水，正在做午饭。汇总情况的时候，我们很快就发现大家出行都颇有收获。谢尔盖和我都在河边找到了捕猎地点，更重要的是，舒里克找到了巢树。那是一棵很老的钻天柳，距离营地往下游只有几百米，在库迪亚河的对岸。他在空洞边缘看到了一根磨损的绒羽，推测渔鸮今年没有做巢。这一天不能再完美了。

我们已经准备好捕捉，但考虑到河道狭窄，我们感觉设置套索毯或 *dho-gaza* 都不合适。这两种陷阱都需要无障碍空间，好让渔鸮挣扎，否则网可能会被缠住，这样陷阱就会危及渔鸮。因此，我们在河道上方悬挂了雾网，几乎可以肯定渔鸮是以河流为通道往返捕猎地点的。雾网看上去和 *dho-gaza* 相似，由黑色细尼龙网制成，悬挂在杆子之间，但不同之处在于它不会脱开，也不用诱饵，就直接垂直悬挂在鸟类飞行的路径上。雾网是一种标准的捕鸟工具，鸟撞上看不见的网墙之后，会掉到下面的几个松松的"口袋"里面挂住，收口会因鸟的体重而被扯紧。和之前的陷阱一样，我们设了陷阱触发器，这样有东西触网时就能知道。

雾网是来者不拒、照单全收的，因此在接下来的二十四小时里，我们捕到并放走了很多不是渔鸮的鸟，有几只褐河乌，一只繁殖羽熠熠闪光的雄鸳鸯，一只苍鹰，还有一只领角鸮（一种类似于北美地区的东、西美角鸮的小鸟，有灰褐色的羽毛和醒目的血橙色的眼睛）。又是在我们准备就寝时，陷阱触发器响了。舒里克和我从温暖的卡车上跳下来，在黑暗中匆匆往网边赶，老远就听到痛苦的嘎嘎声——抓到的是只鸭子。我们找到了一只雌性绿头鸭，在灯光照射下它安静了下来，倒挂在雾网的一个口袋里盯着我们。又是虚惊一场。舒里克朝鸭子走去，我用手电筒快速扫了扫网的其他部分，光束落在了另一边口袋里一个棕色的身影上——我们还抓到一只渔鸮。我推测那只雌性绿头鸭叫声太大，等于制造了一个诱饵，引来了库迪亚河这一对渔鸮中的一只。舒里克之前从未对付过陷阱里的渔鸮，既激动又紧张。他之前只见过渔鸮被抓在手里的样子，是我和谢尔盖带了被绑束好的渔鸮回营地时。现在他必须得帮忙从网上解下渔鸮。

渔鸮触网的地方正是我们最不希望它撞到的地方，刚好是在河里齐腰深的一处深坑的上方。要解开这只鸟就必须得蹚进冰冷的水里，没有别的办法，而水面远远高于我们的涉水裤。我让舒里克解开那只绿头鸭，自己接近了渔鸮，冷到令人窒息的水灌进了我的涉水裤，没到了腰带的位置。放走的绿头鸭往下游迅速飞走，舒里克也来我这边了。我正想办法判断抓到的是雄鸮还是雌鸮，再也不想重复谢列布良卡河的错误了；从行为来看，这是一只雌鸮。它和其他雌鸮一样凶猛，一摸就往后缩，用喙和尖利的爪子又抓又咬。最后我们把它解了下来，拆掉了网，这样今晚就不会有其他东西落网了。我们把渔鸮带回GAZ-66。

谢尔盖根据舒里克和我离开营地的时间推算，我们可能抓到了渔鸮，他已经在卡车后舱腾出了工作的空间。舒里克和我换下湿裤子，谢尔盖用约束马甲把鸟包起来带了进去。舒里克有很多和捉在手上的鸟类打交道的经验，他摆弄了下渔鸮的泄殖腔（鸟类用来排泄和交配的多用途孔），判断这只渔鸮是雄鸟，和我最初的猜测恰恰相反。我知道一些鸟类可以通过这种方式鉴定性别，像是鸭子和松鸡，但不知道这种方法也可以用在猫头鹰身上。通过渔鸮的重量来鉴别已经证实是不可靠的，除此之外，对缺乏羽毛性别特征的猛禽，我以往了解的唯一能判断其性别的方法就是对它进行性刺激。如果鸟射精了就是雄性，没有射精就是雌性。我们给这只渔鸮带上了三个GPS数据记录器中的第二个，做了一些测量，然后采了血液样本。工作的时候，我们能听到另一只渔鸮在头顶的树上叫。它跟着我们回到了营地，知道我们抓走了它的伴侣。

捕到的鸟很大，重达3.8公斤。这让我对它的性别犹豫不决。我们捉到的所有渔鸮雄鸟都比已知的岛屿亚种的体重（3.2—3.5公斤）轻，而这只渔鸮已经到了雌鸟的范围内（3.7—4.6公斤）。由于渔鸮尤其是大陆亚种的体重整体范围还有很多未知数，舒里克的坚持让我动摇了：雄鸮，就这样决定了。我们在库迪亚多待了一天，确定一对渔鸮都在正常鸣唱，然后收拾行装前往赛永河。一个月后，我们要再回到这里，重新捕捉这只渔鸮，下载它的活动数据。

在北上去赛永河领域的路上，我们在阿姆古的加油站停了下来，是我第一次找到渔鸮巢树的地方。这是捷尔涅伊和斯韦特拉亚之间唯一的加油点，两地相距近五百公里。和其他很多原本平常的事务一样，给油箱加满油这么简单的事，在俄罗斯远东可能会很困难。有时候是没有油，有时候是被拒绝，就像现在。"想要油，"柜台后面的女人冲谢尔盖吼道，"你得去跟伐木公司的舒利金说。"多亏谢尔盖有先见之明，多带了一百升油，于是我们动用了私人库存，毫无耽延地继续前往赛永河。

北上来赛永河的外地人屈指可数。因为听说注入了氡气的温泉有治疗作用，有时会有人从捷尔涅伊、达利涅戈尔斯克，甚至是卡瓦列罗沃来"朝圣"。他们在这儿待几天或一个星期，泡泡温泉，在大自然中放松。度假的人通常都是夏天来，跟我的研究时间正相反，所以我几乎从来没在这儿见过其他人。但人们却留下了痕迹。上一次我来赛永河差不多是两年前，当时挖出的水坑边隐约可见一个东正教十字架，几步外有座小木屋。现在十字架还在，但小屋的屋顶和两堵墙不见了，被急于生火的游客拆走了，毕竟赛永河周围的沼泽地植被稀疏。小屋幸存的两堵墙不自然地歪斜着，墙角的雪堆占据了以往柴炉的位置。我们扎营的时候，科利亚像是没意识到小屋已经毁坏了一样，穿过原先门的位置，走了进去，靠着剩下的一堵墙摆了一张金属折叠桌。他在桌上放了一个汽油炉，我们扎营期间，他就在这儿给我们准备饮食。别的姑且不论，小屋的残骸至少可以充当巨大的挡风屏障。

我们系好滑雪板出发去探查。谢尔盖和舒里克向南，去河边寻找渔鸮捕鱼的地方；我向北推进，去柳林里找赛永河这一对渔鸮的巢树。巢树应该就在附近，但我有些分不清方向，穿过河岸乱蓬蓬的灌木丛接近的时候，感觉有点不对劲：那棵树哪儿去了？我脱下滑雪板，准备跨过一根被雪覆盖的倒木，忽然意识到，我已经找到了。顺着这根倒木，我找到了树的残桩，巢树在暴风雨中被吹倒了。这些腐朽的森林巨人是渔鸮的稀有资源，但它们已经到了生命的最后阶段，无法像年轻时那样承受风雨的侵袭。一棵树需要几百年才能长到足以容纳一只渔鸮，一个巢洞却也许只能维系几个繁殖季。

舒里克发现了有价值的东西——河岸上可靠的渔鸮捕猎地点。这是一道浅水，冲刷着低矮的鹅卵石河滩。有根大树枝悬在上方，是完美的渔鸮落脚点。舒里克说河岸上到处都是渔鸮的爪印，有新有旧。我决定碰碰运气，看自己能不能遇见渔鸮。我全身裹上羽绒被，再盖了一层柔软无声的抓绒外壳。虽然看起来像团巨大的棉花糖，但一动不动地躲在枝丫密集的林下等待黄昏和渔鸮到来时，我会感到很暖和，并且几乎是隐形的。

天一黑，一只渔鸮悄无声息地从下游飞过来，落在了捕鱼地点上方的树杈上，离我不过二十到二十五米。我坐着出了神。那只渔鸮停留了几分钟，就像周围的夜色一样安定，然后轻轻地扎入浅水中。它抓住了什么东西。附近突然响起另一只渔鸮的尖叫声，把我吓了一跳；我没有注意到它的到来。水中的渔鸮发出嘶嘶声作为回应，移到了陆地上，像长着羽毛的山怪一样弯着腰，用喙钳着一条鱼。另一只渔鸮落在了十几米外，朝对方走过去，叫着，翅膀举在空中用力拍打，似乎是又想过去，又有点害怕上岸的这个家伙。两个影子靠近了，眼看要触到的时候停了下来。第一只渔鸮伸出喙将鱼献上，第二只渔鸮接过去，整条吞下，然后飞到了附近的一棵树上。

尖叫、拍打翅膀和喂食是求偶行为的一种仪式:这是雄鸮在给雌鸮喂食,向雌鸮展示它的捕猎能力,也是当雌鸮坐在巢里孵卵和为雏鸟保温,需要雄鸮提供食物时,雄鸮能够喂养雌鸮的能力。这已经是我研究渔鸮的第三年了,还是第一次直接观察到渔鸮捕猎,以及成鸟之间的互动行为。能得以匆匆一瞥渔鸮的生活,全靠几年来积累了一些经验:我准确地知道应该坐在哪里,然后穿成棉花糖宝宝的样子,在寒冷中等待一小时。

赛永河的捕捉工作看起来极为简单:河岸宽阔,我们很轻易就能设置好套索毯或者 *dho-gaza*,而且很明显,这一对渔鸮都会到这个地点来。我们只剩下一个GPS数据记录器,不过抓到哪一只渔鸮并不重要。然而很快,我们的备选方案就减少到了一种:谢尔盖查看了离河岸不远的一棵老巢树,看到雌鸮稳稳地坐在上面。那晚我见到雌鸮的时候,肯定是它在巢外的最后一个夜晚。我们只试了一次就抓到了赛永河雄鸮,装上了最后一个数据记录器。这里的工作已然完成,我们把行李收进GAZ-66,去阿姆古附近其他几处可能是渔鸮领域的地点,因为手头已经没了数据记录器,所以我们找的是以后能捕捉渔鸮的地方。我们想去谢尔巴托夫卡河领域，沃瓦·沃尔科夫的小屋就在那儿，谢尔盖和我2006年在小屋借住过。但是伐木公司在通往那里的道路上竖起好几道巨大的土堤。他们是要阻止盗猎者，但也挡住了研究渔鸮的我们。

在某一个地点，我们早上醒来后看到一只雄虎的新鲜足迹，是夜间从我们营地旁边几米的地方经过时留下的。大猫的出现让科利亚变得非常焦虑；在这个野外季剩下的时间里，他晚上不再喝茶，怕起夜时丢了性命。在另一个地点，我们在雾网中捕到一只鬼鸮，和北美地区的鬼鸮是同一物种，捕食小型哺乳动物、鸟类和昆虫的小型猛禽。鬼鸮的羽毛颜色是巧克力棕，平坦的大脑袋顶上点缀着一些银白色的羽毛，看起来就像一个神情严肃的纸杯蛋糕。但是我们再也没有发现新的渔鸮。

到库迪亚重新捕捉标记的渔鸮、下载数据之前，我们还得消磨一段时间，于是又绕回赛永河，把坐在巢中的雌鸮惊飞，去查看巢的情况。它飞了一小段距离，大概七十五米，停在一棵树的树冠上怒视着我们。巢洞比较低，谢尔盖和舒里克之前用细柳枝造好了梯子并藏在附近，搭上梯子就能轻易爬上去。巢内有一枚卵和一只刚孵出的幼鸟。幼鸟只有几天大，还没有视力，身上覆盖着一层明亮的白色绒羽，在妈妈匆忙离开后察觉到了我的存在，发出了柔和的嘶嘶声，误以为我能给它提供温暖和食物。我拍了几张照片，爬下梯子。考虑到这边乌鸦和鹰的数量，我不能让幼鸟独自待太久。谢尔盖和舒里克返回GAZ-66后，我在五十米开外徘徊，确保雌鸮飞回之前鸟巢不受袭击。我躲在一根圆木旁边的灌木丛下等待，打算若是有好奇的乌鸦落在巢附近就冲出去。我仍可以看到远处的雌鸮，巨大的身影一动不动。大约过了二十分钟，谁都没有移动。它肯定已经忘记我了，为什么还不回雏鸟身边？我慢慢将双筒望远镜举到眼前，通过十倍的放大率，发现它直直地对上了我的视线。它没有回巢是因为我还没走。我站起身，悄悄离开了。

我们回到库迪亚河，目标是要抓到在那里标记的渔鸮，下载一个月的动向数据，给数据记录器充电，然后南下回捷尔涅伊。我们在野外季早些时候用过的同一地点扎营，这里取水方便，离舒里克在2月时找到的巢树也近。我们查看了那棵巢树，发现树洞已经被清理干净，但没有渔鸮居住。渔鸮有时会在不同年龄的巢树间轮换，它们肯定知道巢树有可能会毫无预兆地倒塌，所以必须得有备用的树。于是我们开始寻找另外一棵巢树，很幸运，没多久就找到了。舒里克和我发现树就在营地河对面不到五百米的地方。舒里克爬上旁边一棵柔韧的树，说他和巢中一动不动的雌鸮对上了眼，就在老榆树十二米高的顶部破洞处。真是个好消息，意味着这对渔鸮正在做巢，对于眼下任务更重要的是，我们的目标渔鸮（带有数据记录器的库迪亚河雄鸮）是唯一可供捕捉的鸟。

设下陷阱的第二个晚上，就有一只渔鸮落入其中，但它没有受困太久，我们没来得及抓住。它留下了一些绒羽，还从猎物围栏里带走了一条鱼。我们在库迪亚河待了一个星期，这是唯一一次快要抓到渔鸮。冬天已经发出了最后的喘息，泥冰碴带和随之形成的冰坝曾是我在萨马尔加河上的噩梦，现在它们又要回来了。猎物围栏已完全失效。半融化的河冰导致水位一夜之间上升，淹没了围栏，我们用作诱饵的鱼全逃走了。早春的森林里开始可以听到蛙鸣，我们怀疑这里的渔鸮已经换了捕猎地点，不在河上找鱼了。由于无法使用猎物围栏，我们被迫完全依赖雾网，放网的位置要讲求策略，而我们似乎把其他东西都抓了个遍，就是没有渔鸮。只一个晚上，我们就从网上解下了四只褐河乌、三只雄性绿头鸭、一只孤沙锥，还有一只雄性中华秋沙鸭。

中华秋沙鸭是很有意思的鸟。这种食鱼鸟类外表看上去乱蓬蓬的，全球种群中的大部分都在滨海边疆区繁殖，和渔鸮一样依赖鱼类充沛的河流来取食，用河岸森林树木上的空洞来做巢。苏尔马赫甚至有一次发现了一棵树，一个树洞是渔鸮巢，另一个是秋沙鸭巢。由于这种相似，早春河流融化的时候，我们常在有渔鸮的地方看到中华秋沙鸭，都是刚从中国南部的越冬地回来的。

我们在库迪亚待的时间比预期的要长，谢尔盖和舒里克的烟都抽完了。尼古丁戒断让捉不到渔鸮的紧张气氛变得更糟。舒里克一上午有大半时间都在骂脏话，搜遍了口袋、抽屉和汽车座椅下面，希望能找到一支珍贵的被遗忘的香烟。谢尔盖处理戒断反应的方式则比较有尊严一些——不停地大嚼硬糖。只要开车去不远处的阿姆古就能解决危机，但这样投降就意味着烟瘾得胜了，而谢尔盖根本不承认自己有烟瘾。但到了晚上，他改变主意了，想到一个计划。

"舒里克想去阿姆古河标一下河岸浅滩的位置，"谢尔盖的语气坚定，摆出很有道理的样子，"我们回头可以比较比较，看河是怎么改道的。我开车送他去河边，出都出去了，那就也去下商店。要捎东西吗？"

这个计划是挺"复杂"，既能合理用车，又能方便买烟。绝妙。

仍然抓不到目标渔鸮，我们想找点刺激，决定将库迪亚河雌鸮从巢中惊飞，看看它孵了几个卵。现在天气暖和多了，所以雌鸮短暂离巢不会对卵产生威胁。我们悄悄靠近，我被附近的夜宿点地上的一些食丸分走了注意力，其中大部分是鱼和青蛙的骨头。七个食丸中只有一个里面有哺乳动物残骸。等我抬起头时，舒里克已经爬上了树，到了离渔鸮巢一半距离的位置，鸟儿惊飞了。我举起相机——还来得及拍几张照片。舒里克喊了一声，宣布巢里有两个蛋。

我和苏尔马赫都对渔鸮的繁殖率很感兴趣。有一些证据表明，渔鸮的窝卵数，或者说从一窝卵中孵化出的幼鸟数量在过去更多一些。20世纪60年代，博物学家鲍里斯·希布涅夫在比金河沿岸的地点记录过两三只幼鸟，十年后在同一地区，尤里·普金斯基多次记录到有两只幼鸟的巢。但苏尔马赫和我所知道的大多数巢中都只有一只幼鸟。库迪亚河渔鸮的巢中有两枚卵，这很有意思，我期待明年回来的时候看看有几只亚成鸟。

当我浏览雌鸮离巢的照片时，震惊地看到了脚环。这才是我们一直想要抓的渔鸮，之前一直以为目标渔鸮是库迪亚河雄鸮，原来它是只雌鸟，远在天边，近在眼前。我们对渔鸮的性别鉴定屡屡失误，让我备感吃惊。这个野外季之后，对比我们捕获的所有渔鸮的尾羽照片时，会发现雌鸮尾巴上的白色明显比雄鸮多得多。对于这只渔鸮，我们之前的性别判断是基于舒里克对泄殖腔的查验，尽管那时我认为从行为上来说，这只好斗的鸟表现得更像雌鸮。

这个发现令人迷茫，经过八天毫无成果的捕捉，我们决定从库迪亚告败撤兵。如果重新捕捉坐在巢中的雌鸮，有可能令它压力过大而导致繁殖失败，这是我们最不愿意看到的结果。唯一的遗憾是我们4月初刚来时没有把它从巢中惊飞，那样就能节约很多时间和精力，也会减少挫败感。它背上的GPS装置至少能收集数据到5月下旬。谢尔盖已经计划在我离开俄罗斯之后，于5月底返回阿姆古地区重新捕捉沙弥河和赛永河的渔鸮，现在他又多了一只库迪亚河的渔鸮。一个尚未解开的谜团是，库迪亚河雄鸮在哪里过夜。我们知道它在附近，因为听到了它和配偶的二重唱，但完全不知道它在哪里捕猎。按现有情况判断，并不是在库迪亚河沿岸。

以鱼易物

　　没有数据记录器，也就没了再抓渔鸮的理由，这个野外季结束了。队伍向南解散。我和大家一起去了捷尔涅伊，逗留处理后续事宜，再次查看了渔鸮的领域，然后去符拉迪沃斯托克，到达机场，回明尼苏达。我在学校又修了些课程，有一门是森林规划和管理，学到了不同类型的伐木方式以及如何调整木材采伐来减少对野生动物的影响。我在大学的贝尔博物馆兼职收藏管理员，给淡水双壳贝类编目，重新整理庞大的鱼类馆藏，这份薪水负担了我的学费，还能保证基本生活。理论上，博物馆工作需要我春季学期必须在岗，但这个时段我总是在俄罗斯。鱼类收藏负责人安德鲁·西蒙斯理解我的时间安排，允许我夏季从野外回来之后再工作。7月和8月，我是在学校的地下室度过的，任务之一是将保存标本的福尔马林换成乙醇。像是湖鳟之类的鱼几乎有一百岁，体形很大。我自认是鸟类学家，却意识到就算在明尼苏达，我用的通货也是鱼。只不过不是穿着羽绒服和橡胶涉水裤去抓敏捷的马苏大麻哈鱼喂渔鸮，而是带着护目镜和防毒口罩从装着福尔马林的罐子里捞百岁大鳟鱼。

秋天，我接到了谢尔盖的消息。他已按计划返回沙弥河、库迪亚河和赛永河，成功捕捉到了所有我们标记过的渔鸮。数据都已下载，设备也充了电，渔鸮被释放之后又在收集更多数据了。在库迪亚河，谢尔盖虽然再次捕获了库迪亚河雌鸮，但被大洪水困在阿姆古河的另一边好几个星期。这不是他第一次经历春汛，已经习惯了困难。他搭起帐篷，密切关注水位，用意外得来的空闲时间抓紧评估渔鸮猎物的密度。朋友被困，沃瓦定期从村子里划船渡过上涨的河水，给谢尔盖带去香烟和其他物资。洪水退去后，我通过电子邮件收到了数据，立刻知道所有努力都是值得的。这只雌鸮背上收集来的信息显示了一个重要的捕猎地点，离巢树有几公里，在阿姆古河的主河道上。这可能就是我们那一季没有抓到雄鸮的原因：它一直在和我们设置陷阱的地方完全不同的区域捕鱼。如果没有这些GPS数据，我们永远不会想到要在离巢树这么远的地方寻找渔鸮捕猎地点，这些信息又拓宽了我对渔鸮栖息地的重要认知。我原以为筑巢地点和捕鱼地点密切相关，但如果现在发现的这种规律也适用于其他渔鸮个体的话，那么仅仅寻找和保护筑巢地点并不足以保护这一物种。

来自其他渔鸮的数据也提供了重要信息。GPS定位的精度可达十几米或更高，根据数据显示，这些渔鸮都局限在各自的河流，仿佛有一条隐形的绳索牵住它们不能走太远。比如标记的沙弥河雌鸮，总是顺着狭窄的沙弥河谷绕道飞往阿姆古河，而不是快速翻越低矮的山脊；赛永河雄鸮活动的河谷有些地方有一公里宽，但它总是精确地紧贴水道，只用它的GPS定位点就能大致画出河流的走向。有了这些信息，再加上库迪亚河雌鸮的捕猎数据，我又更好地了解了渔鸮的栖息地需求。保护策略也随之开始成形。

有越来越多的公众注意到了我们的渔鸮保护工作。2008年春天，捷尔涅伊的本地报纸上刊登了一篇关于这个项目的文章，圣诞节前夕，我在密尔沃基郊区姐夫家的卧室接受了《纽约时报》记者关于渔鸮的采访。我拿手指堵上一只耳朵，想挡一挡家里孩子们兴奋的声音。我向记者介绍了如何追踪渔鸮，野外研究条件，以及渔鸮的叫声。当时我还只是一名研究生，这样的关注让我受宠若惊，不过更重要的是，这些报道给项目很好地打了广告，帮我申请到了更多资助。我为下一季的五个新GPS数据记录器筹集了足够的资金，这批装置比旧型号每个要贵数百美元，电池也更大，可以收集长达一年的数据，这几乎是2008年用的数据记录器的四倍。这就意味着可以更有效地收集数据，也能减少重复捕捉渔鸮的次数。

过去的几个野外季中，我一直试图改进我们的捕捉方法。前两季我和俄罗斯队友大多时候都是蜷缩在黑暗的河岸上，忍受着寒冷，潜伏着抓捕渔鸮。冰层开裂的声音或者吱嘎作响的树枝都会让我们一激灵，饶是这样，渔鸮也不一定会来我们的陷阱。因此，2008年和2009年的野外季，我想了一些能让捕捉过程更舒服的法子。我买了一顶牢固的冬季帐篷，可以用作隐蔽帐，我们的"小胡子摄影师"托利亚给帐篷缝了一层厚厚的毛绒保温层。此外，我们也要试试无线红外线摄像头，就是一般买来做商店防盗摄像头的那种，这样就不必受风挨冻地等着渔鸮落网。

一想到下一个野外季的工作，我就忍不住嘴角上扬：坐在比较暖和的保温帐篷里，钻进蓬松的羽绒"木乃伊"睡袋，手捧热茶，用闪烁的黑白屏幕实时监控捕捉地点。渔鸮来查看诱饵时我们马上就能知道并做好准备。再也不用猜测奇怪声音的来源，也不用担心四肢在冻伤之前还能忍受多久的寒冷。只是，当时我还不知道这些便利措施后面会制造多少麻烦。

2009年1月中旬，我回到了滨海边疆区。就在几周前，一场猛烈的暴风雪在短短两天内就倾倒下厚达两米的雪。之后雪变为大雨，像炮弹一样猛烈冲击着大地。暴雨来得太猛，雨滴穿透雪层到达地面，在雨势减弱之后结成厚厚的冰。村子对这样的风雪袭击完全没有防备。街道没人铲雪，也没有人去上班，身体好的邻居努力为被困住的退休老人挖开通道。就这样过了几天，在既没接到求援，也没提前告知的情况下，普拉斯通的伐木公司派了一队卡车北上六十公里到了捷尔涅伊，把所有街道清铲干净，不等人们道谢就向南返回了。十天后，当我到达捷尔涅伊时，这个小镇让我想起了美国西部的拓荒边境：道路都成了交织相连的战壕，两旁是高耸的雪墙。

风暴不仅给捷尔涅伊带来了麻烦，更重要的是，它对当地有蹄类动物种群是灾难性的打击。鹿和野猪无法自由活动，导致它们精力耗尽，大范围挨饿。更糟糕的是，这也让捷尔涅伊一些人的黑暗面显现出来。许多鹿被迫走上铲过雪的道路，这是唯一能通行的路径，但它们也因此很容易受到袭击。就连平时不打猎的人也开始在这些大道上巡视，仿佛陶醉于轻而易举的杀戮。他们追赶、猎杀这些疲惫的动物，举着枪、刀、铁锹，无所不用其极。他们仿佛要尸山血海地杀个痛快，既和体育运动无关，也毫无尊重可言。县野生动物警察罗曼·科日切夫在本地报纸上写了一篇发人深省的文

269

章，呼吁当地居民趁还没把森林里的动物赶尽杀绝，立即停止杀戮，恢复理智。

我比团队提前一周到达捷尔涅伊，来预估这一年的捕捉情况。首先从探查我们的渔鸮领域开始。我先去了法塔河，想拜访阿纳托利，准备利用他的小屋进行捕捉，但我不知道他是否还在那里。我朝着小屋的方向搭了十六公里的便车，之后套上滑雪板钻进林子。离开几个月后，森林在欢迎我的回归。我感到十分舒适，独自一人在林中呼吸着冷空气，沿途经过熟悉的地标。啄木鸟和鸭停下来目送我路过，我扫视着雪地，看看有哪些哺乳动物经过的痕迹。我对探索冬季森林已有足够的经验，可以识别出脚印是否新鲜：夜间或黎明时分留下的脚印是清晰精致的，等清晨的日光升上山脊，倾泻进山谷，雪就晒软了。这里与明尼苏达的街灯、柏油路和庸碌的日常相去万里，不管是地理距离还是心理距离。每次返美自然是回家，但在这里，我也感到像是回家一样。

在稀疏的杨树、榆树和松树间穿过山谷，行进大约一公里后，我来到了阿纳托利小屋北边的法塔河。我在下游看到一个人影站在岩石凸起的高处，于是举起望远镜，正好看到阿纳托利举着自己的望远镜向我回望。他微笑着挥了挥另一只手。我顺着结冰的河流和他会合，进了他的小屋，门上点缀着磨损的渔鸮羽毛和干蜕的蛇皮，他说他一直在等我。

我和阿纳托利一起喝了几杯茶，问他有没有什么法塔河渔鸮的消息。他说经常看到、听到渔鸮，但当我再追问时，他不确定听到的是一只的叫声还是二重唱。我征得他的同意，使用小屋进行捕捉工作，并问他需要什么物资。有我们做伴他感到很高兴，要的东西也不多：一些鸡蛋、新鲜面包和面粉。商量完这些事后，我听着阿纳托利谈论埃及人如何用悬浮技术建造金字塔。他还大谈特谈了亚特兰蒂斯、能量，以及某些特定的震动。该上路返程，去搭回捷尔涅伊的便车了，我套上滑雪板，阿纳托利给了我一大块鹿肉和一条粉红鲑。我沿着一条旧的伐木小径走了大约三里地。来到主干道，这条小路穿过森林，与马鹿、梅花鹿、狍子、赤狐沉重的脚印交织在一起。在某一处，我看到一头野猪在深雪中犁过的痕迹。我还在路上遇到了热尼亚·吉日科，就是我从萨马尔加河返回后在码头接我的人。他问我是不是拜访阿纳托利去了。

"你认识他？"我好奇地问道。

"不认识，但知道他。他在捷尔涅伊住过一阵子。在符拉迪沃斯托克时他跟一些狠角色搞交易，没成功，已经在这林子里躲了大概十年了吧。"

现在我知道阿纳托利为什么会到通沙河来了。

接下来的几个晚上，我都去听渔鸮的声音。在谢列布良卡河领域，我听到了二重唱。在通沙河的河岸上，我发现了渔鸮的足迹，巢边有羽毛，这意味着至少有一只渔鸮还活着。快速评估了目标领域之后，我觉得在谢列布良卡河和法塔河重新捕捉渔鸮，给它们带上GPS数据记录器，还是有胜算的。而对于通沙河的一对渔鸮，我则不是很确定，那儿也是捷尔涅伊所有地点中最难抵达的，所以在我的优先序列中总是垫底。

我回到捷尔涅伊，等安德烈·卡特科夫，自从我去年春天离开俄罗斯后，他一直在参与渔鸮的野外调查，还帮谢尔盖重新捕捉了几只带GPS标记的渔鸮。安德烈在猎物围栏的基础上发明了一种新的渔鸮陷阱，他很想试一试。新的捕捉工作眼看就要开始了。

卡特科夫登场

　　五十多岁的安德烈·卡特科夫留着胡子，矮胖，还有个罗马享乐主义式的大肚子。他到达捷尔涅伊的时候已经晚了十二个小时，因为他开着小房车在鲸骨山口上冲出了路面，只好歪着身子在车里冷冷地过了一夜。最后他终于拦到一辆有绞盘的卡车。我知道卡特科夫当过警察，也是经验丰富的跳伞运动员，这些经历都代表着纪律和沉稳，因此并未在意他来的路上出的问题，以为只是意外而已。

　　不过我后来知道了，卡特科夫觉得只要开车，从结冰的路面打滑歪出去是不可避免的。他总是出这种事故，冷静程度和频繁程度都十分惊人，完全不顾安全，这在野外是极为不可取的。我们的工作里光是克服暴风雪或者洪水之类的自然界障碍已是困难重重，就不用再自找苦吃了。卡特科夫的个性还有一点让人难以接受，就是他病态般的喋喋不休，加上在野外作业时空间狭小，只要有他就不得清静。

但最具灾难性的还要数卡特科夫的鼾声。野外团队中每个人都打鼾，但卡特科夫是打鼾艺术的大师。一般人打鼾时发出的喘息节奏，同睡的人都能慢慢适应，但卡特科夫喜欢发出惊人的爆裂声、口哨声、尖叫声和叹息声，让听到的人保持高度紧张。睡眠在工作期间已成奢侈，只要待在这个男人附近，几乎不可能安然入睡。总而言之，由于这些特点，卡特科夫是个很难在野外愉快共事的同伴。而我，得和他朝夕相处七个礼拜。

第一天早上，卡特科夫在锡霍特山脉研究中心的厨房里狼吞虎咽地吃了早饭，伸开身子，背靠邻着锅炉房的墙壁，像只猫一样烤着墙壁散发的热量。我们查看了他带来的视频设备，其中有四个无线红外摄像机、一个接收器和一个小型视频显示器。这里面每一件设备都需要一个十二伏的汽车电池供电，他也都买了，还有一台给电池充电的小型发电机，以及十二升汽油，另外还有一台手持摄像机，用来记录捕捉过程。我们的装备比过去的几个野外季多了很多，而且都很重，光是发电机和汽车电池的重量就超过了一百五十公斤。

我并没有太担心重量，至少一开始没有，尤其我们计划从阿纳托利的小屋开始这个捕捉季，以前都能开车过去。不过根据我最新的勘查，由于齐腰深的积雪和没铲雪的道路，开车的便利不复存在。我们把小房车留在了捷尔涅伊，搭便车顺着主干道到离阿纳托利小屋尽可能近的地方，最后只剩八百米，穿过山谷就到了。这个距离似乎不是很远，而且我已经能做到穿着猎人滑雪板也灵活自如了。卡特科夫和我必须多次穿越山谷才能将所有装备拖过去，所以卸车时，我们把所有东西都拖出路面，搬到了林子里。我们系好滑雪板，抓起可以携带的东西开始前进。我呼吸着冰冷的空气。最开始由于负载的重量，滑雪板陷进了雪地深处，但后面的几趟，我们都是在压实的一道道辙痕间滑行。

接下来的三个小时里，起初的兴奋感逐渐消散，我和卡特科夫往返了八趟才把所有东西从山谷的一边搬到另一边。我们逐渐找到了各自的节奏，于是便分开走，只是偶尔遇见的时候就休息一下，一边擦脖子上的汗一边骂骂咧咧，捶胸顿足地后悔为什么没想到带雪橇来。最重的是汽车电池和汽油桶，这些东西都不是为远距离搬运设计的。细带子勒进我的手指，持续的负重钩得双手生疼。终于搬完时，天也黑了，我们倒在阿纳托利等待着我们的温暖小屋里。为了迎接我们到来，阿纳托利已经做了小煎饼。

第二天，我们懒洋洋地喝了速溶咖啡，吃了剩下的煎饼，然后阿纳托利带我们去了他的钓鱼洞。这是在河冰上的一个圆形开口，篮球大小，在水电站大坝的钢筋混凝土废墟之间。他经常用斧头去砍一砍，避免洞口重新封冻。卡特科夫很想钓鱼，已经准备好了钓具，他用冷冻鲑鱼卵作饵，放下了渔线，而我回到小屋去考虑摄像机的放置方法。到了下午三四点，他已经钓了几十条鱼，我们小心翼翼地把鱼往上游运了大约七百米，放到两个猎物围栏里，我们知道法塔河雄鸮以前来过这些地点。第二天，我们花了很多时间来搬运、设置、检查这两处的相机和电池，在陷阱之间找到一个离两边大致等距的位置，设了隐蔽帐，里面放了接收器和显示器，这个地方离无线摄像头都不远，能收到信号。一切正常，无线信号很强。那天晚上，我们钻进隐蔽帐里安置下来，对设备再进行一次最终检测，信心十足地认为会一切顺利。我们裹上睡袋，戴着厚毛线帽，捧着从保温壶里倒出来的甜茶，心情都很愉快。我已经有了不少野外经验，知道我们还在"蜜月期"，不管是对野外季还是对彼此的关系来说，在零下温度的帐篷里度过漫长夜晚的新鲜感还没被疲劳磨损，在狭小、冰冷的空间里，人的特质难免会被放大，但现在这个阶段很容易忽略这些。

虽然信心满满，但我们的设备测试却失败了。认为家用设备能在零下30摄氏度的森林里运转，实在太过天真。谢尔盖和团队在温暖的秋季测试过设备，当时显示器上无论白天还是黑夜都有清晰的图像。现在冬天了，白天画质还不错，

276

但黄昏后森林里极为寒冷，设备完全失效了。随着夜间温度的下降，屏幕也会变暗，整个系统都没法用了。更糟的是，我们的发电机点火线圈是坏的。也就是说，即便视频监控系统能按计划运转，我们也没法给十二伏电池充电。等一周后做完法塔河的工作，我们还得把这些没用的东西拖回道路旁，这无疑是雪上加霜。

但很幸运，我们的摄像机情况要好些。野外季剩下的时间里就全靠它了。我们在上面连了一根二十米长的视频线，用派不上用场的十二伏电池供电。这样在隐蔽帐内就有了对其中一个捕捉地点的实时监控。

为了让自己从挫败感中分散些注意力，我开始琢磨阿纳托利的过往。一天晚上吃饭时，卡特科夫听阿纳托利谈起他以前在国外的往事，我错过了，这是卡特科夫后来告诉我的。阿纳托利20世纪70年代初在苏联商船队当过水手，其间是克格勃的线人之一。苏联公民被要求告发同伴，这种事在当时一点也不稀罕，尤其是对那些会出海外的人。实际上有研究估算，到1991年苏联解体时，能被算作线人的人多达500万。我不清楚阿纳托利只是一时效力，还是在间谍活动里扮演过更为正式的角色，第二天特地问他时，他一笑而过："那都是过去的事了。"之前我问他左手的小指是怎么没了的时候，他也这么回答，心不在焉地搓着被截断的关节。

我们在法塔河的第四个晚上，黄昏独自鸣叫了两晚的法塔河雄鸮终于发现了一处猎物围栏，吃掉了里面约一半的鱼。我们立即设下陷阱——这是由卡特科夫和谢尔盖设计的，结构巧妙，专门用在猎物围栏上。简单来说，就是在围栏边缘设置的单丝钓鱼线网，当渔鸮扎入围栏时，绊线就会释放圈套。第二天晚上七点二十分，我们在三年中第三次抓到了法塔河雄鸮。我们给它戴上第一个新GPS数据记录器，这样的设备我有五个，它们每十一个小时记录一次位置，可持续大概一年。我对这款新型号很有信心。前一年我们已经在野外测试过这种技术，用的是较小的型号，表现非常出色。电池大了也意味着直到来年冬天都不需要再去打扰这只渔鸮，这对它和我们来说都减少了压力。当然，它必须得活到下一个冬天，我们才能再次找到它。

目前我们在法塔河上的工作已经完成，而且也实在到了极限。我一直未能习惯卡特科夫的鼾声。每天晚上当我刚适应了一种节奏，他就会翻过身，切换成完全不同的另一种节奏。我急需在捷尔涅伊睡个安稳觉。释放了法塔河雄鸮之后，阿纳托利小屋里的气氛喜忧参半。卡特科夫和我还在为成功抓捕兴奋不已，而阿纳托利却闷闷不乐，大概是因为客人要走了，与他相伴的又只剩挠脚心的小矮人和寂静的山恋。我注意到，每当阿纳托利感到我们要走时，就会变得更加疯癫。他长篇大论，大声而急迫地谈论各种话题，而所有话题都围绕一个中心思想：古代人曾经拥有一种神秘知识，已经遗落了好几个世纪，但如果能正确解读某些特定物品的真正含义，像是扑克牌、俄罗斯圣像画或三角形，就能解开秘密。我意识到自己对阿纳托利这类思想的反应取决于工作的进展情况。前几个捕捉季异常艰难，当他把失败归咎于我们的负能量，或是要我们帮他去挖有白袍仙人的洞穴时，我会火冒三丈；但这次捕获和释放都很成功，我就由他去了。他的信念根深蒂固，但和人分享这些想法的机会却很少。把他一个人留在森林里，我心有不忍。第二天，我们用卫星电话约好一辆车在主干道接我们，卡特科夫和我再次穿上滑雪板，在通沙河谷往返横穿，用了好几个小时把损坏的发电机、没用过的汽车电池和其他物品拖到这一边。等我们到谢列布良卡河捕捉渔鸮的时候，就会驻扎在捷尔涅伊了。

谢列布良卡河上的抓捕

所有计划捕捉渔鸮的地点中，谢列布良卡河谷是我最熟悉的。它靠近捷尔涅伊，这些年来我在河里划过船，沿河徒步去过海岸，还在俯瞰河谷的山坡上追踪过熊和老虎。也因为如此，在法塔河的渔鸮领域精准无误地完成捕捉之后，到了谢列布良卡河却钓不到诱捕渔鸮用的鱼，让我有点受到背叛的感觉。我穿着鲜艳的红夹克和橡胶涉水裤在冰冻的河流上徘徊，肩上扛着冰钻，手里拿着渔竿，沮丧地过了三天。钻了许多冰洞，浪费了好多时间，河鱼仍然没有一点咬饵的迹象，除了我不擅长冰钓之外，很明显还有别的因素作祟。我开始在捷尔涅伊到处打听为什么鱼不上钩，大家都说每年到了这个时候，谢列布良卡河会变得像鬼城一样，可能是由于鱼类短距离洄游现象。卡特科夫和我觉得最佳方案是回到阿纳托利在通沙河上可靠的冰钓洞去。我们可以空着手，顺着之前压实的小径从路边滑雪八百米过去，回来的时候带满满一桶盛了河水的活鱼，再迅速开车回谢列布良卡河的捕捉地点，把诱饵放进猎物围栏。

我们每一趟都能钓到四十多条鱼，一坐就是几个小时，摇晃着渔线。阿纳托利很享受这不期而至的陪伴。不过这种方法需要在两地之间长时间开车往返，而卡特科夫总是一路大放音乐。他特别喜欢一盘以狼为主题的俄语歌曲混合磁带，我们第一个星期独听这一盘。最后我实在厌烦了，开始在储物箱里乱翻，想找找有没有别的音乐，但选择不多。事实证明，比起用卡朋特的爱情民谣混制的舞曲，那盘充满咆哮、长嚎，还有类似"你可能认为我是只狗，但其实我是只狼"这种歌词的磁带还算可以忍受。

除了开车时的紧张，我每日大部分时候都像是在冥想和锻炼。长时间在河谷滑雪，转运装着鱼的水桶，令我的身体也随之发生了变化。身体状态是多年来最好的，精神状态也不错。以前野外季时压力很大，但现在我已熟悉野外地点的情况，也了解渔鸮，捕捉方法也得心应手了。这个过程让人心态闲适，只需要耐心等鱼上钩，剩下的都会自然而然发生。这项工作也是带有使命感的：渔鸮这一物种需要被人们了解，通过揭开它们的秘密，我们就是在替它们发声。

谢列布良卡河上已经有两天没有渔鸮的踪迹了，这时终于有一只在离猎物围栏只有一米的地方留下了脚印。但是它没能从围栏里捉鱼，由于一夜严寒，猎物围栏被冰封住了，扭动的诱饵看得见却摸不着。我们预计渔鸮第二天晚上会再回来查探，因此架好了摄像机，还在机身外面包上厚棉絮，又在棉絮夹层里塞了一个接触空气后就能发热的暖宝宝，希望这样能防止摄像机冻坏。然后我们将一条二十米长的电缆从摄像机连到隐蔽帐内的视频显示器。我们有一个简单的遥控器，能缩放拍摄，但不能摇摄。不过对我们来说也够了。我们可以观察接近的渔鸮，然后放大看腿环，确认目标。

在帐篷里等待对我和卡特科夫来说都很糟心，他一直想要小声聊天，而我一再恳求他保持安静。幸运的是，我们的注意力很快就被吸引，全神贯注地静了下来。我们只等了片刻，一个黑影出现在显示器一角，落在了河岸高处的雪地上。它来得不怎么优雅，像是不敢上场的演员被一只隐形的手猛地推到了聚光灯下。这只渔鸮静坐了片刻，打量着周边情况，定了定神，然后拱着松软的雪来到猎物围栏边上平坦的冰缘处。我放大了画面：从腿环来看，它就是谢列布良卡河雄鸮。又一阵沉思后，它目不转睛地盯着鱼，脖子伸得老长，一副猛虎即将扑食的架势。然后它一跃而起，双脚先离地，翅膀在头顶展开，仿佛是鸮俯冲时的架势。它只往前跳了一步的距离，落进刚刚没过脚深的水里。这个动作很滑稽，像是高台跳水运动员做了一系列的起跳动作，最后却只是走下儿童游泳池。我本来还期待这种世界上最大的猫头鹰能迸发出更强的力量。此前我看过渔鸮捕猎，是去年在赛永河，雄鸮抓了一条鱼喂给雌鸮，但那次看得很模糊，因为当时两只渔鸮都在阴影里。相比之下，这次就像从黑白屏幕升级到了高清电视，渔鸮对焦清晰，被红外线摄影机照得发亮。

渔鸮在猎物围栏里了。它的翅膀仍高高举起，缓慢地拍打了片刻，然后又收回到身侧。我明白为什么卡特科夫的套索法抓渔鸮很有效了：只有渔鸮开始全力捕猎时，陷阱才会被触发，那时它的两条腿就会干净利索地进了套索。渔鸮在围栏里站了片刻，双脚没在浅水里，再次四处张望，似乎在确定有没有人监视自己。然后它抬起一只脚，露出爪子，抓住一条扭动的鲑鱼。它低下头把鱼叼到嘴里，有的放矢地咬了几下鱼头，杀死了它的猎物。然后它头朝后仰，抽动着，慢慢把鱼整个吞下。渔鸮好奇地看着脚边流淌的水，然后又像刚才一样扑了进去。这一次它带着新的战利品踱回了岸边，背对着我们把鱼吃掉，再转身面向河流。

我们看得入了神，谢列布良卡雄鸮在猎物围栏里逗留了差不多六个小时。帐篷里很是舒适，卡特科夫带了一个装满热茶的大保温瓶，我们变换姿势或者小声交流眼前的情景时，河水的声音会盖过我们的声音，渔鸮因此听不到。我突然想到，就在同一时刻，这样的场景在整个东北亚地区都在上演。从滨海边疆区到向北两千公里的马加丹，甚至在日本，稀疏分布的渔鸮正弓着背守在冰冻的河边。这些羽丰足壮的鸟抵御着严寒，专注地看着水面，等待着微光一闪或涟漪微泛，让鱼暴露了行踪。我感到自己像是分享了它们的秘密。到了凌晨两点，围栏里的鱼已全都不见。渔鸮在岸边又待了一个多钟头，目不转睛地盯着用钢丝网和木头做的长方形框子，仿佛在猜测这个神奇的鱼箱什么时候会再冒出吃的来。我们将在第二天晚上设陷阱。

为了准备捕捉，我们还得在通沙河的冰洞多钓些鱼，把给显示器供电的十二伏电池换成新的，然后在天擦黑之前赶回谢列布良卡河的捕捉地点设好陷阱，在隐蔽帐里等着渔鸮回来。纸上谈兵容易，做起来却异常艰难。

我们先是从捷尔涅伊开车到达通沙河谷，滑雪穿越到阿纳托利的小屋，钓了些鱼，最后把鱼拉回谢列布良卡的捕捉地点。到这时是下午一两点钟，我们还在按计划进行。然而从谢列布良卡回捷尔涅伊的路上，小房车却慢了下来，停在半路。还有六公里就要回到村子，我们的车却没油了。我知道谢尔盖开着GAZ-66正在来捷尔涅伊的路上，只准备停下接上卡特科夫和我，就要赶去阿姆古河进行更为急迫的捕捉工作。今晚是我们唯一的机会，机不可失，失不再来。

卡特科夫和卡车待在一起，希望能拦下辆车，看对方车里有没有漏斗、管子，油箱里有没有多余的汽油能分点给我们，同时我开始拦便车回捷尔涅伊。几辆经过的车都没有停，有点令人惊讶。我在这儿很习惯搭便车。天暖和的时候，我一般都打扮得和捷尔涅伊的渔民一样，开伐木卡车的司机都盼着有当地人同行，好告诉他们去哪里能钓到什么鱼。知道我找的是鸟而不是鱼时，大部分人都难掩失望。

我提着给摄像机供电的无比沉重的汽车电池，一路走到捷尔涅伊，又爬山到达锡霍特山脉研究中心。路上走了好几个小时，到达目的地之后我才意识到，其实可以把旧电池留在小房车上，从捷尔涅伊的物资里再取一块新的就好了。带着汽车电池走了六公里，简直是白费功夫。我本来还以为能搭上便车，根本没想清楚。

时间很紧，离黄昏差不多只有一小时了。我挑了块新电池，拿了一个行李袋装了些捕捉工具。我还需要一个汽油壶，以及搭车去镇子另一边六公里远的加油站，才能返回被困住的小房车。打了几通电话之后，我终于联系上了一个叫根纳的年轻人。他以前在东北虎研究项目工作过一段时间，曾帮我找过渔鸮，现在在捷尔涅伊林业局工作。他明显是被我急到发疯的声音逗乐了，同意来帮忙。他先疾速赶到加油站去取我需要的汽油，然后再折返回来接上我，往小房车的方向开过去。

天刚一黑，我们见到了卡特科夫。在他把皮卡掉头的空当，我握着根纳的手，说我欠他车油费，还有一杯啤酒。他笑着挥手让我上路，说很高兴能参与这次历险。卡特科夫和我回到河边设好套索，这时一对渔鸮的叫声开始从巢树的方向传来。我们差点没赶上。这个时候渔鸮随时都会停止鸣叫，然后雄鸮几乎可以肯定会飞到猎物围栏，来看看有没有新添的鱼。我知道自己压力一大就会出错，再三确认了绳结和套索的位置，让卡特科夫也检查了，看起来都没什么问题。我们跑过雪地，躲进了附近的隐蔽帐。

我们蹲在帐篷里喘着粗气，肾上腺素飙升。渔鸮还在远处继续叫，大约每六十秒一次。当一分钟的沉默间隔拉长到两到五分钟时，我们知道倒计时开始了，雄鸮即将夜间捕猎。我们注意听着渔鸮接近时发出的呼哧声。这次不需要我提醒卡特科夫保持安静，为了这一刻，他和我一样竭尽了全力。

当雄鸮出现在画质粗糙的显示器上时，我紧张极了。由于没有听到翅膀扇动的声音，因此我猜它是从河对岸滑行过来的。我能听见自己怦怦的心跳。渔鸮几乎没停脚，一落到河岸上就进了猎物围栏。我们离它只有二十米远，听到了橡皮筋松开套索的摩擦声，但看屏幕，渔鸮却退回到河岸边，坐在那儿环顾四周，好像也被吓了一跳。它没有被套住。如果被套住了，我想渔鸮会立刻注意到脚上缠着的线，用喙去啄。但这只渔鸮只是盯着猎物围栏。我们惊呆了，一时不知所措。突然卡特科夫指着显示器，嘶嘶直叫：它中套了！渔鸮脚上连着深色的线，在雪地的映衬下看得很清楚。我俩一阵慌张，拉开帐篷朝河边奔去，脚下积雪四溅。雄鸮企图飞走，但脚上的橡皮筋把它拉回到地面。谢列布良卡河雄鸮抓到手了，就这样，我们有两个数据记录器投入工作了。

第二天晚上，谢尔盖、科利亚和舒里克抵达捷尔涅伊。GAZ-66最近刚经过大修，换了新发动机，宿营舱也完全翻新了。但在和我们聚首之后的二十四小时内，卡车接连出了三个严重的维修问题，我们的出发时间就此延误。我不懂车辆修理，所以没法彻底理解问题的范围有多大，但从修理要花的功夫上看，我能感觉出严重性。第一个问题通过敲敲打打很快解决了，第二个问题用一段电线暂时控制住了，但第三个问题需要一个新零件，在捷尔涅伊方圆一百五十公里以内都找不来。这时也是国际妇女节的周末小长假，所以大多数商店都关门了。

3月8日的国际妇女节从1917年以来一直是俄罗斯的重大

节日之一。节日虽是国际性的，全世界都有庆祝，但在俄罗斯、苏维埃国家和古巴等共产主义国家，庆祝力度最大。在俄罗斯，这天通常被称为"三八节"，男人们会向女性亲友赠送鲜花、巧克力，献上溢美之词。这种赞美有时表达得太过夸张，跨文化传达时很容易被误解，比如最近在威斯康星大学就发生了一次这样的"谬赞"。俄罗斯交换生在国际妇女节祝美国女同学早生贵子，还感谢她们对粗犷男人的耐心。这些女同学深感被冒犯，也不知作何回应，差点举报俄罗斯同学性骚扰。

眼下捷尔涅伊所有人关心的都是女性，我们不得不在镇上找别的GAZ-66拆零件，否则没法很快出发。科利亚、谢尔盖和舒里克努力修理GAZ-66和找零件的时候，我和卡特科夫开车去往通沙河领域，想看看栖息在那里的一对渔鸮今年有没有繁殖。卡特科夫又把小房车开进了沟里，我们索性把车停在那儿。外面大雪纷飞，我们下了车，开始向河谷另一边的巢树滑雪过去。风很大，雪下得又急又湿，我的滑雪板本来就已开裂，现在又承受了额外的负担，结果滑到河谷中间时就断掉了。还得继续前进，我落在了后面，艰难地扛着滑雪板跋涉，卡特科夫耐心地等着我。到达巢树后，我们发现巢明显是空的：通沙河的这对渔鸮要么今年没有繁殖，要么就是又找了别的巢树。徒步返回公路时，天气变得更糟了。白茫茫的暴风雪中，我们朝捷尔涅伊驶去，听着卡朋特哀叹逝去的爱情，音响震耳欲聋。我问卡特科夫，他那些关于狼的歌还有没有了。

像我们这样可怕的恶魔

　　谢尔盖给他在达利涅戈尔斯克的一个朋友打了电话，对方找到了我们需要的GAZ-66零件，并托付给了下一班北上的客运汽车，司机一般会收一点钱来充当城镇之间的邮差 —— 这比俄罗斯邮政更快、更可靠。我们最后终于离开捷尔涅伊时，比原定计划晚了好几天，已经是3月的第二周了，春天随时都有可能到来。在开往阿姆古的路上，GAZ-66只是在结冰的克马山口出了点小问题 —— 汽车喇叭在黑暗中突然无端响了起来，科利亚生气地骂着靠了边，弄断了几根电线，声音才停下。

　　这个野外季，我们这一阶段的目标是在阿姆古地区（沙弥河、库迪亚河、赛永河）重新捕捉三只带有GPS标记的渔鸮，它们都是去年春天我还在明尼苏达时，谢尔盖和卡特科夫抓到的。我们需要从鸟的后背取下记录器，下载数据，再给它们戴上剩下的三个新型号数据记录器，开始收集最后一年的活动数据。车经过阿姆古的垃圾场进入镇子的时候，一具被吃了一半的狗尸旁，两只白尾海雕被车灯照了个雪亮，海岸的风吹散了积雪，尸骨是最近才露出来的。海雕受了惊吓腾空而起，先是拖着沉重的翅膀和下垂的双爪，之后才蓄足力避开了我们的车子，但很快又绕回来护住它们的"宝藏"，以防落下的乌鸦抢食。每次来阿姆古，我都被这个边陲小镇的粗犷震撼。我们在路上遇见留着胡子的男人在劈柴，穿着自家缝的大衣，抽着无过滤嘴的香烟；还有脚蹬毡靴、裹着围巾的女人，站在路边看我们经过。这里的传统是怕扔东西，每家院子里都是杂物堆积，且几乎都有一只猎犬在狂吠，渔网就挂在草草搭建的棚子的外墙上。

我们在阿姆古以西的沙弥河边的温泉附近扎了营，就是去年捉到雌鹗的地方。我们必须重新抓到它，下载记录器里的数据，然后还得抓住雄鹗。设好装了鲜鱼的猎物围栏之后，我们在河岸分头去找沙弥河的巢树。舒里克不到一个小时就找到了。

在我看来，坐在巢上的雌鹗总是太过安静，根本不符合它们的个性。渔鹗为了避开人类，不惜一切代价和时间，所以我觉得和我们这样抓住它们，拿在手里戳来戳去的恶魔目光相接时，惊慌失措才是正常反应。然而真的打了照面，渔鹗却显得毫不经意。去年在库迪亚河领域，舒里克爬上巢树旁边的一棵树，和一个月前我们标记的、正在孵卵的雌鸮看了个对眼。它看了舒里克一会儿，觉得自己还有更重要的事要做，就把目光移开了。现在我们站在那棵古老而巨大的辽杨下，张着嘴盯着上面裂缝里的目标 —— 那只雌鸮一动不动隐蔽地坐着，只有松散的耳羽簇探出树洞的边缘，在微风中摆动，暴露了它的位置。虽然找到了巢，但我们急需捕捉的雌鸮却在孵卵，是绝对不能去捉的。

回到GAZ-66，我们聊起了之前来沙弥河的经历。这处领域对我们来说一直是个谜。2006年，谢尔盖和我花了好多天在沙弥河和阿姆古河的河岸追踪栖息在这里的一对渔鸮，想找它们的巢树而未果。几年前，在我开始研究渔鸮之前，谢尔盖和舒里克，还有一位名叫竹中武的日本渔鸮生物学家来过这里，也是被这对渔鸮耍得团团转。谢尔盖讲了一件那次考察的轶事：舒里克当时爬上一棵顶端断裂的老辽杨树，他和谢尔盖都很肯定那就是巢树。舒里克爬到离地面十米左右的黑暗洞口时，困惑地朝谢尔盖喊着他发现了一些"毛发"，还扔下去给谢尔盖看。谢尔盖拿着这么一团很明显属于亚洲黑熊的毛发，意识到舒里克脑袋伸进去的地方有头冬眠的熊，舒里克也说树洞里有热气飘出来。谢尔盖吼着让舒里克赶紧下来，希望熊还没被惊醒。

亚洲黑熊与美洲黑熊大小相似，但轮廓看起来更毛糙。

它们长着蓬松的黑毛，胸部上有一道宽阔的白条纹，活泼的圆耳朵看起来像戴了顶米老鼠俱乐部的帽子。虽然外表很可爱，但它们其实很危险。比起体形更大的近亲——棕熊和滨海边疆区的其他熊科动物，黑熊更有可能攻击人。虽然没有濒临灭绝，但黑熊的胆和爪子在亚洲黑市上都是很值钱的，说是能治百病，不管是肝病还是痔疮。如果偷猎者遇到像舒里克爬的杨树这样的树，并且认为里面可能有熊的话，他们就会在树干底部砍出一个小洞，将易燃的东西塞进去，然后准备好枪，等着迷糊的熊从树顶被烟熏出来。

　　我们发现沙弥河雌鸮的第二天傍晚，我吃力地套上棉花糖装，悄悄地靠近到离巢树大概二十米的地方。我带着麦克风躲在那儿，满心以为到黄昏时能录到二重唱——以前从来没有机会在这么近的地方录到过。当时是下午六点一刻。大约半小时后，我无法动弹浑身难受，正感到很不耐烦时，却看到雄鸮飞了过来。它落在附近一根宽阔而竖直的树枝上，是能看到树洞的地方。孵卵的雌鸮发出了像打喷嚏一样的声音。我只在附近有掠食者（例如乌鸦或狐狸）时才听到过这种声音，意识到它是在警告雄鸮我的存在。它从巢里看不到我，但半个多小时前它就听到我靠近了，并且没有忘掉。二重唱开始了，雄鸮弓着背，鼓起白色的喉咙，迸发出深沉的音符，穿透了傍晚冰冷的空气。不出所料，雌鸮也回应了，沉闷的声音从巢洞里传来。它们就这样足足唱了将近半个小时，差不多每分钟一次对唱，直到雌鸮异常地连续叫了两次，对唱才结束。叫完第二声，雌鸮从巢洞中飞出，落在离巢约二十五米的一棵树上。雄鸮飞过来和它待在一处；天很黑，我只能看到它们映衬在天空中的剪影。两只渔鸮在这根横平的大树枝上面对面又做了一次二重唱，雄鸮拍打翅膀，短暂地骑到雌鸮的背上，然后就飞开了。它们交配完后，回巢穴前，雌鸮嗑了几次它的喙：这是种挑衅行为，可能是冲着我这个潜伏的偷窥者来的。等雌鸮回到巢中后，渔鸮又开始二重唱，持续了十五分钟。它们都在我看不见的地方，雌鸮在树洞的边缘，雄鸮隐身于夜色之中。

除了只花一个晚上就抓到的沙弥河雄鸮之外，我们用库迪亚河雌鸮身上收集的GPS信息，一个小时内就将库迪亚河领域的三只渔鸮全部捕获——雄鸟，雌鸟，还有一岁的幼鸟。在非野外季的时候，GPS数据指示了一个渔鸮捕猎地点，离我们前一年集中捕捉的地方有两公里。在沙弥河扎营期间，谢尔盖和我已经做了一些侦查。我们发现开车就能到达这个地点附近。实际上，越过阿姆古河上的桥，往上游仅五十米的地方，也就是沃尔科夫小屋的方向，我们在积雪结冻的小岛上发现了几十枚渔鸮的脚印，还有鱼的血迹。沙弥河的工作一结束，我们就搬到了那边去，在一条通向河边的渔民小道尽头扎了营，紧靠着河对面的岸边是一道陡峭的山坡，长着桦树和橡树。我们设了几个猎物围栏，等待黄昏的到来。

渔鸮发现诱饵的速度快得惊人，天黑仅几分钟后就来了，更出乎意料的是，我们在营地就能毫无遮挡地观察到渔鸮的捕猎行为。不只是一只渔鸮，而是整个家庭：栖息在这里的一对渔鸮，还有它们一岁的幼鸟。幼鸟的羽色已经很接近成鸟了，但面部的颜色更深一些。我记得舒里克头一年在巢中发现了两枚卵，但现在并没有看到另一只幼鸟。发生了什么？我迫不及待地想之后回赛永河去看看，去年我找到的巢里有一只刚孵化的幼鸟和另外一枚卵，不知这次是否有两只长齐羽毛的幼鸟。

不同寻常的是，这个渔鸮家庭选择的捕猎地点离我们和桥都非常近。村里的犬吠声、伐木卡车的隆隆声和微弱的海潮声，在此交织成一片。库迪亚河渔鸮一家开始了夜间捕猎。雌鸮首先滑行过来，低低地贴着河面，然后上升停在了河流上方的桦树树枝上；它的伴侣紧随其后飞了过去，一道影子停在了往下游五十米的地方，就在桥的旁边；最后，亚成鸟尖叫着，不耐烦地落在了母亲的身边。有那么一会儿，它们都一动不动地坐着，大概是在观察情况，黄昏入夜，它们的身影隐没到了雪和树的背景里。两只成鸟几乎是同时落到阿姆古河冰冻的河岸，然后走到水边，在那儿看着鱼。已经几乎和成鸟一样大的一岁亚成鸟飞扑到母亲的那一侧，但它的乞食没有得到回应，于是又飞到下游父亲的一侧，父亲递给它一条鱼，是从刚发现的猎物围栏里抓的。渔鸮一家在天黑后活跃地捕了一个小时左右的猎。吃饱后，它们都坐在各自挑选的钓鱼洞上方的河岸上，懒洋洋地扫视着水里的鱼。

这次对渔鸮捕猎和家庭互动的观察是前所未有的，除此之外，还有一件事让我很吃惊，就是渔鸮一家似乎并不在意我们的存在。它们当然是知道的，不可能看不见GAZ-66和我们噼啪作响的篝火。科利亚甚至走下去站在谢尔巴托夫卡桥的中间，以便看得更清楚，他在那边看到雄鸮两次从落脚的树上飞入水中。是不是因为这里离村子很近，所以渔鸮一家比别处的渔鸮都更习惯人类？第二天我们设了陷阱，一小时内就抓到了全部三只。我们给成鸟都带上了数据记录器，但只给亚成鸟做了测量，抽了血，带了脚环。这只幼鸟在接下来的一年中会从出生的领域扩展出去，我们不想在一只以后难以找到的渔鸮身上佩戴数据记录器。

流放卡特科夫

　　我们向北转移到了赛永河，只剩下一个数据记录器了。我们惊喜地发现这里的一对渔鸮似乎也在不同地点捕猎，就像库迪亚河渔鸮一样，这样捕捉起来更容易。我们还发现一只一岁的亚成鸟也在一起捕猎，这很令人振奋，想必就是前一年我在巢里拍到的那只幼鸟。没有第二只幼鸟的迹象。我们在离营地一百米左右的地方设了一个猎物围栏，由于赛永河氡气温泉的注入，这里的河道是不结冰的；另一个猎物围栏设在下游七百米的地方，紧挨着巢树。我们想先抓住雄鸮，它身上戴着一个旧的数据记录器。我们可以下载完数据后给记录器充好电，换给雌鸮用。

　　我们把营地扎在了温泉旁。去年冬天来的时候，附近的小屋被彻底毁坏了，在相隔的这段时间已被修好，新加了落叶松原木做的墙壁和屋顶。不知是谁这么关心这栋建筑物，不断地进行维修，但大部分来温泉的游客似乎都只把它当成唾手可得的木柴来源。后来我们3月下旬再来时，小屋又没法住了，门、窗框和其中一堵墙上的原木已然遭窃。赛永河的水没有沙弥河领域的温泉那么热，一天汗流浃背的工作结束后，倒适合泡个温水澡。清澈的水里经常有水蛭共浴，在池底的小石头上方游动，这有点让人不安，但它们一般都待在两米见方的池子的一角，而我们就泡在另一角。

我们五个人在GAZ-66卡车里住了将近两周，谢尔盖和我睡前舱，卡特科夫、舒里克和科利亚像冬眠的熊一样缩在后舱的通铺上，打鼾凶猛的卡特科夫睡在两人中间。他们对这样安排似乎一直没什么怨言，但某天早上，我们正吃着前一晚的剩饭当早餐时，睡眼迷蒙的舒里克宣布，他彻底受够了。他不仅要听着卡特科夫离脸只有二十厘米的歌剧般的鼾声轰炸，还要忍受他在睡梦中沉重地反复翻腾，挥舞双臂。就算舒里克可以忽略巨大的噪音，也躲不掉不期而至的"殴打"。科利亚可是哪怕下冰雹都能在一堆石头上睡着的，此时连他也点头认同。

卡特科夫对两人的批判进行了反驳："你俩睡不好该去找治疗师。你们有心理问题关我屁事。"

舒里克大骂脏话，拍着桌子要谢尔盖来评理。最后我们达成协议：选一个人去下游捕捉地点旁的隐蔽帐里睡觉，一来能更好地监控情况，二来也能给GAZ-66多腾出一点睡觉的空间。我们进行了投票。可想而知,被选中的是卡特科夫。

我们很快就抓住并释放了赛永河雄鹗,并把它身上的数据记录器腾出来给雌鹗。3月下旬,一场暴风雪袭来,狂风卷雪浪,摇晃着GAZ-66,我们的柴堆和"海拉克斯"皮卡都被雪埋住了。这种情况下无法进行捕捉,我们只能躲在卡车里。刚被大家排斥了的卡特科夫伤了心,待在他自己的帐篷里,只有吃饭的时候才出现。暴风雪不是唯一的灾难 —— 我的肠胃此时也难受得要命。其他人看起来都没事,所以应该不是科利亚做的饭有问题。我试图回忆自己最近做了什么危险动作,很快就想起来一大串。首先,我们喝的水和做饭用的水都是有氡气的,因为没人愿意在风雪里走一百米去河里打干净的水。天知道我这敏感的西方人肠胃对增加的辐射会有什么反应。其次,我吃了一块掉到地上,还在GAZ-66恶心的地板上滚了几番的香肠。第三,我用自己的刀解剖了一只死青蛙的肚子。然后 —— 第四、第五 —— 既没有洗手,也没有洗刀。再然后 —— 第六、第七 —— 马上就用刀切了些面包,吃掉了。这都是打从早上起发生过的事情。我要是平安无事,简直没天理。

我一生病,其他被大雪困住的队员就有了取乐的对象。

他们歪在卡车后舱打牌、喝茶、吃饼干。每次我匆忙套上雪裤，跳下卡车，穿过结冰的沼泽奔向灌木丛中的便坑时，他们都会窃笑。我痛苦地蹲着，不一会儿身上就堆起厚厚一层雪。

到了第二天下午，雪灾和我的灾难终于都过去了。我沿着七百米长的小路走到下游的陷阱地点，就是卡特科夫被流放的地方。我们准备好布置抓捕赛永河雌鹗的陷阱了，每个地点理应有两个人从早到晚守着，但舒里克和谢尔盖觉得没法和卡特科夫窝在一处待十二个小时，所以我自愿去了。卡特科夫确实令人不得安生，睡觉不老实，强迫性地不停讲话，但我还是喜欢他的，也欣赏他对这项工作真诚的热情。卡特科夫的帐篷已经成了一个又臭又乱的洞。被赶出卡车睡觉的这期间，他折腾出的场面很是令人赞叹。他还没挖到坚实的地面就在雪地表层搭起了帐篷，因此随着时间推移，还有偶尔使用丁烷炉头释放的热量，帐篷里的地面已变得不平整。所有东西——观察显示器，给显示器供电的十二伏电池，卡特科夫的睡袋和他的保温瓶，都堆在中间宽阔凹陷处的边缘，坑大得几乎要把帐篷吃掉，边缘的地面和中间的凹陷大概有四十厘米的高度差，底部甚至还有积水。

"你在这里面怎么睡的？"我惊讶地问道。

卡特科夫耸了耸肩："缩在边上睡呗。"

让人意外的是，在帐篷里坐着倒是很舒服：有了中间的洞，穿着靴子的脚斜踩在水坑里。感觉好像坐在长凳上。将近黄昏时，我们设好了套索和猎物围栏，开始静候。我们计划四小时轮班工作，一个人盯着屏幕留意渔鸮，另一个人就休息。有了逃不掉的听众，卡特科夫很是欣喜，开始向我倾吐自己在野外过得很不开心。虽然被流放到帐篷里他也没什么可抱怨的，但不免感到心烦，开始变得偏执。比如，他指控舒里克把他的东西藏起来或者扔掉了。前一天晚上，他还坚信谢尔盖朝着帐篷扔雪球来折磨他，后来才意识到只是风暴吹松了上方树干上的雪，一团团打在帐篷上。有一晚，他看到外面红外摄像机发出的红光，但忘了有摄像机这回事，认为是谢尔盖来偷拍，看他有没有偷懒睡觉。卡特科夫继续不停地唠叨，觉也不睡了，向我靠过来倾泻出一道意识流，久而久之，意识流变成了永不止歇的噪音洪流。他吃下香肠和奶酪，为自己的独角戏演出补充能量，又在狭小的空间里打出一连串喷香的饱嗝。我的轮班结束了，没有看到渔鸮，卡特科夫接班监视，我弓着身子沿坑睡觉，但发现这个姿势根本没法放松。第二天早上，我从帐篷里出来，帮卡特科夫把帐篷移了位，挖出下面的积雪，这样帐篷底部就平整了。

第二天晚上，卡特科夫讲了他第一次见到渔鸮的场景。

"苏尔马赫跟我说这种鸟的时候，"他嘘声说道，但音量很大，根本不是耳语，"我想象的是种威风的动物，只生活在最完美的地方：停在落雪的松树上，跳进山溪的清水里，一下抓住条大鲑鱼。"他停下来笑了。"想知道我第一次看到渔鸮是什么样儿吗？去年春天我和谢尔盖一道开车去阿姆古，要重新抓库迪亚河雌鸮。已经快半夜了，下着瓢泼大雨。到了阿姆古山口下面转过最后一个大弯时，车灯照到了一只渔鸮。它蹲在路边一个卡车废胎上，毛淋得透湿，正往喉咙里吞青蛙！我给你讲啊，和我想象的根本不是一码事。一点不威风！"

几个小时后，我还在睡袋里，卡特科夫从帐篷对面踢了我一脚，大喊抓到东西了。我冲出帐篷，跌跌撞撞地走向套索，发现一只渔鸮亚成鸟正在岸上扑腾。我抓起它，把困惑的渔鸮带回隐蔽帐，卡特科夫正在外面支起一张折叠桌。自从上次见到它之后，这只渔鸮长大了很多——它就是我们去年4月在巢里发现的那只幼鸟，当时才几天大，毛茸茸的，眼睛还看不见，完全茫然无助。现在它不那么弱小了。我已经学会区分成年渔鸮和亚成鸟的羽色了，正指给卡特科夫看这只亚成鸟暗色的面部时，渔鸮趁机用它锋利的喙深深插进我的指尖，力度堪比老虎钳子，血流了出来，手指裂开一条大口子。我清洗了伤口，没有创可贴，只好用纱布把手包起来，再用强力胶带固定好。我们测量了这只小渔鸮，给它戴了一个脚环，然后就放走了。

赛永河的三只渔鸮我们已经抓住了两只 —— 雄鸮和亚成鸟。如果把套索留在外面抓雌鸮，很可能再次抓住其他两只。为了避免这种情况，我们改造了陷阱，变成手动触发，也就是说渔鸮可以在猎物围栏里自由捕猎，除非我们猛拉绳子放开套索，否则它们不会被抓。舒里克和谢尔盖仍然留在上游的隐蔽帐，而我又回到下游陷阱边上卡特科夫的地盘。

屡战屡败

夜幕降临，深冬的寂静偶尔会被鞭炮般的爆裂声刺穿——日落后气温骤降，这是冰在树的裂缝中膨胀的声音。成年雌鸮好似鬼魂一般。我们几乎每晚都能听到它和伴侣对唱，然而它只在屏幕上出现过一次，当时被绳结困住了，但在我们赶到之前就挣脱了，能做到这一点的渔鸮仅此一只。在那之后，它就杳无踪迹。它肯定还有一个不为我们所知的捕猎地点，根据对库迪亚河渔鸮的经验，有可能是在几公里外的地方。

我们已经在森林里住了将近一个月，日复一日地重复着同样的动作，几乎没有什么进展。值夜班生厌时，我和卡特科夫会把给相机和显示器供电的沉重的十二伏电池装进背包，拖回到GAZ-66卡车充电。白天我们要么修补陷阱，要么在森林里转悠寻找渔鸮的踪迹，黄昏时再及时赶回隐蔽帐查看陷阱，之后缩到帐篷里直至清晨。

已经环志过的亚成鸟倒是常常来下游的陷阱，成了我们百无聊赖和野外疲乏之中的亮点。我对它的捕猎行为分外着迷，每天晚上都盼着它出现在隐蔽帐的外面。在俄罗斯，很少有人见过成年渔鸮待在巢里或是捕猎的情形，观察过渔鸮亚成鸟的人更是屈指可数，这是首次有人详细观察到年轻渔鸮学习独立捕猎。这只亚成鸟通常天黑不久就会飞来。我们看着它涉水下到浅水区，缓慢而谨慎地走着，被肉眼不可见的红外线照进我们的屏幕。有意思的是，它好像只偶尔从旁边的猎物围栏里抓鱼，好像明白围栏只是暂时性的存在，还是得自己学会怎么捕猎。有时，它会用爪子在水边的卵石地上抓刨，专心地盯着刨出来的小坑。起初这种行为让我不解，后来当我发现冬眠的青蛙就埋在河流浅水的砾石中时，意识到这只小渔鸮是希望能刨出一只青蛙来。

和卡特科夫一起值大夜班实在让人筋疲力尽。我们困在沉闷的帐篷里，一待就是十二个小时，可几乎全无进展。一天晚上，卡特科夫和我穿着冬衣，戴着帽子，松松地盖着睡袋。在显示器灰色光亮的映照下，他跟我讲起他的嗜尿癖。他描述着自己收集的图片，都是些带有色情意味或者猎奇的小便器：有的形状像阴道，有的像张开的大嘴，有的像希特勒，诸如此类。他还说自己超喜欢把尿撒在风景优美的地方。我想起有一次我们停下车观赏给悬崖镀上金辉的落日，

308

卡特科夫说，他很想在那道悬崖上撒撒尿。当时看似随口一提，现在我对他了解多了，才知道这并非戏言。探险家阿尔谢尼耶夫曾写道，20世纪初，滨海边疆区的中国猎人登上山顶是为了接近神明；而卡特科夫呢，爬到山顶只为排空膀胱。最终我实在受够了。

"听着，卡特科夫，"我说，"那只雌鸮一直不来，可能就是因为我们老讲话。我觉得咱俩得静一会儿。"

卡特科夫毫不赞同："渔鸮不可能听到咱们说话。咱俩声儿这么低，河水可老大声了。"

"但是呢，"我反驳道，"咱们还是得尽量为捉鸟的事着想吧。"

他承认自己也愿意为此着想，但表示很不高兴。每隔五到十分钟，他就有一个念头脱口而出，我就得提醒我们的噤声协议，他才会安静。

第二天晚上，我走近隐蔽帐的时候，惊讶地发现卡特科夫在河与帐篷之间竖起了一堵厚厚的雪墙。他明显是太过无聊，我没太在意就钻进了帐篷，做好等待一晚的准备。坐在帐篷里，卡特科夫又开始向我碎碎念，我急切地盼望那只亚成鸟赶紧出现，这样我就有了要求保持安静的借口。渔鸮刚一出现在屏幕上，我就嘘了一声，用手指了指。

"没事儿，"卡特科夫说，他在监视器的光芒下满面生辉，"我修了隔音墙。"

雪墙顿时变得可怖。

"我敢肯定它还是能听见……"我无力地抗议道。

"听不着！"卡特科夫还在微笑，"你瞧。"

他使出全身力气拍了拍巴掌。屏幕上的渔鸮就在三十米开外，但连哆嗦都没打一个。在帐篷昏暗的灯光下，卡特科夫误把我的龇牙咧嘴认成了微笑，胜利地攥起拳头。真是完蛋。

虽然我在渔鸮亚成鸟身上收获了不少乐趣，但在捕捉雌鸮上的毫无进展，还是让整个团队备感沮丧。为了放松，我们离开赛永河休息了一天，开车去了往北两公里的马克西莫夫卡河，这条河在渔民中以盛产远东红点鲑、哲罗鲑、细鳞鲑而闻名；对我们来说，则是以渔鸮的密集程度而闻名。几年前，谢尔盖和我在这里差点被伐木作业困住，还在一个地点听到了两对渔鸮的二重唱。谢尔盖、舒里克、卡特科夫和我挤上"海拉克斯"皮卡，我们中只有科利亚对无所事事毫不介意，于是他留下看守营地。

早先的暴风雪掩埋了捷尔涅伊的大部分地区，通往马克西莫夫卡河的道路一整个冬天都被封住了，保护了马克西莫夫卡河流域的野生动物免遭偷猎。对于当地有蹄类动物来说，下雪的日子还是极为艰苦的，我也的确看到了几具饿死后被冻僵的鹿尸。但直至最近，这里的动物才又开始遭遇来自人类的威胁。有一位本地官员想去钓鱼，便付钱雇人铲开了从阿姆古到马克西莫夫卡桥之间四十公里的道路。他在桥附近钓了几个小时的鱼就回家了，而偷猎的方便之门也就此打开。我们开车经过白雪皑皑的河岸，看到上面四散着鹿和野猪的红色血迹，谁也没有讲话。

上次我来马克西莫夫卡河是在2006年，当时乌伦加村仅存一栋小型校舍，独眼猎人兴科夫斯基把它改造成了一间小屋。他和马克西莫夫卡村的其他猎人在河流沿岸是有合法狩猎权的，而从阿姆古来的盗猎者总是开车北上到他们的地盘打鹿和野猪，到了2008年，他们终于忍无可忍。马克西莫夫卡河流域面积广大——将近一千五百平方公里。没有人帮忙的话，光靠六名猎人是决然守不住的。因此他们在为数不多的道路上设了"哨兵"：将几把钉子还有粗糙焊起的尖刺藏在土里，来扎烂偷猎者的轮胎。马克西莫夫卡的猎人知道开车时在哪里躲开危险，但不速之客不会知道。被困在马克西莫夫卡河沿岸的感觉可不妙，漏斗形的山谷里风声呼啸，熊比人还多，要找人帮忙得到山脊的另一边去。从阿姆古来的访客——有些是偷猎者，当然还有无辜的渔民，以及采拾蘑菇或莓子的人——在这种荒郊野岭被扎烂了车胎，必然怒不可遏，他们的反应更多是泄愤而非退缩，直至矛盾升级成放火。

　　这里的小木屋很珍贵，都是一趟一趟地搬运材料搭起来的。窗扇、柴炉、门合页和其他部件，都是远距离徒手搬运到林中的小空地。在滨海边疆区北部，对敌人最严重的攻击就是将小木屋付之一炬，效果能延续数年之久。就这样，马克西莫夫卡河沿岸的大部分狩猎小屋，包括乌伦加的那间，都被浇上汽油，烧得一干二净。兴科夫斯基在校舍曾经所在的位置重建了一座小得多的房子，但旧礼仪派村庄的痕迹已全然不复存在。

　　我们把"海拉克斯"皮卡停在乌伦加的空地附近。卡特科夫留在马克西莫夫卡河上冰钓，其他人在罗瑟夫卡河口分头去寻找这里的渔鸮巢树。谢尔盖和舒里克向北滑雪行进，去往罗瑟夫卡河谷；我沿路往上游徒步了几公里，然后穿过森林，到达大部分水域仍然冻结着的马克西莫夫卡河，又绕道往皮卡的方向返回。

　　我在途中看到了几只狍子，为这里至少还有一些生命存在而感到开心；在捷尔涅伊和阿姆古地区，我几乎没在雪地上看到任何痕迹。接近河流时，三只小嘴乌鸦在森林边缘激动地大叫。其中两只朝我飞来，略作盘旋后又返回原来的位置。我用眼睛追踪它们的飞行路线，下方的松树中传来动静——是一头野猪。乌鸦是不是故意提醒我注意到野猪，希望能大嚼一顿猎人一般会丢弃的内脏？我目送野猪缓慢地晃荡，走出我的视线，它浑然不觉自己刚刚被"出卖"了。河冰又硬又平，像人行道一般，于是我脱下滑雪板扛到肩上。在下游不到两百米的地方，我又听到河岸上有响动。我先是看到苍白的腰臀部，然后一只雄性狍子现了身，角的质地像天鹅绒。狍子很瘦，小心翼翼地走着，尖利的脚趾深深陷入雪中。它最终注意到了我——一个披着白色伪装的可怕怪物，还一路踩着河冰嘎吱作响。狍子向森林拔腿狂奔，但厚厚的积雪阻挡了去路，于是它调头奔向河流，利用脚底坚硬的冰层加速逃跑。我用双筒望远镜看着狍子向下游疾驰而去，惊讶地发现它居然在一个地方停下来啃途经的树枝。和我拉开一段距离后，那只狍子突然莫名其妙地向右急转弯，踏向河冰，大概是想朝向对岸的树林穿过冰面。然而它逃跑的方向实际上直接通向一片融化的水面。狍子看到了——它不可能看不到——但竟一点也没减速。它一跃而起，好像要越过水面，却一头扎进了水里，惊飞了一只褐河乌，啁啾着从我旁边向上游飞去，如箭离弦。我停下来，被眼前的景象惊呆了，放下望远镜，又重新举起。它可一定要爬出来啊。我能看到狍子在水里扑腾，但河水肯定是太深了，它够不到底，遂又朝着结冰的河岸游去。然而等到了那儿，它才发现水面和冰面并不是齐平的，水在冰面下方一米处，狍子没法爬上岸。它绕着那片水域游来游去，把边边角角试探了个遍想寻找出路，但一无所获。然后它停下了动作，任凭水流把它冲到开阔水域的下游边缘。水流很迅猛，而狍子就快要淹死了。

当意识到狍子处于无法挣脱的境地时，我一下子紧张起来。我开始犹豫不决地向前滑行，然后加快速度，大喊着，希望能将它吓出些力气来。但即便我就站在几米外的岸上，它仍然只能踩着水，无力地冲撞着垂直的冰岸。我很清楚，这头狍子挨过了严冬，也避开了偷猎者，春天将至，它却眼见要淹死在马克西莫夫卡河，全是因为我惊扰了它。我把一只滑雪板放到冰上，趴下来，用另一只滑雪板当杆子伸向水面，够到它的身子，朝自己这边拉过来。等狍子一靠近，我就俯身抓住它的角，把了无生气、浑身湿透、彻底崩溃的狍子拉到了安全的冰面上。

鹿类都有"捕获性肌病"，被掠食者抓到的话会触发一系列不可逆转的身体衰退，就算能挣脱也会渐渐死去。差点溺亡对这只狍子来说已经够痛苦了，我不想它在经历了这一切之后又因为捕捉导致的压力而死亡，所以一把它拉到冰上后，我就离开了。我捡起滑雪板，头也不回地以稳定的速度向下游行进。走出几百米后，我转身举起双筒望远镜。狍子

314

还在我离开的地方大口喘着气。我又多逗留了几眼，直到它转过沉重的头，朝我这边看过来，好像在试图理解为什么它还没被我吃掉。

我继续往下游走，体内的肾上腺素仍在飙升。我对狍子能活下来并没抱太大希望 —— 倘若它身体健壮，也许还能承受几近溺亡的经历、冰冷的河水，以及莫名其妙地与掠食者擦肩而过造成的压力。但这只狍子仅仅是皮包骨头而已。刚刚经历的一切对它来说实在太难承受了，它可能会在我离开的地方死去，尸体被狐狸、野猪、渡鸦一点点吃掉，直到河冰融化，骨架顺流而下，没入日本海。然而大约一个小时后，舒里克走到河边，沿着我的路径回到集合点时，说他看到奇怪的一幕：森林里有只浑身湿透的狍子。狍子还有力气从我的队友附近逃跑，这是个好迹象，再过几个星期就会冰雪消融，万绿回春。或许，狍子终究是能挺过去的。

回到赛永河时，突然下起了大雪，片刻不停，完全不顾春天已近。两天的暴雪留下了齐膝深的积雪，潮湿而沉重，我救出的狍子大概也命不久矣。风雪也带走了冬天的严寒，所有的一切，包括河冰，都开始迅速消融。我们的渔鸮陷阱在浑浊的河水中无法发挥作用，像是开关一拨，我们的捕捉季节转瞬结束。春天再次到来的时节比想象中早了一点，没有时间再去捕捉渔鸮了。我们蓬头垢面，衣服满是污渍，破烂不堪。手臂上新伤加旧伤，都是砍木柴、修理猎物围栏、挣扎穿过林下植被时，还有森林里的日常生活中留下的。我们粗糙的手背深深地皲裂开，吸收了四周的泥土，就算用力擦洗也毫无效果，污痕依然顽固。我们收拾好营地，大篷车队向南转移，在解冻道路上的冰碴和泥泞中缓慢开进，朝三百二十公里以外的捷尔涅伊驶去。

跟着鱼走

随着野外季的结束，我也能把精力集中到已经收集的
GPS数据上了，很快就发现了渔鸮和环境之间互动的规律。
每只渔鸮的领域很明显有一个以巢树为中心的"核心"区，
渔鸮从核心区向外活动的方式在一年中会发生变化。在冬
季，尤其是繁殖季节，渔鸮会紧紧围绕核心区活动——这不
难理解，雌鸮此时稳坐巢中，雄鸮进行看守，给自己和雌鸮
捕食。到了春天，渔鸮一般会改变方位，移动到附近别的渔
鸮领域的边缘，或者是日本海沿岸等自然边界。夏季它们的
注意力也会发生转变，大多数渔鸮从自己的核心领域向上游
辐散，出没于主河道的上游和较小的支流。秋季的活动是最
出乎人意料的，一些渔鸮完全离开了核心区域，去了自己领
域内河流的最上游，直到冬天才返回巢周围的区域。我给谢
尔盖看了季节性数据的地图，谢尔盖点了点电脑屏幕，指着
秋季的位置点。

"那是鳟鱼产卵的地方，"他说，"它们是在跟着鱼走。"

如果渔鸮真是跟随着鱼类的洄游和产卵，我应该能在夏天和秋天观察到大量鱼类迁移，这才能解释观察到的渔鸮活动规律。我开始研究鲑鱼的生活史，并发现了五种值得关注的鱼。马苏大麻哈鱼和粉红鲑是夏天产卵，花羔红点鲑、远东红点鲑和大麻哈鱼秋天产卵。大麻哈鱼在大河的侧道和支流里产卵，而鲑鱼和鳟鱼是秋季在河流上游产卵。这些鱼的季节性移动和我们看到的渔鸮从夏季到秋季在领域里的活动轨迹一致。这是一个很好的证据，表明在繁殖季节之外，渔鸮的确是在追踪那些富含蛋白质的猎物。仿佛是以巢树为中枢一样，它们在夏季转向下游，迎接洄游鱼类的到来；在秋季转向上游，捕捉繁殖期缺乏防御能力的产卵鱼。

在明尼苏达州的家中待了几个月后，2009年8月，我回到了俄罗斯。朝鲜最近对韩国飞机发出威胁，由于大韩航空曾被外国军队击落过一次，因此他们把这次威胁看得很严重。我们没有像往常那样沿着朝鲜东海岸从西南侧到达符拉迪沃斯托克，而是飞越了日本海之后从东边折返到达。我的最后一段航程就此增加了一小时。

今年夏天我有两个目标。首先是描述渔鸮巢树周围的植被，搞清楚这些地方除了显而易见的巨大树木之外，是否还有别的因素吸引渔鸮筑巢。我要把巢址的特征与森林中的随机地点进行比较分析。2006年4月，我在萨马尔加河口练习了植被采样方法，又通过在明尼苏达州的演练进一步完善了采样过程。这部分的实地研究需要了解当地的树种和一些特殊工具，例如估算距离和树高的高度计，以及估算林冠郁闭度的郁闭度计。

第二个目标与第一个类似，只不过与筑巢无关，而是与猎物有关。我要把已知的渔鸮捕猎的河段与随机选择的河段进行对比。主要方法就是穿上湿漉漉的黑色连体橡胶潜水衣，戴上面具和呼吸管，在浅河里爬行一百米，识别鱼的种类并计数。收集植被和鱼类信息可能会揭示栖息地的重要差异，以让我更好地了解需要保护什么样的资源才能拯救渔鸮。

苏尔马赫身着T恤和牛仔裤在机场接我，一头乱发随风飘荡。他上来第一句话就是夸我胡子刮得很干净。我一般只在冬天蓄须，他和我这几年在俄罗斯共事的许多人都未见过我没胡子的样子。我们一边聊一边朝着符拉迪沃斯托克驶去，交通极为混乱，但当地人都习以为常。苏尔马赫半路绕道去看卡特科夫，他在给苏尔马赫打工，住在紫色小房车里，监视一个黄苇鳽的巢。这会是这一物种在俄罗斯留下的第一笔繁殖记录。卡特科夫几周来都以湿地为家，这片湿地紧靠着城镇，被一道马蹄形的铁轨环绕；我估计这是条超车环道，方便优先级低的火车给优先级高的让路。

"你会习惯的！"当又一列火车驶入，缓缓停下时，卡特科夫大声喊道。车上的机械师抽着烟，探出窗外好奇地注视着我们。我意识到卡特科夫和他的这块湿地几乎不间断地被火车有节奏的哐当声围绕着。他在沼泽中更换摄像机电池和查看视频的日子就要结束了。苏尔马赫和我先在符拉迪沃斯托克商议了些事情，几天后，卡特科夫跟我开着小房车向北，去捷尔涅伊收集数据。

卡特科夫在夏天也和冬天时一样，行驶途中经常把小房车开出路面，不知为了什么缘由，他还在后车厢里堆满了报纸和荞麦。但除此之外，我发现他是个出色的野外助理，尽职尽责地收集数据，认真工作，任劳任怨。他这个人确实满怀善意，我为上个冬天他的遭遇而感到惭愧。我看到他发自内心地对这项工作感兴趣，关心渔鸮，也很看重和我一起共事。在捷尔涅伊，我们以锡霍特山脉研究中心为大本营，每天开车去记录附近五个渔鸮领域的植被和河流特征，其中三个是我们捕捉到渔鸮的地方，另两个未能得手。

自从硕士期间研究鸣禽之后，我已经很多年都没有在夏天时踏足滨海边疆区了，这次的夏日到访简直令我头昏目眩。我已经习惯了冰封、开阔、寂静的森林，而此时植被茂密，林中此起彼伏的鸟鸣震耳欲聋。小小的黄腰柳莺听起来就像疯狂的机枪手，它们栖息在林冠的最高处，发出一串串尖锐的颤音在山谷里回荡。白腹蓝鹟在黑暗潮湿的森林角落里鸣唱，空灵的叫声如记忆一般从我知觉的边缘掠过。在靠近河流的地方，我惊扰了一只黄鼬，这是种体形娇小的掠食动物，一团铁锈色的皮毛明光一现，便消失在了堵塞河道的浮木之间的枝丫中。我没看到什么别的哺乳动物 —— 它们大多懂得在森林里避开人类 —— 但河岸柔软的泥土上布满了动物的足迹，有棕熊、水獭和貉。

我们通常两天才能完成一个领域的数据收集，每个领域都要进行五项调查，三项针对植被，两项针对河道。对于植被，我们首先调查巢树周围，然后是靠近巢树的区域，最后则是渔鸮领域内的一处随机地点。河流调查是从已知的渔鸮捕猎的位置收集数据，再调查领域内的一处随机河段。如果渔鸮筑巢或捕猎的地点有什么特征的话，这样的比较就能显明独特之处。

做植被调查时，卡特科夫一般留在样本的中心记录数据，我绕着他以二十五米为半径转一圈，点数这一范围内所有的树，指认出树种、大小和其他数据，大声报给卡特科夫。这项工作既乏味又令人燥热，我的皮肤到处都是擦伤，布满了被刺五加扎破又感染的小点。

鱼类调查则有趣得多，至少我这么觉得。我买到的潜水衣是给身材更为苗条的人穿的，我使劲套进去的时候真希望自己能瘦一点，而不是像现在这么粗壮。穿好潜水衣，我就滑入水中。渔鸮捕猎的大部分河流都很浅，我向上游爬行，身体只是勉强被水没过。我在脑子里记下鱼的种类和数量。每次调查的河段都有一百米长，我每隔二十米就停下向岸边的卡特科夫大声报告观察结果，他把结果记在纸上，然后再往上游走二十米，充当我下一次停顿的标志物。鱼的种类不多，且很容易分辨。调查了几次之后，卡特科夫建议互换角色，可他根本穿不进潜水衣。河水太冷，无法不穿潜水服，于是我继续待在河里，卡特科夫留在岸上。这些调查与冬季野外季的气氛截然不同，没有时间压力，没有随时可能到来的暴风雪，也没有对于捕捉的担忧。只有卡特科夫和我，一起数鱼。

有一次，我看到两条大约半米长的鱼，躲在一处深水内的原木下面。当时我刚做了四五次调查，还从没见过这种鱼。我浮上来的时候，一位穿着迷彩服和涉水裤的渔民正好经过，抽着烟，拿着根渔竿。他正努力地不看我。

"嘿，"我用俄语喊道，"这么大、银色、有小黑点的是什么鱼？"

"当然是细鳞鲑了。"他冷漠地答道，停也不停，好像对穿着潜水衣、鬼鬼祟祟甩出的鱼类小测验的外国人习以为常。我又潜回水里。

在捷尔涅伊南边的一个地方，我们听到过渔鸮的叫声，但是没有看到，在这里调查时正赶上倾盆大雨。卡特科夫站在岸边，痛苦地在防水纸上尽职尽责地记录着我从水里报给他的数据。他浸透的兜帽紧紧地围在头上，完全起不到应有的挡雨作用。与此同时，河水变深了，我就像一只快乐的海豹在里面翻腾雀跃。一回到捷尔涅伊，卡特科夫就默默爬到床上，浑身发抖，裹上毯子，直到第二天早上才出现。

我们在谢列布良卡河调查的时候，也是在捷尔涅伊地区工作的最后一天，卡特科夫的经历最为惨痛。一次我从水里抬起头，脑子里装着鲑鱼和鳟鱼的数字，却只见卡特科夫跌跌撞撞地朝下游跑去，拍打着自己的脑袋。他显然是惊动了黄边胡蜂的蜂巢，受到威胁变成复仇怪物的胡蜂，把他咬得浑身肿胀。那天调查结束后，我们从谢列布良卡河几条河道交汇的地方渡河返回。这里有些河段比较深，大概有四五米，但其中有一道沙洲几乎蜿蜒到河对岸，蹚水过河最多只会淹到腰部。卡特科夫沿着沙洲走了一段，我仍然穿着潜水服和面罩，潜在深水中看着卡特科夫在水中行进。他走到一半，水淹到了腰，便把背包顶在头上，这时我发现他快走到悬崖边上了。我浮出水面，吹出呼吸管里的水。

"卡特科夫，你得往左走。再往那边去水越来越深。"

那天的经历让他很是恼火，胡蜂蜇咬的地方还在阵阵作痛。他不理我，坚守着自己的路线。我又下水看了看。

"不诳你，兄弟，你立马就要沉底儿了。"

"我自己会看路。"他简短地答道。我耸了耸肩，沉到水下，好看清楚迫在眉睫的险情。这时卡特科夫猛地在边缘踩了空，整个身体都掉入水中。他惊得张大了嘴，发出一声无声的尖叫，沉入我水下的视野，接着浮出水面，抓住背包，游完了剩下的距离。

我觉得没必要说什么了，他也一样。我脱下潜水服，换上留在岸边的衣服；卡特科夫在他的包里翻找没湿的东西。他已经脱光了衣服，只穿着紧紧的褐红色内裤，我能看见他的胳膊被胡蜂蜇得胀红，腿上横七竖八地缠着运动贴布，掩盖着我们工作到现在为止所受的各种擦伤和刺伤。包里所有东西都在过河时浸透了，他没找到合适的衣服换，只好尽可能有尊严地蹲在河里，拧了拧破破烂烂、满是污渍的衬衫，又套了回去，没穿裤子。我们走回小房车。汽油已不足，在回捷尔涅伊的路上，我们又绕道去了加油站。这时，卡特科夫已经筋疲力尽，他穿着内裤和撕烂的蓝衬衫给车加油，衬衫就像块湿抹布一样挂在他身上。几天后，我们开车去了符拉迪沃斯托克，卡特科夫马上要开始一份新工作，在一家本地炼油厂，负责他们的环保工作。这份职业他一直干到了现在，在滨海边疆区的森林里受罪的日子已然成了遥远的往昔。

东方的加利福尼亚

苏尔马赫开车带我去符拉迪沃斯托克机场，接我的博士导师洛基·古铁雷斯。他和妻子KT一起来滨海边疆区帮忙野外工作。

等待他们排队过海关时，苏尔马赫说他有点担心我制定的行程。我们的计划是和谢尔盖一起从符拉迪沃斯托克开车往北，去一千公里外的阿姆古，以及马克西莫夫卡河流域，完成剩下的植被与河流调查。苏尔马赫没见过洛基，但鉴于以往与外国人打交道的经验，他觉得这些人大都软弱、娇生惯养，肯定受不了在北边捷尔涅伊等待着他们的大团蚊虫和野营便坑。我向苏尔马赫保证，洛基对吃苦乐在其中，艰苦对他而言不值一提。即便如此，直到见了面苏尔马赫才打消了疑虑，洛基粗糙的手和KT结实的身体向他证实夫妻二人习惯了野外简朴的生活。洛基六十多岁，像一只雪鸮，身材矮小，蓬松的白发下有一双大眼睛；KT和他差不多年纪，精瘦，安静，而且颇有洞察力。

我们和谢尔盖一起向北前往阿姆古，他之前来符拉迪沃斯托克给"海拉克斯"小皮卡采购备件。那年春天，洪水冲毁了捷尔涅伊和阿姆古之间的十几座桥梁，道路也变得坑坑洼洼，阿姆古村民与世隔绝了一月有余。虽然直升机和货船运来了少量物资，但不慌不忙的村民们基本还是正常生活，打猎吃肉，自己酿酒，直到供应链恢复正常。阿姆古直到20世纪90年代中期才真正通了公路，人们仍然记得没有道路该如何生活。

我们在刚整平的路上行驶，开过新的土木桥。新近的修整让路面露出了很多尖利的石头，我们经过两辆车，车上的人都在闷闷不乐地一边抽烟，一边换轮胎，后来我们的轮胎也被扎破了一个。谢尔盖和洛基修补瘪胎，我嗑着葵花子，在阳光下眯眼看着他们。我们爬回车里时，洛基注意到天空中有一个小点。我们全都拿起双筒望远镜对准，看到一只鹰雕在温暖的空气中不紧不慢地盘旋。这种猛禽体形很大，尾巴的条纹很深，一眼就能识别出来。人们对鹰雕在滨海边疆区的分布所知不多，但它们似乎多出没于克马河和马克西莫夫卡河流域，2006年，我和谢尔盖在这里找渔鸮时，经常看见它们的羽毛和吃剩的猎物。

我们很晚才抵达阿姆古，直接去了沃瓦·沃尔科夫家，就是父亲在海上迷失的那个人。他和妻子阿尔拉热情地接待了我们，把洛基和KT安顿到后屋里。第二天早上，我们迎来一顿典型的"沃尔科夫家套餐"，洛基说这是他吃过的最好的早餐之一。新鲜的面包、黄油、香肠、西红柿和炸鱼，簇拥着一大碗红鲑鱼子；一个大盘子里堆满了蒸好的帝王蟹腿；还有一个宽碟子，里面堆满了调好味的驼鹿肉块。这些是阿姆古附近的海洋、河流和森林中的寻常之物，但对我们这些外来人而言简直是人间美味。

吃过早饭，洛基一脸困惑地把我拉到一边。

"那个人的名字真叫'外阴'（vulva）吗？"他大声问道，虽然本想悄悄耳语。洛基当兵的时候听力受损，有时会分辨不清语言的细微差别或是合适的音量。

"不是的，洛基，是读作'沃——瓦——'（v-o-v-a）。"

他似乎松了口气。

洛基和KT搬到中西部的明尼苏达大学之前在北加州生活了几十年。在滨海边疆区的整个旅程中，他们经常说起加利福尼亚老家和这个地方的环境很相像。有趣的是，滨海边疆区的居民中间还真流传着此类说法，说符拉迪沃斯托克是"东方的旧金山"，因为这两个城市都坐落于北太平洋的海湾，地势多丘陵，好奇的俄罗斯人经常会问我到底是不是真的。我通常撒谎说没去过旧金山，比照实说要委婉些。符拉迪沃斯托克是20世纪早期俄罗斯帝国中的迷人都市，但到了苏联时期便每况愈下。为了保守苏联太平洋舰队的秘密，这座城市被封闭了；曾经因国际影响力而闻名，此时却禁止外国人进入。沙皇遗绪也同样被打压，有时甚至是用粗暴的方式：1935年的复活节星期天，苏联政府拆毁了这里的一座巨大的洋葱形圆顶教堂。20世纪90年代中期，我第一次到符拉迪沃斯托克时，从前的白色建筑外墙都已变为灰色，无人打理，摇摇欲坠。我还在火车站旁的灌木丛中看到一具尸体，街上坑坑洼洼，窨井盖都被偷走卖了废品。值得庆幸的是，后来符拉迪沃斯托克的情况好了许多。建筑物得到修复，许多美丽的帝国地标也已重建。这是一座非常可爱的城市，有自己的步道、餐馆，还有独特的文化底蕴。

离开沃尔科夫家后，我们调查了阿姆古河和马克西莫夫卡河地区五个渔鸮栖息地的植被，沿途露营。洛基和KT做了很多植被调查的体力活儿，谢尔盖和我轮流穿潜水衣数鱼。谢尔盖在水中随身带了一把鱼叉，如果遇到能叉住的大鲑鱼就可以用得上，但这样的美事并没有发生，他很是失望。在某个地点，当我从水中抬起头时，看到一只狍子在十几步外的河岸边一脸茫然地看着我。我穿着光滑的黑色潜水服，戴着突出的面具和蓝色呼吸管——它从没见过这样的东西。也许最终认出了下面藏着的人类，狍子飞速窜入了森林。

我们在谢尔巴托夫卡河向上游走了几天。到了阿姆古河的时候，桥又被召唤去了大海，因此我们涉过浅水到了对岸，在2006年去过的沃瓦的小屋过夜。小屋几乎被高高的草丛淹没了。我在屋檐上找到一把镰刀，清出了屋前一大片空地，我们可不想招惹上一堆蜱虫，谢尔盖和我也需要地方搭帐篷，我们两人睡外面，洛基和KT睡屋里的板床。晚饭享用了乌哈汤，是用土豆、莳萝、洋葱和谢尔盖当天下午钓到的鲑鱼做成的，大家共饮伏特加，愉快地聊天。

第二天，调查完谢尔巴托夫卡河这对渔鸮领域内的植被和河流情况之后，我们又继续沿着一条伐木道路向河流上游走，想看看能不能在那边找到适合渔鸮的栖息地。这条路状况不错，谢尔盖惊讶地发现它竟然会经过沃瓦的另一间小屋，于是我们查看了小屋的状况。上一次来这一带是2006年，小屋距离道路尽头须徒步五公里，里面稀疏的摆设也很说明问题，不多的几件家具一定是沃瓦背过来的。相比之下，下游的那间小屋简直像是度假村。屋里有一张板床，固定在泥地的支架上，有个树墩充当坐凳，还有一个小小的铁质柴炉。一道狭窄的窗户刚够透些光进来，眼见屋内极为肮脏。我觉得只是看看小屋都好像能感染汉坦病毒，洛基和KT也不愿意睡在屋里。因此我们在附近的一片空地扎了营，靠近谢尔巴托夫卡河岸。

　　搭好帐篷后我们就出发去探查。经过一条滑雪道时，我们在泥泞中看到了陈旧的棕熊足迹，还凝望了一只三趾啄木鸟谨慎地敲击冷杉树干。这里的森林与我习惯看到的低洼地大不相同。树种减少了，大部分是冷杉和云杉。一片片单纯的杉树林披着松萝，覆盖着长有松软苔藓的山坡，毫无掺杂。一切都柔和而芳香。这是很典型的原麝栖息地，这种古怪、羞怯的小动物在安静的森林里以松萝为食。它们长着大耳朵，体重和腊肠犬差不多，而且由于后腿不成比例地大，似乎永远向前弓着背。雄麝没有鹿角，但有细长的犬齿，从上嘴唇弯曲着伸出来，好像獠牙一样。这种夸张的特征让它们看起来就像精心设计过的恶作剧一样——东北亚版的鹿角兔*，每次看到它们，我都仿佛见到吸血鬼袋鼠。

　　返回营地的路上，洛基在河边沙滩上发现了一道模糊的爪印，但无疑是渔鸮留下的，那是他最接近看到渔鸮的一次。我注意到这里适合渔鸮筑巢的树很少，猜测谢尔巴托夫卡河的一对渔鸮只是偶尔来领域边缘的这一带，可能通常在秋季鲑鱼产卵的时节。那天晚上，洛基和谢尔盖不想去睡觉

---

* 鹿角兔（jackalope）：又音译为"加卡洛普"，北美传说中的动物，长着鹿角的野兔。

又想找乐子，便轮流试着用谢尔盖的马鹿角来模仿长尾林鸮的叫声。这是俄罗斯猎人吸引雄性马鹿的一种工具，用从白桦树上剥下的长长的树皮，卷成管子做成。那声音令人难以忘怀，在寂静的山谷中回荡，像是秋季发情期打斗时，睾酮激增的雄鹿发出的有力而超脱人世的吼声。

谢尔盖对洛基喜欢了起来，很赞赏他的狩猎道德和对口无忌惮毫不容忍的态度。除了都很了解并热爱狩猎，共同的当兵经历也让两人又多了一层关联。

谢尔盖问起洛基服役时的事情，洛基答道："我在日本待了一段时间，监听苏联的通讯。"我翻译给谢尔盖。

"是吗？"谢尔盖来了兴致。原来，他之前是在离日本不远的堪察加服役，监听过美国的通讯。两人互相点点头，为彼此在冷战中正相对应的任务而微笑。

我们从筑巢和捕猎地点收集到的信息很有启发性。数据显示，大树确实是渔鸮巢址的最佳标志；周围还有什么并不重要，我们在森林深处和村庄附近都发现过巢树。最重要的似乎就是树上要有一个足够大的洞口，可以为渔鸮提供安全的地方来孵卵。

河流方面的数据结果则出人意料。数据显示，渔鸮比较喜欢在河流附近有大树的地方捕猎。渔鸮需要大而古老的树木筑巢是有道理的，但为什么还会在意河流沿岸森林的年龄呢？经过一番思考和大量阅读文献，我想到了一种可能性：不是渔鸮需要大树，而是鲑鱼需要。

一棵小树由于暴风雨或是别的原因跌落至大河里，一般只是悄无声息地被冲走。但若是一棵大树倒在小河或是狭窄的汊道里，水况就会发生变化。大树有时会完全挡住河水，令湍急的水流另寻出路。水可能会在阻塞物后面积涨，然后像瀑布一样漫过并流下，或者沿阻力最小的路径完全改道，穿过森林河漫滩。大树倒进去之前，河道单一、均匀；而倒木有助于形成交织的深水、滞水和浅而湍急的流水。这种河流栖息地的多样性正是鲑鱼需要的。马苏大麻哈鱼的鱼苗和幼鱼大概是渔鸮在冬季最重要的猎物，它们需要在安全而平静的滞水中生长。成年的马苏大麻哈鱼是渔鸮的游动大餐，它们在夏天从日本海洄游上来时，需要主河道的卵石基质才能在急流中产卵。在有古老大树的河边捕猎 —— 有些最终是要倒在河里的 —— 只是渔鸮找了捕鱼的好地方。

完成阿姆古地区的工作后，我们向南开往捷尔涅伊。几个小时里都只看到森林和土路，大约开了一半路程时，一个陌生人突然出现在视野中，疯狂挥着手臂。谢尔盖猛地踩下刹车。我们离有人居住的地方太远了，没法对这种求援置之不理。我摇下车窗，那人气喘吁吁地走近。

"哥们儿！"他眼神极为惊慌，大声喊道，"哥们儿！有烟吗？"

从他的呼吸里我能闻见伏特加的味道。谢尔盖从自己的烟盒里磕出几根，探身越过我递了出去。

"祝你身体健康！"谢尔盖说道。这是俄罗斯常用问候语，但在这样的情境下就很奇怪。

男人皱着眉头看着谢尔盖："你能匀的就这么多？"

谢尔盖把剩下的连盒递给他。

"那啥，"陌生人点了根烟，深深地吸了一口，定下神来，"你们要来点伏特加不？"

我们继续向前开。谢尔盖和我对方才的这类交流早已习以为常，而洛基和KT还在努力想要搞清楚刚才究竟是什么情况。

回到捷尔涅伊后的第二天早上，一位朋友安排洛基、KT和我乘坐摩托艇沿日本海的海岸观光。由于海岸是边境地区，正常情况下需要许可证才能出海，但驾驶员是俄罗斯联邦安全局退休人员，所以畅行无阻。我们驶出谢列布良卡河口，转向海岸。海面很平静，我们的到来惊飞了四散而去的暗绿背鸬鹚。摩托艇经过两艘生锈的船只残骸 —— 它们再也没能回到港湾。2006年冬天，我在前往阿格祖途中，从直升机上看到过这片壮美的海岸，而在夏天，眼见的是涓涓细流在狭窄的沟壑中蜿蜒，形成瀑布落下，消失在海岸边的巨石之间。一只幼年的虎头海雕在悬崖上方平静的空气中盘旋，然后收起翅膀，不见了踪影。虎头海雕是全世界体形最大的雕，成鸟全身黑色，但肩部、尾巴和腿部带有白色，它们在鄂霍次克海沿岸繁殖，南至俄罗斯滨海边疆区、日本和朝鲜半岛，都可以看到。

离开捷尔涅伊大约六公里时，我们浅蓝色的小艇经过了阿布雷克。这里是锡霍特山脉生物保护区的一部分，保护对象是长尾斑羚，一种奇特的、像山羊一样的动物，生活在海岸的峭壁上。我们惊跑了一个有七只斑羚的家庭群，从联邦安全局退休的向导说，这是他第一次同时见到这么多斑羚。我们继续沿着海岸前行，他抽着烟，指给我们看在这个异常晴朗的下午能望见的海角：鲁斯卡娅、纳杰日德、玛雅奇纳亚。他特别强调了最后一处海角，说完后出乎意料地盯着我看。我点头表示知道了。玛雅奇纳亚，当然。

"你还记得玛雅奇纳亚吗？"他在引擎的嗡嗡声中大声喊道，依然好奇地注视着我。

"不记得。"我承认。对话很奇怪，我不明白怎么回事。

"玛雅奇纳亚海角。2000年，你和加林娜·迪米特里夫那一起参加过乌拉古斯夏令营。"

　　我点头笑了起来，仿佛是对唤醒记忆感到感激，但实际上，他的话让我的五脏六腑都凝住了，要不是有风，他定能看到我胳膊上寒毛倒竖。那是近十年前，我在和平队时曾在玛雅奇纳亚海角待过两个星期。到了今天我当然忘了，但联邦安全局的人，看似在友好地聊天，却是在向我宣告他可没忘。不一会儿，我们必须靠岸休整，把船里渗积的水一桶桶舀出去。我不禁琢磨，这位联邦安全局的人还知道点我的什么事。

回望捷尔涅伊

在我到俄罗斯开始2010年野外季之前大概一周，一只老虎在谢列布良卡河渔鸮领域的中心区咬死了一位冰钓的渔民，还吃了一部分尸体。这位不幸村民的女儿因父亲没回家而担心，便去了他最喜欢的冰钓洞寻找。她在河上发现了父亲的无头尸体，灌木丛中，一只老虎正在啃咬他的头骨。之后这只老虎又袭击了一辆伐木卡车，被刚好在附近的一名消防员开枪击毙了。在我回到捷尔涅伊的第一天早上，县野生动物检查员罗曼·科日切夫跟我喝着咖啡，讲了这件事。

"那位渔民的牙齿现在都还在冰上，"他语气平静，但眼中现出惊恐，"那是个很不错的冰钓洞，所以人还是照样会去。"

后来对老虎脑组织的化验表明，这只食人虎感染了犬瘟热病毒，这是一种高度传染的疾病，除了其他症状，还会导致老虎丧失对人类的恐惧。2009年到2010年，这种可怕的病毒在俄罗斯远东地区的南部暴发，这只老虎仅是众多被感染中的一只，病毒导致临近的锡霍特山脉生物保护区的老虎种群数量锐减。这只老虎杀人的动机仍未可知。由于在俄罗斯老虎袭击人是非常罕见的——且这种毫无来由的袭击基本上闻所未闻——这起不幸的命案在捷尔涅伊引起了一波恐慌，惧恨老虎的声音高涨。好多次都有人错以为看到了老虎，一些居民甚至认为应该把所有老虎都找出来打死，我认识的一位妇女外出如厕时都会在口袋里装一把刀，以防万一。

随着最后一个野外季的展开，我感觉像是在和一位老友握手告别。自2007年以来，我和谢尔盖已经成功捕获了几十次渔鸮，已是老手，大部分时候毫不费力就能抓到渔鸮。我们的捕捉方法除了适用于毛腿渔鸮，还有了别的价值：非野外季的时候，我们撰写并发表了一篇科学论文来讲述猎物围栏的用法，当传统方法不管用时，围栏可用于捕捉食鱼猛禽。

我们三人组成的精简团队在八周之内就重新捕捉了捷尔涅伊和阿姆古地区标记的七只渔鸮。渔鸮的生存已然很艰难了，那些不情愿地被招募到这个项目里的渔鸮，无疑在我们手中遭受了更多的压力和不适。因此，当我们最后一次剪掉这些渔鸮身上的绑带时是很有满足感的，它们这次带走的只有脚环和不好的回忆。在赛永河，我把数据记录器连接口的密封硅胶刮掉，插进电脑，然而屏幕上却是一片空白。这个记录器压根就没启动。我像是肚皮挨了一记重拳。去年我们在这一领域投入了太多的时间和精力，卡特科夫几乎发疯，谁知最终却一无所获。赛永河雄鹗这段时间一直带着绑带，也都白费了，这让我很是难过。它有一年的时间牺牲了舒适和灵便，原本是帮助我们保护这一物种，结果却成谎言。我们甚至连数据记录器发生故障的原因都不清楚。记录显示它曾数百次尝试与卫星连接，但均未成功。这种技术仍然相对较新，有时就是会失灵。

在库迪亚河，标记的雄鹗在这一年里咬断了一根绑带，把数据记录器拉到了身体前面。记录器像项链一样挂在它身上，它把喙能够到的保护接头上的硅胶层啄坏了，里面的部件都露了出来。取回生锈的数据记录器时，里面有水晃来晃去，根本启动不了。我把设备寄给制造商，希望他们能奇迹般地恢复一些GPS位点，但线路腐蚀得太严重，什么都找不回来了。值得庆幸的是，我们那个野外季回收的其余五个数据记录器，平均每个都有数百个GPS位点。这就够用了，我已经有了准备博士论文和渔鹗保护计划所需的数据。

那个野外季，有三次与渔鹗的相遇给我留下了深刻的印象。首先是我最后一次见到沙弥河雌鸮时。五年来，我每年都会见到它，和它待在一起的时间比其他渔鸮都要长。它就是2008年时我们为免它冻死而放在箱子里过了一夜的那只渔鸮。第二天早上即将放归时，我和它合影留念，它无动于衷地盯着河面，喙上挂着一条鳟鱼。现在到了2010年，我抬头仰望支撑着它和渔鸮巢的巨大杨树。它低头看了一会儿，在周围树皮的棕灰色斑点中几乎隐形，然后就缩回了洞里，知道自己不再受我摆布了。

第二年，伐木公司为了从上游采伐木材，拓宽了通往沙弥河的那条布满辙痕的泥泞道路。路面的改善意味着人们能在路上开得更快了。2012年，一位阿姆古的当地人在路边发现了一具渔鸮尸体。他拍下的脚环照片显示，这就是沙弥河雌鸮，它身上的伤痕与车辆撞击的痕迹一致。它可以不再受我摆布，却摆不脱人类进步的碾压，而我本希望能保护它免遭这样的影响。

第二次令人难忘的相遇是在谢列布良卡河，也就是那年冬天老虎伤人命的地方。死者的钓鱼洞就在我们营地的视线范围内。那之后下了好几场雪，所以老虎袭击的直接证据都被掩盖了，我们的工作被这种恐怖感笼罩。等重新抓到谢列布良卡河雄鸮，从它身上回收到了几百个数据点后，本应是很让人高兴的时刻，但那时的气氛却像被下了毒一般。谢尔盖和我都巴不得赶紧离开那里。

第三个令我铭记的时刻是在法塔河，这是我们需要重新捕捉渔鸮的最后一处地点。至少从2007年底开始，法塔河雄鸮就一直独自生活在这里，它的伴侣遗弃了它，去了临近的领域。夜复一夜，年复一年，它独自发出的叫声甚是忧伤，祈求雌鸮回来，或者能另得佳偶。当我们最终在那里听到了一对渔鸮活跃的叫声时，感到既惊讶又兴奋。我们本次的野外季结束了，全部的野外工作也随之结束，时机恰到好处，尤其对法塔河雄鸮来说。它是我和谢尔盖抓到的第一只渔鸮，那之前我们经历了数周的自我怀疑，多次错失良机。当我们把它放归野外，看着这个项目最后捕捉的渔鸮消失在河上的夜色中，我忽然觉得，一个时代结束了。自2006年以来，我们总共在森林里花了二十个月追踪和捕捉渔鸮，大多是在冬天。这一切的结束让我伤感，但也心怀振奋：我们有了数据，由此得到的信息应该能够拯救这个物种。

我们收拾行装离开捷尔涅伊，向南行进，车子爬上鲸骨山口的北侧。这是4月初晴朗的一天，阳光明媚，然而我的心情却并不明快。十年来第一次，我没有具体计划地回到这个我挚爱的地方。沉重的卡车溅起泥浆，路上惊飞的灰鹡鸰发出一连串警觉的颤音。到达县界的山顶时，我摘掉墨镜回望，最后一次毫无遮挡地望了望捷尔涅伊。如果时机正好的话，树丛之间有一个地方，会最后一次闪现海岸和峭壁的风景，再往后景色就会沉入路旁的森林。我默默存下这一瞥，充满忧思地扭回座位上坐好。我要回明尼苏达进行一年的数据分析和论文写作，之后是——未知。滨海边疆区不是外国生物学家好就业的地方，找到一份能让我不断往返这里的工作并不容易。我跟谢尔盖说着这些想法。像往常一样，野外季一结束他就把胡子刮了个干净，这会儿正心情舒畅。他叼上烟，打断了我，叫我别搞得那么夸张。

"这儿是你的第二个家，乔恩。你会回来的。"

保护毛腿渔鸮

　　我花了大约一年的时间来处理数据，完成论文，其中大部分时间都在做分析工作。实际上，光是把四个野外季收集到的数据整理成适用于电脑程序的必要格式就花了好几个月。为了确定哪些资源对渔鸮格外重要，我首先估算了每只渔鸮的家域，就像领域一样。方法是把每只渔鸮身上收集到的GPS点绘制到地图上，然后通过评估点的分布来确定一只渔鸮去不同位置的统计概率。随着概率趋近零，离GPS点群越来越远，家域的边界就显出了。接下来，通过每只渔鸮在家域内不同栖息地的停留时间的比例（或者其他潜在重要因素，比如离水域或村庄的距离），找出一个家域中最重要的资源。仅仅通过查看原始数据，就能马上发现河谷对渔鸮的重要性：从渔鸮背部记录器上收集的近两千个GPS位点中，只有十四个点（占0.7%）在河谷之外。

　　初学这种分析法的我，还不能熟练地使用编程语言，因此经常会遇到问题。刚花几个星期解决一个，立马又会遇到一个。但之后某一刻，一切突然间都对上了号。输出的结果很漂亮：渔鸮的栖息地沿着特定的水道蜿蜒，整齐地贴合在河谷两壁之间。资源选择分析表明，渔鸮最有可能出现在靠近多汊道（而不是单一河道）河流的河谷森林中，并且停留在全年不结冰的河段附近。渔鸮家域的平均面积约为十五平方公里，不过会随季节发生很大变化。这些渔鸮在冬季筑巢时活动最少（冬季家域的平均面积仅为七平方公里），而秋季迁移至河流上游时活动最为频繁（秋季家域的平均面积是二十五平方公里）。

我用标记过的所有渔鸮的数据集合制作了一幅滨海边疆区东部的预测地图，显示哪些地方最有可能找到渔鸮，也即对它们而言最需要保护的地方。分析面积从每个领域的几平方公里到整个研究区域的两万平方公里，这意味着电脑要做极为复杂的计算，有些分析要运行整整一天，或者更长时间。集中做这类分析的时候刚好是夏天，我的公寓里温度太高，电脑一直因为过热而关机，我总是得从头开始。最后，我把笔记本电脑拿到唯一一个有空调的房间，把它放在一摞书上以便更好地散热，还让一台电风扇对着它一直吹。

结果非常有意思。我们在滨海边疆区做调查的这片地区只有百分之一的面积算得上河谷，因此即便没有人类威胁，渔鸮也是维持着一个极为狭窄的生态位*。我将渔鸮的最佳栖息地预测地图叠加在人类土地利用地图上，查看哪些区域已经受到保护，哪些区域又最为脆弱。结果显示，只有百分之十九的渔鸮最佳栖息地受到法律保护，大部分位于四千平方公里的锡霍特山脉生物保护区内；其他的栖息地都未受到保护。现在我确切地知道了哪些景观特征对渔鸮很重要，并且地图精确指出了渔鸮最需要的森林和河流的地带。

获得学位后，我开始在国际野生生物保护学会俄罗斯项目全职工作，担任研究经费经理。这份工作的基本职责与我的研究或专业知识并没有真正的关联，但它能让我继续在滨海边疆区工作，并参与野外调查。我仍在研究渔鸮，但学会在俄罗斯的工作重点一直是东北虎和远东豹，所以这些年来我对鸟类的研究兴趣一直被大型肉食哺乳动物的工作需求淹没了。我为很多物种的研究撰写经费提案和报告，协助数据分析，从老虎到鹿。

我得自己创造机会来和渔鸮保持联系。比如，我在马克西莫夫卡河流域领导了一项为期两个冬季的老虎猎物野外

---

* 生态位（niche）：特定物种在生物群落中所占据的位置，即其生境、食物和生活方式等。

研究。我聘请了谢尔盖担任野外助理，白天我们追踪鹿和野猪，等其他野外工作人员在营地吃完晚饭放松时，谢尔盖和我就抓起头灯和一瓶热茶，回到树林里寻找渔鸮。我们在马克西莫夫卡河沿岸发现了新的渔鸮，并到赛永河进行了一日考察，去查看我们在那里的渔鸮。

最近，我把自己的鸟类保护工作扩展到整个亚洲，从俄罗斯北极地区到中国、柬埔寨和缅甸，四处出差。这一转变也令我明白，就算我们能竭尽全力保护在北方繁殖的某种鸟类的栖息地，像是俄罗斯的勺嘴鹬和小青脚鹬，如果不能把大陆上别的地方的研究人员联合起来，这些努力的意义也不大。因为许多在俄罗斯和阿拉斯加繁殖的物种，会在冬季迁徙到东南亚，它们在那里面临着栖息地破坏、人类狩猎和其他威胁。用综合保护的方法来应对鸟类一年中不同时段面临的不同压力，能最大程度地阻止这些鸟类种群数量急剧下降。

随着时间的推移，我和苏尔马赫合作推动了从我的博士论文延展出来的一些保护建议，制定出渔鸮的保护方案。我们聚焦于降低渔鸮死亡率和保护它们繁殖、捕猎的地点，来稳定或增加当地的渔鸮数量。

鉴于锡霍特山脉生物保护区对渔鸮潜在的重要性 —— 它也是我们研究区域中唯一有渔鸮存在的重要保护区 —— 谢尔

盖和我在2015年对保护区进行了广泛调查。我们在那里只发现了两对渔鸮，此外也只有两三处可能栖息地。保护区有很多可供渔鸮筑巢的不错的老树，也没有人为干扰，但几乎所有河流在冬天都会结冰，没有可供渔鸮捕猎的地方。但这一季的野外考察有一个重大发现：我们找到的两对渔鸮各自有两只幼鸟同时长成，是我们之前在俄罗斯常见的渔鸮繁殖率的两倍。这一繁殖率只多见于日本，那里的许多渔鸮都是人工喂养的。

在不允许钓鱼的保护区里，两对渔鸮都生了两只幼鸟，这令我震惊不已。从前我们经常能在一个渔鸮巢里找到两枚卵，但过后只有一只幼鸟长成。我还想到了尤里·普金斯基20世纪70年代对比金河的记录：他找到的渔鸮巢里有一半都有两只幼鸟，在他更早的记录里甚至有两三只幼鸟的情况。他推测，从20世纪60年代的两三只幼鸟减少到70年代的两只幼鸟，可能是由于比金河流域捕鱼压力增大导致的。我们能看到这种规律延续下去吗？也许现在滨海边疆区的渔鸮会产两枚卵是因为生理上的惯性，实际上大多数渔鸮只有足够的食物养育一只幼鸟。近几十年来对鲑鱼和鳟鱼的过度捕捞会抑制渔鸮的繁殖潜力吗？如果属实，这将对渔业管理和渔鸮保护产生巨大影响。我希望将来能更密切地关注这一研究方向。

我们对栖息地的分析显示，研究区域内近一半（43%）的渔鸮最佳栖息地都被租给了伐木公司，这意味着直接与伐木产业合作对渔鸮保护至关重要。这似乎很容易造成野生动物和商业利益之间的对抗，让人不免想起太平洋西北地区的斑林鸮之争*，但还是有一个重要区别的：渔鸮需要的树木，即腐烂的杨树和榆树，几乎毫无商业价值。相比之下，加利福尼亚州的一棵红杉，也即能供斑林鸮做巢的树，价值可达十万美元。滨海边疆区的伐木者并没有同等的经济动机来针对渔鸮的巢树，它们被砍掉很大程度上是出于失误（如果树木恰好在伐木工要铺设道路的地方）或是为了方便（用树木架设临时桥梁）。无论哪种方式，都有调整伐木方法、减轻对渔鸮的威胁的机会，同时对伐木公司利润的影响小到可以忽略不计。

我们和舒利金，还有在阿姆古河和马克西莫夫卡河流域运营的伐木公司分享了研究结论，他们同意停止砍伐大树来建桥，这对他们来说是举手之劳，不费什么成本就能换来良好的公共关系。对舒利金而言，拿什么搭桥不重要。他曾在

---

*　斑林鸮（Strix occidentalis）是北美西部生活在原始森林的一种猫头鹰。长期以来对斑林鸮栖息地森林的保护和伐木产业的利益之间都存在剧烈的争议，尤其是1990年斑林鸮被评为受胁物种后，伐木产业受到的限制大幅增加，导致产业工人反对保护的呼声高涨。

路上修过土堤，以阻挡盗猎鹿和野猪的人，改变桥梁的建造方式只是另一个拯救野生动物的方法，将使无数渔鸮巢树免遭破坏。

我们还在努力更大规模地保护优质渔鸮栖息地免受伐木或其他作业的干扰，都是商业上毫无价值的原生森林带。构思这个项目时，我们已经知道渔鸮及其栖息地受到法律保护，但问题以及伐木公司使用的借口在于，他们不知道渔鸮或渔鸮栖息地在哪里。我们在一家木材公司的伐木租地中找出了六十多块可能对渔鸮很重要的森林带，公司官方接收了这些数据。在对渔鸮至关重要的地点伐木时，再也不能拿无知当借口了。

在整个项目中，我一次又一次地看到，滨海边疆区内对渔鸮产生威胁的因素有一个共同点 —— 道路。锡霍特山脉几乎所有的道路都会穿过河谷，因此渔鸮特别容易受到来自道路的威胁。

道路为非法捕鲑鱼的人提供了去往河流的通道，他们令可供渔鸮捕食的鱼数量减少，同时渔鸮也可能会淹死在他们投下的网里。道路也增加了被车辆撞击的致命风险，就像沙弥河雌鸮那样。事实上，在2010年，另一只不是我们研究项目里的渔鸮在通向阿姆古的路上也丧生车轮之下。因此我们从2012年开始与伐木公司合作，公司在某个区域采伐完毕后，会限制供车辆通行的森林道路的数量，或者造土堤封锁道路（就像2006年谢尔盖和我在马克西莫夫卡河和2008年在谢尔巴托夫卡河遇到的土堤一样），或者拆除关键位置的桥梁。仅在2018年，就有五条伐木道路被封闭，近一百公里的道路停止通行，限制了人类进入四百一十四平方公里的森林。这样做既防止了非法采伐，对伐木公司的利润有好处，也保护了渔鸮、老虎、熊等滨海边疆区生物的多样性。

2015年，赛永河领域的渔鸮巢树在暴风雨中倒下了，谢尔盖和我找不到另外合适的巢树，于是借鉴日本同行的策略，竖起了一个巢箱。我们用了一个之前装大豆油的两百升塑料桶，在侧面开了一个洞，然后把它固定在赛永河附近一棵树八米高的地方。赛永河渔鸮不到两周就发现了巢箱，并先后在里面孵化了两只幼鸟，2016年一只，2018年一只。从那以后，我们将这个方法扩展到了十几片其他森林中，主要是在渔鸮的潜在栖息地，这些地点都有很好的捕鱼条件，但没有合适的巢树。

通过更好地了解渔鸮所需的栖息地条件，我们重新估算了全球种群数量。20世纪80年代，据信共有三百到四百对渔鸮，但我们的分析表明可能更多，甚至翻倍（735对，800—1600只个体），其中有很多（186对）生活在滨海边疆区。如果计入日本的渔鸮，再加上隐匿在中国大兴安岭地区的一些，我们认为，毛腿渔鸮的全球种群数不到两千只（500—850对）。

渔鸮缺乏像是东北虎的知名度和"明星"影响力。更多人因为我们的工作开始了解渔鸮，我们也在采取行动增加渔鸮的数量，同时人们对老虎的兴趣也在增加，尤其是俄罗斯政府高层。俄罗斯总统弗拉基米尔·普京曾多次访问滨海边疆区，督导保护工作，并在莫斯科举办了一次全球老虎峰会，还吸引到像是莱昂纳多·迪卡普里奥和娜奥米·坎贝尔这样的名流。峰会组织把全部募款都用于东北虎，每年筹集到的保护经费高达数百万美元。而对于渔鸮，资金仅限于苏尔马赫和我用有限的时间拼凑起来的资助。

虽然与保护老虎的力度相比微不足道，但我们对渔鸮保护工作的推动和对研究成果的传播还是产生了影响，尤其是对世界其他地区的渔鸮研究工作。日本的科学家之前一直不肯在高度濒危的岛屿亚种身上安装发射器，因为野外只剩下不到两百只个体。而我们的项目表明，环志对渔鸮的生存或繁殖并没有明显影响，我们在捷尔涅伊和阿姆古地区标记过的所有渔鸮都存活了下来，所有被标记的成对渔鸮也都生出了长成的幼鸟。基于我们的成功经验，日本渔鸮生物学家现在也对渔鸮活动展开了GPS遥测研究，这必将增加我们对这一物种的了解。我们也为俄罗斯渔鸮分布区的研究人员提供咨询，东至千岛群岛，西至阿穆尔河中游，给出增加渔鸮种群的建议。最后，中国台湾的黄腿渔鸮研究人员阅读了我们使用猎物围栏进行捕获的论文后，也采用了这种方法。

与其他大多数温带地区相比，滨海边疆区是人类和野生动物仍能共享资源的地方——渔民和鲑鱼，伐木工人和渔鸮，猎人和老虎。世界上许多地方由于城市化或人口过多已经失去了这样的自然系统，而在滨海边疆区，大自然仍在相互关联的元素中运行。世界因着这一点变得更为富足：滨海边疆区的树木变为北美地区的木地板；这里的海域出产的海鲜销往整个亚洲。渔鸮是这一功能性生态系统的象征，表明野生世界依然存在。尽管伐木道路的网络不断扩大，深入渔鸮栖息地，对它们造成了威胁，但我们依旧在积极地收集数据，以更好地了解它们，与他人分享我们的发现，共同保护渔鸮和环境。通过适当的管理，我们能继续在这里的河流中看到野生鱼类，在松林和树影中追踪老虎寻找猎物的足印。而且，当条件恰到好处时，站在森林中，我们就能听见鲑鱼捕手——渔鸮的叫声，它像社区宣传员一般宣告着：滨海边疆区的荒野仍在。

尾声

2016年夏末，一场名为"狮岩"的台风在东北亚上空登陆，带来了大风降雨，在朝鲜和日本造成了数百人死亡。而在俄罗斯滨海边疆区，大风达到了接近飓风的水平，最强阵风就在渔鸮核心栖息地锡霍特山脉的中部。这是几十年来滨海边疆区遭遇的最严重风暴。树木从基部折断或被连根拔起，杂乱地倒地堆积。一夜之间，生长着橡树、桦树和松树的整条河谷变为一片废墟，幸存的树干孤独而醒目，像是无人打理的墓碑。在锡霍特山脉生物保护区，估计有一千六百平方公里的森林消失了，占保护区领域的40%。

去调查台风"狮岩"对渔鸮的影响时，我在曾经是谢列布良卡河领域的杨树林里找到的只有一大堆原木和断裂的树枝。在通沙河，巢树断裂，倒在地上，几乎被洪水退去后留下的残留物掩埋。但最让我们震惊的是吉捷特，这是谢尔盖和我在2015年才发现的一处渔鸮栖息地，那里的巢树所在的整片森林都消失了。风暴期间，吉捷托夫卡河冲破了河岸，斩断了森林和一条高速公路，疯狂地奔向日本海。当水退回到正常河道后，它在山谷中刻下一道疤痕，在曾经长着杨树和松树的地方，徒留下一道满是灰色沙砾和石头的宽阔印记。

"狮岩"过境后，法塔河渔鸮一直沉默着，但我几次开车经过谢列布良卡河和通沙河时，在两处地点都听到了渔鸮的叫声。只是森林被破坏得太严重了，要找到新的渔鸮巢，光靠周末下午挤出的时间是不够的。我和妻子有了两个年幼的孩子，我在野外的时间大大减少了。2018年3月，我终于抽出一周时间进行野外考察，专门寻找通沙河领域的渔鸮巢。我带了一位同伴，名叫拉达，她是谢尔盖·苏尔马赫的女儿，我从她小时候起就认识她了。拉达刚刚开始研究生学习，研究渔鸮，准备承接父亲的衣钵。我们走得很艰难，森林就像一座复杂迷宫的废墟，所有通道都被残骸阻塞了，每走一步几乎都是挑战。在有的地方，我们能在倒下的树干上保持平衡一次走十几步，不受影响，但这样的情况并不多，大多数时候是一步一停，决定下一步该往哪儿走，是穿过、越过、钻过还是绕过障碍物。那一周的GPS轨迹显示，我们在河漫滩寻找目标时就好像两个醉酒的人，摇摆着走过通沙河谷，总是被障碍物逼着绕道。一路上，我向拉达描述好的巢树有什么特点，虽然森林毁了，但还是有几棵能做例子说明的树。我们在河流分汊处停了下来，通沙河在这里散为很多支流，我指给拉达看一处河道——太窄，植被又太挤，渔鸮不能在此捕猎；而另一个地方有浅滩和宽阔的砂石洲，就很完美。

搜寻的第三天，我的额头沾满汗水和泥土，衣服也被松脂染上污渍，这时我看到了一棵巨大的杨树，立刻就知道我们找到了渔鸮巢。这棵树符合巢树所需的一切特征：粗大的灰色树干高过周围的树冠，高达十几米，树洞的洞口大张，离河流只有一箭之遥。发现这棵树几秒钟后，我低声告诉同伴注意哨兵，紧接着，一只雄鸮在附近的松树上受了惊动，缓慢而沉稳地拍着翅膀飞走了。同时，几只乌鸦从周围的树上也飞了起来，激昂地连连叫喊，追赶渔鸮。

我担心巢树无人看管，急忙跑过去用GPS快速定位。这阵骚动一定让雌鸮惊慌失措。此时，另一只渔鸮从巢树中出来了，一团巨大而模糊的棕色身影在我头顶的空中盘旋。雌鸮落在一根树枝上，弯下腰想看清我。乌鸦在它周围跳动，好似夏天的一群昆虫。我们对视了一眼，它便飞走了，消失在满目疮痍的通沙河谷早春的枝丫间。

就像我多年前从赛永河学到的一样，雌鸮可能在一直看着我，如果我不走，它是不会回来的。于是我们转身离开，我既担心它的卵，同时又感到开心——通沙河渔鸮平安无事。它们历经了我的博士项目研究，挨过了最近的台风侵袭，还在离旧巢树几公里的地方找到了另一棵合适的树。它们已经适应了河漫滩不断变化的动态，不需要我们的干预措施，至少现在不需要。这是一个不会不战而败的物种，它们逃过了灾难性的风暴，忍受了零度以下的严寒，还应付了成群的乌鸦。我为它们的韧性感到骄傲。苏尔马赫、谢尔盖和我会继续关注它们，监控不断演进的人类威胁，在必要时施以援手。像渔鸮一样，我们必须保持警惕。

致谢

感谢法劳·斯特劳斯·吉罗出版公司（FSG）的詹娜·约翰逊（Jenna Johnson）、莉迪娅·佐尔斯（Lydia Zoells）、多米尼克·里尔（Dominique Lear）和阿曼达·穆恩（Amanda Moon）精湛的编辑工作。我的文字像渔鸮的耳羽一样参差不齐，他们提供的意见和建议将其打磨得像河流冰冻的表面一样光滑（尽管她们并不赞同我的每一处比喻或者意图幽默的地方）。感谢我的文学经纪人戴安娜·芬奇（Diana Finch），她从这本书的初稿中看到了潜力，花了大量时间进行编辑，最后通过FSG付梓。

感谢我的导师戴尔·米奎尔和洛基·古铁雷斯，他们让我成为了更好的科学家、环保主义者和作家。感谢瑞贝卡·罗斯（Rebecca Rose），她现在已经从哥伦布动物园与水族馆退休了，是她第一个鼓励我把研究渔鸮的经历写成一本书。感谢我十五年来的合作伙伴谢尔盖·苏尔马赫，他的友谊、专业知识和指导是无可替代的。感谢所有的野外助理——书里提及的和遗憾省略的［米沙·波吉巴（Misha Pogiba），向你致歉］，他们历尽艰苦，迎来了项目的成功。

感谢这项工作的众多资助机构——阿穆尔—乌苏里鸟类生物多样性研究中心、贝尔自然历史博物馆、哥伦布动物园与水族馆、丹佛动物园、迪士尼保护基金、国际猫头鹰协会、明尼苏达动物园尤利西斯·S. 西尔保护基金、国家鸟园、国家猛禽信托、明尼苏达大学、美国国家森林局国际项目，还有国际野生生物保护学会，感谢你们相信我，相信这项使命，相信渔鸮。

感谢我的妻子凯伦（Karen），她允许我时不时溜到滨海边疆区的森林和河流中，我知道这对她来说很不容易。感谢我的两个孩子，亨德里克（Hendrik）和安温（Anwyn），他们的爸爸有时一走就是几个星期或者几个月，我希望等他们长大后，能从这些文字里评判我的缺席值不值得。最后是我的母亲琼（Joan），以及特别是我的父亲戴尔（Dale），他总是为我、我的工作和写作感到自豪，我真希望他能活到今天，亲手捧起这本书。

注释

卷首语

Vladimir Arsenyev, *Across the Ussuri Kray* (Bloomington: Indiana University Press, 2016).

序篇

1 2000年，我和一位同伴在这里的森林中徒步：与我同行的是雅各布·麦卡锡（Jacob McCarthy），也是和平队的志愿者，现在在缅因州当老师。

2 从莫斯科乘机起飞：当时我的父亲戴尔·维农·斯拉特（Dale Vernon Slaght）是美国商务服务局（美国商务部的一个分支）的公使衔参赞。他在1992—1995年期间常驻莫斯科的美国大使馆。

3 原来，近百年来都没有科学家："Ornithological Collection of the Museum for Study of the Amurskiy Kray in Vladivostok," *Zapisi Ova Izucheniya Amurskogo Kraya* 14 (1915): 143–276. In Russian.

引言

5　完成了科学硕士的学业：Jonathan Slaght, "Influence of Selective Logging on Avian Density, Abundance, and Diversity in Korean Pine Forests of the Russian Far East," M.S. thesis (University of Minnesota, 2005).

6　直到1971年，俄罗斯才发现了渔鸮的巢：是尤里·普金斯基在滨海边疆区的比金河沿岸发现的。

6　全国的渔鸮数量：V. I. Pererva, "Blakiston's Fish Owl," in *Red Book of the USSR: Rare and Endangered Species of Animals and Plants*, eds. A. M. Borodin, A. G. Bannikov, and V. Y. Sokolov (Moscow: Lesnaya Promyshlenost, 1984), 159–60. In Russian.

6　海对岸的日本：Mark Brazil and Sumio Yamamoto, "The Status and Distribution of Owls in Japan," in *Raptors in the Modern World: Proceedings of the III World Conference on Birds of Prey and Owls*, eds. B. Meyburg and R. Chancellor (Berlin: WWGBP, 1989), 389–401.

7　它们和其他濒危物种都受俄罗斯法律的保护：关于东北虎的信息，参见 Dale Miquelle, Troy Merrill, Yuri Dunishenko, Evgeniy Smirnov, Howard Quigley, Dmitriy Pikunov, and Maurice Hornocker, "A Habitat Protection Plan for the Amur Tiger: Developing Political and Ecological Criteria for a Viable Land-Use Plan," in *Riding the Tiger: Tiger Conservation in Human Dominated Landscapes*, eds. John Seidensticker, Sarah Christie, and Peter Jackson (New York: Cambridge University Press, 1999), 273–89。

7　这样的保护手段对渔鸮来说尚不存在：Morgan Erickson-Davis, "Timber Company Says It Will Destroy Logging Roads to Protect Tigers," *Mongabay*, July 29, 2015, news.mongabay.com/2015/07/mrn-gfrn-morgan-timber-company-says-it-will-destroy-logging-roads-to-protect-tigers.

7　乌德盖人和赫哲人：V. R. Chepelyev, "Traditional Means of Water Transportation Among Aboriginal Peoples of the Lower Amur Region and Sakhalin," *Izucheniye Pamyatnikov Morskoi Arkheologiy* 5 (2004): 141–61. In Russian.

8　对此我们已经有了粗略的概念：大部分是基于叶甫盖尼·斯潘根伯格在20世纪40年代的研究和尤里·普金斯基在70年代的研究。

8　我热情高涨：参见Michael Soulé, "Conservation: Tactics for a Constant Crisis," *Science* 253 (1991): 744–50。

9　萨马尔加河流域非常独特：关于萨马尔加河流域和当地的伐木业冲突的详细记录，参见Josh Newell, *The Russian Far East: A Reference Guide for Conservation and Development* (McKinleyville, Calif.: Daniel and Daniel Publishers, 2004)。

9　2000年，阿格祖的原住民乌德盖人组成的委员会：Anatoliy Semenchenko, "Samarga River Watershed Rapid Assessment Report," Wild Salmon Center (2003). sakhtaimen.ru/userfiles/Library/Reports/semen chenko._2004._samarga_rapid_assessment.compressed.pdf.

一座名为"地狱"的村庄

21　无奈和苦痛：Elena Sushko, "The Village of Agzu in Udege Country," *Slovesnitsa Iskusstv* 12 (2003): 74–75. In Russian.

23　他们发现了大约十对有领域的渔鸮：Sergey Surmach, "Short Report on the Research of the Blakiston's Fish Owl in the Samarga River Valley in 2005," *Peratniye Khishchniki i ikh Okhrana* 5 (2006): 66–67. In Russian with English summary.

25　叶甫盖尼·斯潘根伯格：例如参见 Yevgeniy Spangenberg, "Observations of Distribution and Biology of Birds in the Lower Reaches of the Iman River,"

Moscow Zoo 1 (1940): 77–136, in Russian。

25   尤里·普金斯基：例如参见 Yuriy Pukinskiy, "Ecology of Blakiston's Fish
      Owl in the Bikin River Basin," *Byull Mosk O-va Ispyt Prir Otd Biol* 78 (1973):
      40–47, in Russian with English summary。

25   谢尔盖·苏尔马赫：例如参见 Sergey Surmach, "Present Status of Blakiston's
      Fish Owl (*Ketupa blakistoni Seebohm*) in Ussuriland and Some Recommendations
      for Protection of the Species," *Report Pro Natura Found* 7 (1998): 109–23。

首次搜寻

27   大多数猫头鹰物种：Frank Gill, *Ornithology* (New York: W. H. Freeman,
      1995), 195.

27   狩猎方法的差异：Jemima Parry-Jones, *Understanding Owls: Biology, Management,
      Breeding, Training* (Exeter, U.K.: David and Charles, 2001), 20.

27   乌德盖人曾把渔鸮当成珍贵的食物：Yevgeniy Spangenberg, "Birds of the
      Iman River," in *Investigations of Avifauna of the Soviet Union* (Moscow:
      Moscow State University, 1965), 98–202. In Russian.

阿格祖的冬季生活

35   一般的猫头鹰几乎是完全无声的：Ennes Sarradj, Christoph Fritzsche, and
      Thomas Geyer, "Silent Owl Flight: Bird Flyover Noise Measurements," *AIAA
      Journal* 49 (2011): 769–79.

39   我研究过……声波图：例如参见 Yuriy Pukinskiy, "Blakiston's Fish Owl
      Vocal Reactions," *Vestnik Leningradskogo Universiteta* 3 (1974): 35–39, in
      Russian with English summary。

40 一对渔鸮会以二重唱齐鸣：Jonathan Slaght, Sergey Surmach, and Aleksandr Kisleiko, "Ecology and Conservation of Blakiston's Fish Owl in Russia," in *Biodiversity Conservation Using Umbrella Species: Blakiston's Fish Owl and the Red-Crowned Crane*, ed. F. Nakamura (Singapore: Springer, 2018), 47–70.

40 这个特点相当罕见：Lauryn Benedict, "Occurrence and Life History Correlates of Vocal Duetting in North American Passerines," *Journal of Avian Biology* 39 (2008): 57–65.

静默的残忍之地

46 这种俄罗斯猎人的滑雪板：在滨海边疆区，打猎用的滑雪板通常是按乌德盖样式手工制作的，板身用橡木或榆木制成。参见 V. V. Antropova, "Skis," in *Istoriko-etnograficheskiy atlas Sibirii* [Ethno-historical Atlas of Siberia], eds. M. G. Levin and L. P. Potapov (Moscow: Izdalelstvo Akademii Nauk, 1961), in Russian。

48 渔鸮叫声的频率：Karan Odom, Jonathan Slaght, and Ralph Gutiérrez, "Distinctiveness in the Territorial Calls of Great Horned Owls Within and Among Years," *Journal of Raptor Research* 47 (2013): 21–30.

48 二重唱的频率有年度的周期：Takeshi Takenaka, "Distribution, Habitat Environments, and Reasons for Reduction of the Endangered Blakiston's Fish Owl in Hokkaido, Japan," Ph.D. dissertation (Hokkaido University, 1998).

50 但是雕鸮的叫声比我听到的声音要高：一项研究表明，雕鸮（Bubo bubo）叫声的平均基本频率（最低频）是317.2赫兹，比我们录下的渔鸮叫声高了88赫兹。参见 Thierry Lengagne, "Temporal Stability in the Individual Features in the Calls of Eagle Owls (*Bubo bubo*)," *Behaviour* 138 (2001): 1407–19。

51 渔鸮是不迁徙的：Jonathan Slaght and Sergey Surmach, "Biology and Conservation of Blakiston's Fish Owls in Russia: A Review of the Primary Literature and an Assessment of the Secondary Literature," *Journal of Raptor Research* 42 (2008): 29–37.

51 渔鸮的寿命很长：Takeshi Takenaka, "Ecology and Conservation of Blakiston's Fish Owl in Japan," in *Biodiversity Conservation Using Umbrella Species: Blakiston's Fish Owl and the Red-Crowned Crane*, ed. F. Nakamura (Singapore: Springer, 2018), 19–48.

顺流而下

53 和大多数鸟类不同：Slaght, Surmach, and Kisleiko, "Ecology and Conservation of Blakiston's Fish Owl in Russia," in *Biodiversity Conservation Using Umbrella Species*, 47–70.

54 在日本……勉强使渔鸮免于灭绝：Takenaka, "Distribution, Habitat Environments, and Reasons for Reduction of the Endangered Blakiston's Fish Owl in Hokkaido, Japan."

54 在俄罗斯，一对渔鸮会专注抚养一只幼鸟：Pukinskiy, *Byull Mosk O-va Ispyt Prir Otd Biol* 78: 40–47; and Yuko Hayashi, "Home Range, Habitat Use, and Natal Dispersal of Blakiston's Fish Owl," *Journal of Raptor Research* 31 (1997): 283–85.

54 相比之下，一只年轻的美洲雕鸮：Christoph Rohner, "Nonterritorial Floaters in Great Horned Owls (*Bubo virginianus*)," in *Biology and Conservation of Owls of the Northern Hemisphere: 2nd International Symposium*, Gen. Tech. Rep. NC-190, eds. James Duncan, David Johnson, and Thomas Nicholls (St. Paul: U.S. Department of Agriculture Forest Service, 1997), 347–62.

57 "冰花"：M. Seelye, "Frazil Ice in Rivers and Oceans," *Annual Review of Fluid Mechanics* 13 (1981): 379–97.

切佩列夫

64 金字塔能量是一种在俄罗斯西部颇为流行的伪科学：Colin McMahon, "'Pyramid Power' Is Russians' Hope for Good Fortune," *Chicago Tribune*, July 23, 2000, chicagotribune.com/news/ct-xpm-2000-07-23-0007230533-story. html.

66 这位香肠大亨还有一架直升机：Ernest Filippovskiy, "Last Flight Without a Black Box," *Kommersant*, January 13, 2009, kommersant.ru/doc/1102155. In Russian.

河水来了

70 普遍的看法是……像鹗的脚趾一样：Alan Poole, *Ospreys: Their Natural and Unnatural History* (Cambridge: Cambridge University Press, 1989).

71 我并不害怕老虎：一项最近的研究检阅了1970—2010年四十年间58起老虎袭击人的案例，发现71%的案例都是老虎受了人的挑衅。见Igor Nikolaev, "Tiger Attacks on Humans in Primorsky (Ussuri) Krai in XIX–XXI Centuries," *Vestnik DVO RAN* 3 (2014): 39–49, in Russian with English summary。

72 最近的科学数据表明：Clayton Miller, Mark Hebblewhite, Yuri Petrunenko, Ivan Serëdkin, Nicholas DeCesare, John Goodrich, and Dale Miquelle, "Estimating Amur Tiger (*Panthera tigris altaica*) Kill Rates and Potential Consumption Rates Using Global Positioning System Collars," *Journal of Mammalogy* 94 (2013): 845–55.

72　占据……巨大家域：John Goodrich, Dale Miquelle, Evgeny Smirnov, Linda Kerley, Howard Quigley, and Maurice Hornocker, "Spatial Structure of Amur (Siberian) Tigers (*Panthera tigris altaica*) on Sikhote-Alin Biosphere Zapovednik, Russia," *Journal of Mammalogy* 91 (2010): 737–48.

72　人类的过度捕猎和对栖息地的破坏：Dmitriy Pikunov, "Population and Habitat of the Amur Tiger in the Russian Far East," *Achievements in the Life Sciences* 8 (2014): 145–49.

73　切佩列夫的钢铁大象：V. I. Zhivotchenko, "Role of Protected Areas in the Protection of Rare Mammal Species in Southern Primorye," 1976 Annual Report (Kievka: Lazovskiy State Reserve, 1977). In Russian.

75　伯吉斯虚构的语言：Robert O. Evans, "Nadsat: The Argot and Its Implications in Anthony Burgess''A Clockwork Orange,'" *Journal of Modern Literature* 1 (1971): 406–10.

75　我感到好笑：Wah-Yun Low and Hui-Meng Tan, "Asian Traditional Medicine for Erectile Dysfunction," *European Urology* 4 (2007): 245–50.

76　他知道我们的目标是找渔鸮：例如参见 Semenchenko, "Samarga River Watershed Rapid Assessment Report"。

在仅存的河冰上向海岸开进

84　他们的存活率只有66%：Vladimir Arsenyev, *In the Sikhote-Alin Mountains* (Moscow: Molodaya Gvardiya, 1937). In Russian.

85　1909年，他记载了：Vladimir Arsenyev, *A Brief Military Geographical and Statistical Description of the Ussuri Kray* (Khabarovsk, Russia: Izd. Shtaba Priamurskogo Voyennogo, 1911). In Russian.

87　我对村里的水井心存疑虑：查德·马什英（Chad Masching）是1999—

2000年在捷尔涅伊的和平队志愿者，现在是住在科罗拉多州的环境工程师。

萨马尔加村

91 只有少数已知的记录：Sergey Yelsukov, *Birds of Northeastern Primorye: Non-Passerines* (Vladivostok: Dalnauka, 2016). In Russian.

91 乌林鸮……在这么靠南的地区是非常罕有的：偶尔，在称为"爆发年"的年份，田鼠数量的匮乏会迫使乌林鸮来到惯常的栖息地以南，在类似明尼苏达的北部的地方就能见到很多。比如2005年的爆发年，一个明尼苏达大学的研究生同学〔安德鲁·W. 琼斯（Andrew W. Jones），现在是克利夫兰自然历史博物馆的鸟类学家〕一天就见到了226只乌林鸮个体。

93 一艘叫作"弗拉基米尔·格鲁申科号"的船：格鲁申科号的照片和位置，参见https://ship-photo-roster.com/ship/vladimir-goluzenko。

94 我要用标准化方法：参见 Jonathan Slaght, "Management and Conservation Implications of Blakiston's Fish Owl (*Ketupa blakistoni*) Resource Selection in Primorye, Russia," Ph.D. dissertation (University of Minnesota, 2011)。

95 渔鸮似乎更喜欢"侧洞"巢：Jeremy Rockweit, Alan Franklin, George Bakken, and Ralph Gutiérrez, "Potential Influences of Climate and Nest Structure on Spotted Owl Reproductive Success: A Biophysical Approach," *PLoS One* 7 (2012): e41498.

95 在……马加丹：Irina Utekhina, Eugene Potapov, and Michael McGrady, "Nesting of the Blakiston's Fish-Owl in the Nest of the Steller's Sea Eagle, Magadan Region, Russia," *Pernatiye Khishchniki i ikh Okhrana* 32 (2016): 126–29.

95 而在日本：Takenaka, "Ecology and Conservation of Blakiston's Fish Owl in Japan," 19–48.

弗拉基米尔·格鲁申科号

102 现代公司还曾盯上过比金河流域：Newell, *The Russian Far East.*

102 他谈到曾经散布海岸的渔村：Shou Morita, "History of the Herring Fishery and Review of Artificial Propagation Techniques for Herring in Japan," *Canadian Journal of Fisheries and Aquatic Sciences* 42 (1985): s222–29.

古老之物的声音

108 我曾在这里观了好几年的鸟：都是和谢尔盖·耶尔苏科夫（Sergey Yelsukov）一起徒步观鸟，他曾经在锡霍特生物保护区工作（大部分年头都是担任常驻鸟类学家）。

108 约翰·古德瑞奇……野外协调员：直到2019年，约翰都是潘瑟拉（Panthera）的首席科学家，这是一个科学性的国际非政府组织，致力于保护野外猫科动物。

111 要确定……三角测量是一种可靠的方法：见 Gary White and Robert Garrott, *Analysis of Wildlife Radio-Tracking Data* (Cambridge, Mass.: Academic Press, 1990)。

渔鸮的巢

119 达利涅戈尔斯克是一座有四万居民的城市：Rock Brynner, *Empire and Odyssey: The Brynners in Far East Russia and Beyond* (Westminster, Md.: Steerforth Press Publishing, 2006).

119 这座城市、河流和山谷都叫"野猪河"：参见 John Stephan, *The Russian Far East: A History* (Stanford, Calif.: Stanford University Press, 1994)。

119 探险家弗拉基米尔·阿尔谢尼耶夫：Arsenyev, *Across the Ussuri Kray*.

119 无形之处也是创伤累累：worstpolluted.org/projects_reports/display/74. 又见 Margrit von Braun, Ian von Lindern, Nadezhda Khristoforova, Anatoli Kachur, Pavel Yelpatyevsky, Vera Elpatyevskaya, and Susan M. Spalingera, "Environmental Lead Contamination in the Rudnaya Pristan—Dalnegorsk Mining and Smelter District, Russian Far East," *Environmental Research* 88 (2002): 164–73.

120 接着又开往离得不远的维特卡：Arsenyev, *Across the Ussuri Kray*.

126 托利亚也没在意：Stefania Korontzi, Jessica McCarty, Tatiana Loboda, Suresh Kumar, and Chris Justice, "Global Distribution of Agricultural Fires in Croplands from 3 Years of Moderate Imaging Spectroradiometer (MODIS) Data," *Global Biogeochemical Cycles* 1029 (2006): 1–15.

126 这种火灾在滨海边疆区西南部破坏力极强：Conor Phelan, "Predictive Spatial Modeling of Wildfire Occurrence and Poaching Events Related to Siberian Tiger Conservation in Southwest Primorye, Russian Far East," M.S. thesis (University of Montana, 2018), scholarworks.umt.edu/etd/11172.

没有里程标的地方

131 翻过了伯利尤兹维山口：Anatoliy Astafiev, Yelena Pimenova, and Mikhail Gromyko, "Changes in Natural and Anthropogenic Causes of Forest Fires in Relation to the History of Colonization, Development, and Economic Activity in the Region," in *Fires and Their Influence on the Natural Ecosystems of the Central Sikhote-Alin* (Vladivostok: Dalnauka, 2010), 31–50. In Russian.

132 我们再没看到任何路牌或里程标：Erickson-Davis, "Timber Company Says It Will Destroy Logging Roads to Protect Tigers," news.mongabay.com/2015/07/

mrn-gfrn-morgan-timber-company-says-it-will-destroy-logging-roads-to-protect-tigers.

135 我们把渔鸮从藏身处引了出来：更多关于鸟类围攻的信息，参见 Tex Sordahl, "The Risks of Avian Mobbing and Distraction Behavior: An Anecdotal Review," *Wilson Bulletin* 102 (1990): 349–52。

137 猎人大多在小屋里养猫：Hiroaki Kariwa, K. Lokugamage, N. Lokugamage, H. Miyamoto, K. Yoshii, M. Nakauchi, K. Yoshimatsu, J. Arikawa, L. Ivanov, T. Iwasaki, and I. Takashima, "A Comparative Epidemiological Study of Hantavirus Infection in Japan and Far East Russia," *Japanese Journal of Veterinary Research* 54 (2007): 145–61.

无聊的路途

144 有这么一种说法：K. Becker, "One Century of Radon Therapy" *International Journal of Low Radiation* 1 (2004): 333–57.

150 最后的遗迹：Aleksandr Panichev, *Bikin: The Forest and the People* (Vladivostok: DVGTU Publishers, 2005). In Russian.

159 我……发现了一根雕毛：I. V. Karyakin, "New Record of the Mountain Hawk Eagle Nesting in Primorye, Russia," *Raptors Conservation* 9 (2007): 63–64.

159 野猪一般不具有攻击性：John Mayer, "Wild Pig Attacks on Humans," *Wildlife Damage Management Conferences—Proceedings* 151 (2013): 17–35.

洪水

164 远东哲罗鱼：关于物种分布和局部灭绝的原因，见 Michio Fukushima, Hiroto Shimazaki, Peter S. Rand, and Masahide Kaeriyama, "Reconstructing

Sakhalin Taimen *Parahucho perryi* Historical Distribution and Identifying Causes for Local Extinctions," *Transactions of the American Fisheries Society* 140 (2011): 1–13。

164　寇匹河上建了一个保护区：见 wildsalmoncenter.org/2010/10/20/koppi-river-preserve。

167　有时谢尔盖会穿攀爬钉鞋：参见 David Anderson, Will Koomjian, Brian French, Scott Altenhoff, and James Luce, "Review of Rope-Based Access Methods for the Forest Canopy: Safe and Unsafe Practices in Published Information Sources and a Summary of Current Methods," *Methods in Ecology and Evolution* 6 (2015): 865–72。

169　我没去幻想：其他一些猛禽能够猎鹿是为人所知的，例如参见Linda Kerley and Jonathan Slaght, "First Documented Predation of Sika Deer (*Cervus nippon*) by Golden Eagle (*Aquila chrysaetos*) in Russian Far East," *Journal of Raptor Research* 47 (2013): 328–30。

171　拉佩鲁斯海峡：日本北海道岛和俄罗斯萨哈林岛之间一道四十公里宽的海峡。

准备捕捉

181　捕鸟的方法有数十种之多：例如参见 H. Bub, *Bird Trapping and Bird Banding* (Ithaca: Cornell University Press, 1991)。

181　这时人从黑暗中伸出手：Peter Bloom, William Clark, and Jeff Kidd, "Capture Techniques," in *Raptor Research and Management Techniques*, eds. David Bird and Keith Bildstein (Blaine, Wash.: Hancock House, 2007), 193–219.

181　有些物种比较容易诱捕：出处同上。

182　乌德盖人猎食渔鸮：Spangenberg, in *Investigations of Avifauna of the Soviet*

Union, 98–202.

182 被科学家射杀的个体：V. A. Nechaev, *Birds of the Southern Kuril Islands* (Leningrad: Nauka, 1969). In Russian.

182 谢尔盖抓到了一只：Jonathan Slaght, Sergey Avdeyuk, and Sergey Surmach, "Using Prey Enclosures to Lure Fish-Eating Raptors to Traps," *Journal of Raptor Research* 43 (2009): 237–40.

182 那边用网抓到过未成年的渔鸮：Takenaka, "Ecology and Conservation of Blakiston's Fish Owl in Japan," 19–48.

182 这可能是因为日本曾有：出处同上。

183 发射器会像背包一样固定在渔鸮身上：Robert Kenward, *A Manual for Wildlife Radio Tagging* (Cambridge, Mass.: Academic Press, 2000).

183 然后我们会用三角测量法来估计渔鸮的位置：Josh Millspaugh and John Marzluff, *Radio Tracking and Animal Populations* (New York: Academic Press, 2001).

183 这个过程叫"资源选择"：Bryan Manly, Lyman McDonald, Dana Thomas, Trent McDonald, and Wallace Erickson, *Resource Selection by Animals: Statistical Design and Analysis for Field Studies* (New York: Springer, 2002).

186 第一种方法：Bub, *Bird Trapping and Bird Banding*.

187 我知道日本有一对渔鸮：Takenaka, "Distribution, Habitat Environments, and Reasons for Reduction of the Endangered Blakiston's Fish Owl in Hokkaido, Japan."

失之交臂

189 每个套索毯都经过改装：例如参见 telonics.com/products/trapsite。

189 以郊狼或狐狸来说：Anonymous, *California Department of Fish & Wildlife*

Trapping License Examination Reference Guide (2015), nrm.dfg.ca.gov/
FileHandler.ashx?DocumentID=84665&inline.

192 遇到人类……才是最危险的：Arsenyev, *Across the Ussuri Kray*.

隐士

197 8世纪渤海国时代的寺庙：Balhae也可以拼写为"Boha"；参见Stephan,
The Russian Far East。

201 不过，除了套索毯：Bub, Bird Trapping and Bird Banding.

被困通沙河

206 这个方法还挺新颖：Slaght, Avdeyuk, and Surmach, *Journal of Raptor Research*
43: 237–40.

207 马苏大麻哈鱼是……分布范围最窄的：Xan Augerot, *Atlas of Pacific Salmon:
The First Map-Based Status Assessment of Salmon in the North Pacific*
(Berkeley: University of California Press, 2005).

渔鸮在手

211 而隼之类……会一直弹腾、反抗：Lori Arent, personal communication, June
24, 2019.

212 安全起见：这件马甲是玛西亚·沃克斯托尔弗（Marcia Wolkerstorfer）制
做的，她在猛禽中心当了三十多年志愿者。

212 渔鸮雌性比雄性大：Malte Andersson and R. Åke Norberg, "Evolution of
Reversed Sexual Size Dimorphism and Role Partitioning Among Predatory

Birds, with a Size Scaling of Flight Performance," *Biological Journal of the Linnean Society* 15 (1981): 105–30.

212 首次有渔鸮体重的记录：参见 Sumio Yamamoto, *The Blakiston's Fish Owl* (Sapporo, Japan: Hokkaido Shinbun Press, 1999); and Nechaev, *Birds of the Southern Kuril Islands*。

212 遵循现有的……标记流程：Kenward, *A Manual for Wildlife Radio Tagging*.

213 不过在这一地区，起名也是有先例的：例如参见Linda Kerley, John Goodrich, Igor Nikolaev, Dale Miquelle, Bart Schleyer, Evgeniy Smirnov, Howard Quigley, and Maurice Hornocker, "Reproductive Parameters of Wild Female Amur Tigers," in *Tigers in Sikhote-Alin Zapovednik: Ecology and Conservation*, eds. Dale Miquelle, Evgeniy Smirnov, and John Goodrich (Vladivostok: PSP, 2010): 61–69, in Russian。

218 渔鸮似乎只在春天捕食青蛙：Slaght, Surmach, and Kisleiko, "Ecology and Conservation of Blakiston's Fish Owl in Russia," 47–70.

沉默的无线电

224 在那儿发现了一枚白色的卵：谢尔盖·苏尔马赫测量的渔鸮卵的平均大小是6.3 x 5.2厘米（长 x 宽）。

225 熊胆，价格实惠：Jenny Isaacs, "Asian Bear Farming: Breaking the Cycle of Exploitation," *Mongabay*, January 31, 2013, news.mongabay.com/2013/01/asian-bear-farming-breaking-the-cycle-of-exploitation-warning-graphic-images/#QvvvZWi4ro C1RUhw.99.

226 楚科奇：俄罗斯北极东部的一个自治区。

229 一只幼年渔鸮需要三年才能达到性成熟：Pukinskiy, *Byull Mosk O-va Ispyt Prir Otd Biol* 78: 40–47.

229　在日本北海道的部分地区，这是有可能的：Takenaka, "Ecology and Conservation of Blakiston's Fish Owl in Japan," 19–48.

229　比如东北虎：Dale Miquelle, personal communication, June 26, 2019.

渔鸮和原鸽

231　这种捕捉猛禽的装置非常实用：Bub, *Bird Trapping and Bird Banding*.

231　有时诱饵会是大型捕食性鸟类：Peter Bloom, Judith Henckel, Edmund Henckel, Josef Schmutz, Brian Woodbridge, James Bryan, Richard Anderson, Phillip Detrich, Thomas Maechtle, James Mckinley, Michael Mccrary, Kimberly Titus, and Philip Schempf, "The Dho-Gaza with Great Horned Owl Lure: An analysis of Its Effectiveness in Capturing Raptors," *Journal of Raptor Research* 26 (1992): 167–78.

231　还有些情况下诱饵是猎物：Bloom, Clark, and Kidd, in *Raptor Research and Management Techniques*, 193–219.

234　2015年的一个研究项目：Fabrizio Sergio, Giacomo Tavecchia, Alessandro Tanferna, Lidia López Jiménez, Julio Blas, Renaud De Stephanis, Tracy Marchant, Nishant Kumar, and Fernando Hiraldo, "No Effect of Satellite Tagging on Survival, Recruitment, Longevity, Productivity and Social Dominance of a Raptor, and the Provisioning and Condition of Its Offspring," *Journal of Applied Ecology* 52 (2015): 1665–75.

235　GPS数据记录器：参见 Stanley M. Tomkiewicz, Mark R. Fuller, John G. Kie, and Kirk K. Bates, "Global Positioning System and Associated Technologies in Animal Behaviour and Ecological Research," *Philosophical Transactions of the Royal Society B* 365 (2010), 2163–76。

236　米哈伊尔·戈尔巴乔夫的禁酒运动：参见 Jay Bhattacharya, Christina Gathmann, and Grant Miller, "The Gorbachev AntiAlcohol Campaign and Russia's Mortality Crisis," *American Economic Journal: Applied Economics 5* (2013), 232–60。

242 居住在这里的中国人的拜神之地：Arsenyev, *Across the Ussuri Kray*.

放手一搏

252 雾网是一种标准的捕鸟工具：Bub, *Bird Trapping and Bird Banding*.

254 如果鸟射精了就是雄性：F. Hamerstrom and J. L. Skinner, "Cloacal Sexing of Raptors," *Auk* 88 (1971): 173–74.

256 需要几百年：斯拉特（笔者）、苏尔马赫和基斯列科（Kisleiko）(*Biodiversity Conservation Using Umbrella Species*, 47–70）发现，渔鸮使用一棵巢树的时长是3.5 ± 1.4年（平均值正负标准差）。

261 中华秋沙鸭是很有意思的鸟：Diana Solovyeva, Peiqi Liu, Alexey Antonov, Andrey Averin, Vladimir Pronkevich, Valery Shokhrin, Sergey Vartanyan, and Peter Cranswick, "The Population Size and Breeding Range of the Scaly-Sided Merganser *Mergus squamatus*," *Bird Conservation International* 24 (2014): 393–405.

261 苏尔马赫甚至有一次发现了一棵树：Sergey Surmach, personal communication, June 10, 2008.

263 博物学家鲍里斯·希布涅夫：希布涅夫（1918—2007）是比金河沿岸一个小村庄的学校老师，也是一名业余博物学家，沿河做了很多重要的鸟类学观测，还在当地建了一座自然历史博物馆。他也是尤里·普金斯基这类来访研究人员的向导。鲍里斯的儿子尤里·希布涅夫（1951—2017）后来成为俄罗斯著名的鸟类学家和野生动物摄影师。

263 在比金河沿岸的地点记录过两三只幼鸟：Boris Shibnev, "Observations of

Blakiston's Fish Owls in Ussuriysky Region," *Ornitologiya* 6 (1963): 468. In
Russian.

以鱼易物

267 捷尔涅伊的本地报纸上刊登了一篇关于这个项目的文章：Nadezhda
Labetskaya, "Who Are You, Fish Owl?," *Vestnik Terneya*, May 1, 2008, 54–55.
In Russian.

267 接受了《纽约时报》记者关于渔鸮的采访：Felicity Barringer, "When the
Call of the Wild Is Nothing but the Phone in Your Pocket," *The New York
Times*, January 1, 2009, A11.

卡特科夫登场

277 实际上有研究估算：见globalsecurity.org/intell/world/russia/kgb-su0515.htm。

谢列布良卡河上的抓捕

281 山坡上追踪过熊和老虎：例如参见 blogs.scientificamerican.com/observations/
east-of-siberia-heeding-the-sign。

281 我开始在捷尔涅伊到处打听：一些河流鱼类有季节性的短途迁徙现象，
见Brett Nagle, personal communication, July 3, 2019。

288 国际妇女节：Temma Kaplan, "On the Socialist Origins of International Women's
Day," *Feminist Studies* 11 (1985): 163–71.

像我们这样可怕的恶魔

294 虽然没有濒临灭绝：Judy Mills and Christopher Servheen, *Bears: Their Biology and Management*, vol. 9 (1994), part 1: *A Selection of Papers from the Ninth International Conference on Bear Research and Management* (Missoula, Mont.: International Association for Bear Research and Management, February 23–28, 1992), 161–67.

流放卡特科夫

300 赛永河的水：在阿姆古以南的温泉疗养院，水温要高得多，基本稳定在 36—37摄氏度上下。参见 ws-amgu.ru。

屡战屡败

309 探险家阿尔谢尼耶夫曾写道：Arsenyev, *Across the Ussuri Kray*.

314 鹿类都有"捕获性肌病"：Jeff Beringer, Lonnie Hansen, William Wilding, John Fischer, and Steven Sheriff, "Factors Affecting Capture Myopathy in White-Tailed Deer," *Journal of Wildlife Management* 60 (1996): 373–80.

跟着鱼走

317 秋季的活动是最出乎人意料的：Slaght, "Management and Conservation Implications of Blakiston's Fish Owl (*Ketupa blakistoni*) Resource Selection in Primorye, Russia."

318 大麻哈鱼在大河的侧道和支流里产卵：Anatoliy Semenchenko, "Fish of the

Samarga River (Primorye)," in *V. Y. Levanidov's Biennial Memorial Readings*, vol. 2, ed. V. V. Bogatov (Vladivostok: Dalnauka, 2003), 337–54. In Russian. See also Augerot, *Atlas of Pacific Salmon.*

318　对韩国飞机发出威胁：参见 "N. Korea Threats Force Change in Flight Paths," *NBC News*, March 6, 2009, nbcnews.com/id/29544823/ns/travel-news/t/ n-korea-threats-force-change-flight-paths/#.XaJ_VUZKg2w。

318　大韩航空曾被外国军队击落过一次：Alexander Dallin, *Black Box: KAL 007 and the Superpowers* (Berkeley: University of California Press, 1985).

319　苏尔马赫半路绕道：Tatiana Gamova, Sergey Surmach, and Oleg Burkovskiy, "The First Evidence of Breeding of the Yellow Bittern *Ixobrychus sinensis* in Russian Far East," *Russkiy Ornitologicheskiy Zhurnal* 20 (2011): 1487–96. In Russian.

东方的加利福尼亚

329　东方的旧金山：Courtney Weaver, "Vladivostok: San Francisco (but Better)," *Financial Times*, July 2, 2012.

330　沙皇遗绪也同样被打压：B. I. Rivkin, *Old Vladivostok* (Vladivostok: Utro Rossiy, 1992).

332　鹿角兔：野兔（jackrabbit）和鹿角（antelope）两个词的拼接，是美洲西部可怕的神话动物，长着兔子的身体和鹿的角。科学性的解释参见 Micaela Jemison, "The World's Scariest Rabbit Lurks Within the Smithsonian's Collection," *Smithsonian Insider*, October 31, 2014, insider.si.edu/2014/10/ worlds-scariest-rabbit-lurks-within-smithsonians-collection。

333　我们从筑巢和捕猎地点收集到的信息：参见 Jonathan Slaght, Sergey Surmach, and Ralph Gutiérrez, "Riparian Old-Growth Forests Provide Critical

Nesting and Foraging Habitat for Blakiston's Fish Owl *Bubo blakistoni* in Russia," *Oryx* 47 (2013): 553–60。

回望捷尔涅伊

339 在我到俄罗斯……之前大概一周：Nikolaev, *Vestnik DVO RAN* 3: 39–49.

340 这只老虎仅是众多被感染中的一只：Martin Gilbert, Dale Miquelle, John Goodrich, Richard Reeve, Sarah Cleaveland, Louise Matthews, and Damien Joly, "Estimating the Potential Impact of Canine Distemper Virus on the Amur Tiger Population (*Panthera tigris altaica*) in Russia," *PLoS ONE* 9 (2014): e110811.

340 由于在俄罗斯老虎袭击人是非常罕见的：对滨海边疆区老虎伤人致命案例的可信分析，参见 John Vaillant, *The Tiger* (New York: Knopf, 2010)。

340 我们的捕捉方法……还有了别的价值：参见 Slaght, Avdeyuk, and Surmach, *Journal of Raptor Research* 43: 237–40。

保护毛腿渔鸮

345 就能马上发现：参见Jonathan Slaght, Jon Horne, Sergey Surmach, and Ralph Gutiérrez, "Home Range and Resource Selection by Animals Constrained by Linear Habitat Features: An Example of Blakiston's Fish Owl," *Journal of Applied Ecology* 50 (2013): 1350–57。

346 家域的平均面积约为十五平方公里：Slaght, "Management and Conservation Implications of Blakiston's Fish Owl (*Ketupa blakistoni*) Resource Selection in Primorye, Russia."

346 我用标记过的所有渔鸮的数据集合制作了……预测地图：Jonathan Slaght

and Sergey Surmach, "Blakiston's Fish Owls and Logging: Applying Resource Selection Information to Endangered Species Conservation in Russia," *Bird Conservation International* 26 (2016): 214–24.

347 我为很多物种的研究撰写经费提案和报告，协助数据分析：例如参见 Michiel Hötte, Igor Kolodin, Sergey Bereznuk, Jonathan Slaght, Linda Kerley, Svetlana Soutyrina, Galina Salkina, Olga Zaumyslova, Emma Stokes, and Dale Miquelle, "Indicators of Success for Smart Law Enforcement in Protected Areas: A Case Study for Russian Amur Tiger (*Panthera tigris altaica*) Reserves," *Integrative Zoology* 11 (2016): 2–15。

348 因为许多……物种：例如参见 Mike Bamford, Doug Watkins, Wes Bancroft, Genevieve Tischler, and Johannes Wahl, *Migratory Shorebirds of the East Asian–Australasian Flyway: Population Estimates and Internationally Important Sites* (Canberra: Wetlands International—Oceania, 2008)。

350 相比之下，加利福尼亚州的一棵红杉：Howard Hobbs, "Economic Standing of Sequoia Trees," *Daily Republican*, November 1, 1995, dailyrepublican.com/ecosequoia.html.

352 2015年……谢尔盖和我找不到：Takenaka, "Ecology and Conservation of Blakiston's Fish Owl in Japan," 19–48.

352 如果计入日本的渔鸮：Jonathan Slaght, Takeshi Takenaka, Sergey Surmach, Yuzo Fujimaki, Irina Utekhina, and Eugene Potapov, "Global Distribution and Population Estimates of Blakiston's Fish Owl," in *Biodiversity Conservation Using Umbrella Species: Blakiston's Fish Owl and the Red-Crowned Crane*, ed. F. Nakamura (Singapore: Springer, 2018), 9–18.

353 俄罗斯政府高层：Anna Malpas, "In the Spotlight: Leonardo DiCaprio," *Moscow Times*, November 25, 2010, themoscowtimes.com/2010/11/25/in-the-spotlight-leonardo-dicaprio-a3275.

353 日本的科学家：Slaght et al., "Global Distribution and Population Estimates of Blakiston's Fish Owl," 9–18.

353 基于我们的成功经验：同上，第19—48页。

354 最后，中国台湾的黄腿渔鸮研究人员：Yuan-Hsun Sun, *Tawny Fish Owl: A Mysterious Bird in the Dark* (Taipei: Shei-Pa National Park, 2014).

尾声

355 2016年夏末，一场名为"狮岩"的台风：Aon Benfield, "Global Catastrophe Recap" (2016), thoughtleadership.aonbenfield.com/Documents/20161006-ab-analytics-if-september-global-recap.pdf.

人名对照表

阿尔拉　Alla

阿尔谢尼耶夫，弗拉基米尔
　Arsenyev, Vladimir

阿夫德约克，谢尔盖　Avdeyuk, Sergey

阿纳托利　Anatoliy

安普利夫　Ampleev

波波夫，舒里克　Popov, Shurik

伯吉斯，安东尼　Burgess, Anthony

伯连纳，尤尔　Brynner,Yul

布鲁姆，皮特　Bloom, Pete

迪米特里夫那，加林娜　Dmitrievna,
　Galina

戈尔巴乔夫，米哈伊尔　Gorbachev,
　Mikhail

戈尔拉赫，科利亚　Gorlach, Kolya

根纳　Genna

古德里奇，约翰　Goodrich, John

古铁雷斯，洛基　Gutiérrez, Rocky

亨森，吉姆　Henson, Jim

吉日科，热尼亚　Gizhko, Zhenya

津科夫斯基　Zinkovskiy

卡特科夫，安德烈　Katkov, Andrey

科日切夫，罗曼　Kozhichev, Roman

拉达　Rada

莱沙　Lësha

雷佐夫，托利亚　Ryzhov, Tolya

罗曼诺夫，奥列格　Romanov, Oleg

洛博达，沃洛迪亚　Loboda, Volodya　　苏尔马赫，谢尔盖　Surmach, Sergey

米哈伊尔　Mikhail　　　　　　　　特鲁什，亚历山大　Trush,
米奎尔，戴尔　Miquelle, Dale　　　　　Aleksandr

帕沙　Pasha　　　　　　　　　　　瓦列里　Valeriy
普金斯基，尤里　Pukinskiy, Yuriy　　沃尔科夫，沃瓦　Volkov, Vova

切佩列夫，维克多　Chepelev, Viktor　西蒙斯，安德鲁　Simons, Andrew
　　　　　　　　　　　　　　　　希布涅夫，鲍里斯　Shibnev, Boris
萨沙　Sasha
舒利金，尼古拉　Shulikin,Nikolay　　扬琴科夫，阿纳托利　Yanchenko,
舒利金，亚历山大　Shulikin,　　　　　Anatoliy
　　Aleksandr　　　　　　　　　　杨，尼尔　Young, Neil
斯潘根伯格，叶甫盖尼
　　Spangenberg, Yevgeniy　　　　　竹中武　Takenaka Takeshi

地名对照表

阿布雷克　Abrek

阿迪米　Adimi

阿尔泰山区　Altai Mountains

阿格祖　Agzu

阿克扎河　Akza River

阿姆古　Amgu

阿穆尔河　Amur River

阿瓦库莫夫卡河　Avvakumovka River

奥莉加　Olga

贝林比河　Belimbe River

比金河　Bikin River

滨海边疆区　Primorye

伯利尤兹维山口　Beryozoviy Pass

楚科奇　Chukotka

达利涅戈尔斯克　Dalnegorsk

鞑靼海峡　Strait of Tartary

鄂霍次克海　Sea of Okhotsk

法塔河　Faata River

符拉迪沃斯托克　Vladivostok

盖沃伦　Gaivoron

哈巴罗夫斯克边疆区　Khabarovsk
　　　　Province

吉捷特　Dzhigit

吉捷托夫卡河　Dzhigitovka River

捷尔涅伊　Terney

鲸骨山口　Whale Rib Pass

卡瓦列罗沃　Kavalerovo

堪察加半岛　Kamchatka

康恩茨　Kants

克马　Kema

寇匹河　Koppi River

库迪亚河　Kudya River

拉佩鲁斯海峡　La Pérouse Strait

鲁德纳亚河　Rudnaya River

鲁斯卡娅海角　Russkaya Cape

罗瑟夫卡河　Losevka River

马加丹　Magadan

马克西莫夫卡河　Maksimovks River

马里诺夫卡　Malinovka

玛雅奇纳亚海角　Mayachnaya Cape

密尔沃基　Milwaukee

纳霍德卡　Nakhodka

纳杰日德海角　Nadezhdy Cape

潘木斯克雅　Permskoye

普拉斯通　Plastun

千岛群岛　Kuril Islands

萨多加河　Sadoga River

萨哈林岛　Sakhalin

萨马尔加河　Samarga River

塞瑟勒夫卡河　Seselevka River

赛永河　Saiyon River

沙弥河　Sha-Mi River

斯韦特拉亚　Svetlaya

索哈特卡河　Sokhatka River

特昆扎河　Tekunzha River

通沙河　Tunsha River

维特卡　Vetka

沃斯涅塞诺夫卡　Vosnesenovka

乌恩提　Unty

乌伦加　Ulun-ga

乌斯特–索布勒夫卡　Ust-Sobolevka

锡霍特山脉　Sikhote-Alin Mountains

谢尔巴托夫卡河　Sherbatovka River

谢列布良卡河　Serebryanka River

谢普顿河　Sheptun River

兴凯湖　Lake Khanka

叶金卡河　Edinka River

扎米河　Zaami River

滨海边疆区生物译名对照表

中文	英文	学名
暗绿背鸬鹚	Temminck's cormorant	*Phalacrocorax capillatus*
白腹蓝鹟	Blue-and-white flycatcher	*Cyanoptila cyanomelana*
白头海雕	Bald eagle	*Haliaeetus leucocephalus*
白尾海雕	White-tailed sea eagle	*Haliaeetus albicilla*
北极茴鱼	Arctic grayling	*Thymallus arcticus*
苍鹰	Northern goshawk	*Accipiter gentilis*
长尾斑羚	Long-tailed goral	*Naemorhedus caudatus*
长尾林鸮	Ural owl	*Strix uralensis*
长尾鸭	Long-tailed duck	*Clangula hyemalis*
赤狐	Red fox	*Vulpes vulpes*
大麻哈鱼	Chum salmon	*Oncorhynchus keta*
雕鸮	Eurasian eagle owl	*Bubo bubo*
东北虎/阿穆尔虎/西伯利亚虎	Amur tiger/Siberian tiger	*Panthera tigris altaica*
东方角鸮	Oriental scops owl	*Otus sunia*
东西伯利亚莱卡犬	East Siberian Laika	/

中文	英文	学名
鹗	Osprey	*Pandion haliaetus*
粉红鲑	Pink salmon	*Oncorhynchus gorbuscha*
孤沙锥	Solitary snipe	*Gallinago solitaria*
鬼鸮	Tengmalm's owl / Boreal owl	*Aegolius funereus*
海鸬鹚	Pelagic cormorant	*Phalacrocorax pelagicus*
貉	Raccoon dog	*Nyctereutes procyonoides*
褐河乌	Brown dipper	*Cinclus pallasii*
褐鹰鸮	Brown hawk owl	*Ninox scutulata*
黑鸢	Black kite	*Milvus migrans*
红大麻哈鱼	Sockeye salmon	*Oncorhynchus nerka*
红松	Korean pine	*Pinus koraiensis*
红尾歌鸲	Rufous-tailed robin	*Larvivora sibilans*
湖鳟	Lake trout	*Salvelinus namaycush*
虎头海雕	Steller's sea eagle	*Haliaeetus pelagicus*
花羔红点鲑	Dolly Varden trout	*Salvelinus malma*
黄边胡蜂	European hornet	*Vespa crabro*
黄腿渔鸮	Tawny fish owl	*Ketupa flavipes*
黄苇鳽	Yellow bittern	*Ixobrychus sinensis*
黄腰柳莺	Pallas's leaf warbler	*Phylloscopus proregulus*
黄鼬	Siberian weasel	*Mustela sibirica*
灰背鸥	Slaty-backed gull	*Larus schistisagus*
灰伯劳	Northern shrike	*Lanius borealis*
灰鹡鸰	Gray wagtail	*Motacilla cinerea*
辽杨	Japanese poplar	*Populus maximowiczii*

中文	英文	学名
裂叶榆	Manchurian elm	*Ulmus laciniata*
领角鸮	Collared scops owl	*Otus lettia*
鹿虱蝇	Deer ked	*Lipoptena cervi*
绿头鸭	Mallard	*Anas platyrhynchos*
马鹿	Red deer	*Cervus elaphus*
马苏大麻哈鱼	Masu salmon	*Oncorhynchus masou*
美洲雕鸮	Great horned owl	*Bubo virginianus*
美洲黑熊	American black bear	*Ursus americanus*
蒙古栎	Mongolian oak	*Quercus mongolica*
狍子（东方狍）	Roe deer	*Capreolus pygargus*
普通鸭	Eurasian nuthatch	*Sitta europaea*
普通鵟	Eastern/Japanese buzzard	*Buteo japonicus*
普通夜鹰	Grey nightjar	*Caprimulgus jotaka*
雀鹰	Eurasian sparrowhawk	*Accipiter nisus*
三趾啄木鸟	Eurasian three-toed woodpecker	*Picoides tridactylus*
勺嘴鹬	Spoon-billed sandpiper	*Calidris pygmaea*
驼鹿	Moose	*Alces alces*
乌林鸮	Great gray owl	*Strix nebulosa*
小青脚鹬	Nordmann's greenshank	*Tringa guttifer*
小嘴乌鸦	Carrion crow	*Corvus corone*
亚洲黑熊	Asiatic black bear	*Ursus thibetanus*
野猪	Wild boar	*Sus scrofa*
鹰雕	Mountain hawk eagle	*Nisaetus nipalensis*
原鸽	Rock pigeon	*Columba livia*

中文	英文	学名
原麝	Siberian musk deer	*Moschus moschiferus*
远东豹	Amur leopard	*Panthera pardus orientalis*
远东红点鲑	White-spotted char	*Salmo leucomaenis*
远东哲罗鱼	Sakhalin taimen	*Parahucho perryi*
中华秋沙鸭	Scaly-sided merganser	*Mergus squamatus*
紫貂	Sable	*Martes zibellina*
棕熊	Brown bear	*Ursus arctos*
钻天柳	Chosenia	*Chosenia arbutifolia*

守望思想　　逐光启航

LUMINAIRE
光启

远东冰原上的猫头鹰

[美] 乔纳森·斯拉特 著

任　晴译

策划编辑　苏　本

责任编辑　苏　本

营销编辑　池　淼　赵宇迪

封面设计　裴雷思

内文设计　李俊红

出版：上海光启书局有限公司

地址：上海市闵行区号景路 159 弄 C 座 2 楼 201 室　201101

发行：上海人民出版社发行中心

印刷：上海雅昌艺术印刷有限公司

开本：850mm x 1168mm　1/32

印张：12.75　字数：230，000　插页：2

2022 年 8 月第 1 版　　2023 年 1 月第 2 次印刷

定价：89.00 元

ISBN：978-7-5452-1958-6/Q · 1

图书在版编目 (CIP) 数据

远东冰原上的猫头鹰 / (美) 乔纳森·斯拉特著；任晴译 . —上海：光启书局，2022.6（2023.1 重印）

书名原文：Owls of the Eastern Ice: A Quest to Find and Save the World's Largest Owl

ISBN 978-7-5452-1958-6

Ⅰ . ①远… Ⅱ . ①乔… ②任… Ⅲ . ①鸮形目－普及读物 Ⅳ . ① Q959.7-49

中国版本图书馆 CIP 数据核字（2022）第 097261 号

本书如有印装错误，请致电本社更换 021-53202430